颜氏家训

【北朝齐】颜之推 撰

【清】赵曦明 注

【清】卢文弨 补注

颜敏翔 校点

上海古籍出版社

图书在版编目(CIP)数据

颜氏家训／(北朝齐)颜之推著;(清)赵曦明注;
(清)卢文弨补注. —上海：上海古籍出版社，2017.8
(国学典藏)
ISBN 978-7-5325-8335-5

Ⅰ.①颜… Ⅱ.①颜… ②赵… ③卢… Ⅲ.①家庭道
德－中国－南北朝时代②《颜氏家训》－注释 Ⅳ.
①B823.1

中国版本图书馆 CIP 数据核字(2017)第 032000 号

国学典藏
颜氏家训
[北朝齐]颜之推 著

[清]赵曦明 注 卢文弨 补注

颜敏翔 校点
上海世纪出版股份有限公司
上海古籍出版社 出版
(上海瑞金二路 272 号 邮政编码 200020)

(1) 网址：www.guji.com.cn

(2) E-mail：gujil@guji.com.cn

(3) 易文网网址：www.ewen.co

上海世纪出版股份有限公司发行中心发行经销
上海展强印刷有限公司印刷
开本 890×1240 1/32 印张 9 插页 5 字数 224,000
2017 年 8 月第 1 版 2017 年 8 月第 1 次印刷
印数 1—5,100
ISBN 978-7-5325-8335-5

G·649 定价：28.00 元
如有质量问题,请与承印公司联系

前　言

颜敏翔

　　《颜氏家训》二十篇，为北齐颜之推所撰的家训体著作。颜之推（约531—约590），字介，琅邪临沂（今山东省临沂市）人。先世随晋元帝南渡，寓居建康。侯景之乱以后，梁元帝即位于江陵，之推任散骑侍郎。梁承圣三年（554），江陵城破，之推为西魏军掳归，半途逃奔北齐。文宣帝见而悦之，引于内馆中，侍从左右，后官至黄门侍郎。北周建德六年（577），北齐亡，之推入周。隋代周后，又仕于隋，约卒于隋开皇十年（590）前后。

　　该书内容丰富，体系宏大，立足儒家齐家修身之道，"述立身治家之法，辨正时俗之谬"，"于世故人情深明利害"；同时旁涉释家，"深明因果，不出当时好佛之习"；又"兼论字画音训，并考正典故，品第文艺。曼衍旁涉，不专为一家之言"。（《四库全书总目提要》）

　　《颜氏家训》一书，向来题名作"北齐黄门侍郎颜之推撰"，前人于此不乏疑义。考察全书，如《书证篇》云："开皇二年五月，长安民掘得秦时铁称权。"《风操篇》云："今日天下大同。"《终制篇》云："今虽混一。"显然成书于隋文帝灭陈之后。既然如此，又为何以"北齐黄门侍郎"冠名呢？王利器先生在《颜氏家训集解·叙论》中以为：颜之推历官南北朝，宦海沉浮，当以黄门侍郎最为清显，以黄门侍郎题署，或许是在自炫"人门兼美"。而后代史学家、目录学家对颜之推的自署也都予以认可，未曾以其入隋以后的官称径改，于是才有如今的面貌。

南北朝时期,政权更迭频繁,战乱延绵,兵祸连结,士民百姓朝不保夕,水深火热。当此乱离之际,对于一般士大夫而言,面对频繁的鼎革巨变,如何保全自身,保全家族,是他们首要考虑的问题,"自取身荣,不图国计"(《陈书·后主纪》),是当时士大夫遵循的基本处世法则。作为被迫历官南北,在不同政权间周旋沉浮的众多南朝士人之一,颜之推的想法也概莫能外。于是撰著《家训》,向子弟传授在乱世中安身立命的人生经验:"自春秋已来,家有奔亡,国有吞灭,君臣固无常分矣"(《文章篇》),"父兄不可常依,乡国不可常保,一旦流离,无人庇荫,当自求诸身耳"(《勉学篇》)。然而,之推想要教给子弟的乱世生存之道,毕竟不合儒家纲常,因而书中又褒扬"学以成忠"(《勉学篇》),"泯躯而济国,君子不咎也"(《养生篇》),体现了内心中深深的矛盾。同时,由于社会动乱,人民不论在精神上还是物质上都承受着巨大的苦痛,佛教因其宣扬积善行德,因果报应的教义,受到乱世之人的热烈欢迎。时人的好佛之习,在《家训》中也有所反映:"今人贫贱疾苦,莫不怨尤前世不修功业,以此而论,安可不为之作地乎?"(《归心篇》)纵然如此,作为我国现存第一部家训体著作,颜之推作《家训》的主要目的,还是在于"务先王之道,绍家世之业",这是旧时士大夫齐家的唯一主题,故该书在封建社会影响深远,陈振孙称:"古今家训,以此为祖。"

此外,《家训》涉猎广泛,对南北朝时玄学的好尚、佛教的流行、俗文字的兴盛、鲜卑语的传播以及南北士族的行事情状,都有翔实记录,是考察当时社会不可或缺的历史文献。如《勉学篇》所记:"梁朝全盛之时,贵游子弟,多无学术,至于谚云:'上车不落则著作,体中何如则秘书。'"就反映了南朝士族高门垄断晋升之路的政治现实。

　　《颜氏家训》自唐代起有裁出另行的别本流传，今散见于《广弘明集》《法苑珠林》等书中。至宋有闽本、蜀本。南宋淳熙中，沈揆参校闽、蜀两本，刊布行世，即台州公库本，该本后世影钞甚多。明清时先后有《汉魏丛书》本、《格致丛书》本、《四库全书》本、《知不足斋丛书》本、《抱经堂丛书》本等。

　　《家训》一书虽然旧时流传甚广，然而长期未见有作注者，至清始有赵曦明为之疏解。赵曦明(1706—1788)，字敬夫，号瞰江山人，江苏江阴人，诸生，未尝仕进。后与卢文弨相识，遂为所聘，襄助校雠。晚年注《颜氏家训》。卢文弨在其基础上又作增补，刻入《抱经堂丛书》中。卢文弨(1717—1795)，字召弓，浙江仁和(今属杭州)人，乾隆十七年(1752)进士。一生好学，精研经训，博极群书，尤善校雠，所校典籍汇为《抱经堂丛书》。卢氏校订《颜氏家训》，以宋本(王利器先生以为是宋本的一种钞本)为底本，用赵曦明注，并作"补""案"，又采宋沈揆考证，散入正文相应之处，正文之末附《颜氏家训注补并重校》一篇。赵、卢注本征引数十种四部典籍，细加梳理，以发明本事为主，兼顾音义，颇便读者理解《家训》文本之用。

　　本次标点整理，即以民国十二年(1923)北京直隶书局影印卢文弨刻《抱经堂丛书》本为底本，对原文改动之处均用括号表示："(　)"中的字为误、衍字，"[　]"中的字为补正字，不出校记。部分校勘以"【今案】"形式附于相应注文之后，所据校本为中华书局版王利器《颜氏家训集解》，简称《集解》本。原书中不同的注文题名，整理时置于"【　】"内，其中："本注""元注"为宋本校语；"补""案"为卢文弨所作；"沈氏考证"为沈揆所作；《颜氏家训注补并重校》原为单篇，附于书末，整理时散入正文相应之处，题作【重校】。各篇分段，一准原书。

　　原书中有避讳字下加注原字反切的现象，如"周宏让"，"宏"字下注"瑚肱切",而"瑚肱切"系"弘"字反切("宏"字反切为"户萌切"),显然是在提醒读者,此处存在避讳。对于此类情况,首次出现时保留避讳字和所注反切,之后径改回本字,反切也不再保留。

原书注文散在正文下,此次整理移置文后,并在正文内加注码,以便索引。调整之后,部分被释文字与注文关系不甚明晰,为便于读者使用,将此类被释文字补在注文中,并加"〈　〉"以作区别。

本书使用简体字排版,酌情保留个别繁体字和异体字。

目 录

前言 / 1

注《颜氏家训》序 / 1
《颜氏家训》序 / 1
例言 / 1

卷第一 / 1
　序致第一 / 1
　教子第二 / 5
　兄弟第三 / 12
　后娶第四 / 16
　治家第五 / 20

卷第二 / 28
　风操第六 / 28
　慕贤第七 / 55

卷第三 / 62
　勉学第八 / 62

卷第四 / 100
　文章第九 / 100

名实第十 / 126

涉务第十一 / 132

卷第五 / 136

省事第十二 / 136

止足第十三 / 145

诫兵第十四 / 147

养生第十五 / 151

归心第十六 / 156

卷第六 / 173

书证第十七 / 173

卷第七 / 214

音辞第十八 / 214

杂艺第十九 / 225

终制第二十 / 236

附录一　北齐书·文苑传（卢文弨注）/ 241

附录二　沈揆跋 / 267

附录三　赵曦明跋 / 268

附录四　瞰江山人家传（卢文弨）/ 269

注《颜氏家训》序

士少而学问，长而议论，老而教训。斯人也，其不虚生于天地间也乎？余友江阴赵敬夫先生，方严有气骨，与余游处十余年，八十外就钟山讲舍，取宋本《颜氏家训》而为之注。余夺于他事，不暇相助也。又甚惜其劳，谓："姑置其易明者可乎？"先生曰："此将以教后生小子也。人即甚英敏，不能于就傅成童之年，圣经贤传，举能成诵，况于历代之事迹乎？吾欲世之教弟子者，既令其通晓大义，又引之使略涉载籍之津涯，明古今之治乱，识流品之邪正。他日依类以求，其于用力也亦差省。"书成，未几而先生捐馆矣。

余感畴昔周旋之雅，又重先生惓惓启迪后人之意，至深且挚，乌可以无传？就其孙同华索是书，一再阅之，翻然变余前日尚简之见，而更为之加详，以从先生之志，则是书也，匪直颜氏之训，亦即赵先生之训也。先生之学问，先生之议论，不即于是书有可想见者乎？呜呼！无用之言，不急之辩，君子所弗贵。若夫《六经》尚矣，而委曲近情，纤悉周备，立身之要，处世之宜，为学之方，亦莫善于是书。人有意于训俗型家者，又何庸舍是而叠床架屋为哉？

乾隆五十四年，岁在己酉，重阳前五日，杭东里人卢文弨书于常州龙城书院之取斯堂。

《颜氏家训》序

　　北齐黄门侍郎颜之推学优才赡，山高海深，常雌黄朝廷，品藻人物，为书七卷，式范千叶，号曰《颜氏家训》。虽非子史，同波抑是，王言盖代。其中破疑遣惑，在《广雅》之右；镜贤烛愚，出《世说》之左。唯较量佛事一篇，穷理尽性也。余曾于客舍论公制作弘奥，众或难余曰："小小者耳，何是为怀？"余辄请主人纸笔，便录"挈乌焕切""捫宣""彗岁""葯药""狷铄""慭於计反""庱刿""廖移""秠乏来反"等九字以示之，方始惊骇。余曰："凡字以诠义，字犹未识，义安能见？"旋云："小小颜亦忽忽。"众乃谢余，令为解识。余遂作《音义》以晓之，岂惭法言之论，定即定矣，实愧孙炎之侣，行即行焉云尔。

　　此序本宋本所有，不著撰人，比拟多失伦，行文亦无法，今依宋本校正，即不便弃之。有疑"王言盖代"未详所出者，按《家语》有《王言解》，或用此也。杭东里人卢文弨书其后。

例　言

　　一、黄门始仕萧梁，终于隋代，而此书向来唯题"北齐"，唐人修史，以之推入《北齐书·文苑传》中，其子思鲁，既纂父之集，则此书自必亦经整理，所题当本其父之志可知，今依仍之。

　　一、黄门九世祖从晋元南渡，颜家巷，其旧居也，则当为江宁人。而此书向题琅琊，唐人修史，例皆不以土断而远取本望，刘知幾为史官曾非之，不能革也。故《北齐书》亦曰琅琊临沂人，今亦姑仍其旧。

　　一、此书题为江阴赵敬夫注。始余觉其过详，敬夫以启迪童子，不得不如是，余甚韪其言，故今又从而补之。凡以成敬夫真切为人之志，非敢以求胜也。

　　一、黄门笃信《说文》，后乃从容消息，不过于骇俗。然字体究属审正，经历转写，讹谬滋多。今于甚俗且别者正之，其非《说文》所有而为世所常行者，仍其旧，亦黄门志也。

　　一、此书《音辞篇》辨析文字之声音，致为精细，今人束发受书，师授皆不能皆正。又南北语音各异，童而习之，长大不能变改，故知正音者绝少，近世唯顾宁人、江慎修、戴东原能通其学。今金坛段若膺其继起者也。此篇实赖其订正云。

　　一、此书段落旧本分合不清，今于当别为条者，皆提行，庶几眉目了然。

　　一、宋本经沈氏订正，误字甚少，然俗间通行本亦颇有是者，今

1

择其义长者从之，而注其异同于下，后人或别有所见，不敢即以余之弃取为定衡也。

一、沈氏有考证一卷，系此书之后，今散置文句之下，取翻阅较便，勿以缺漏为疑。

一、黄门本传中载所作《观我生赋》"家国际遇，一生艰危困苦之况，备见于是，此即其人事迹不可略也"句下有自注，皆当日情事，其辞所援引，今为之考其出处，(目)[自]为加注，使可识别。但赋中上有脱文，别无他书补正，犹缺然。

一、涉猎之弊，往往不求甚解，自谓了然。余于此书，向犹夫人之见，今再三阅之，犹有不能尽知其出处，自愧窾启，尚赖博雅之士有以教我焉。

一、敬夫先生以诸生终，隐德不耀，余为作《畎江山人传》，今并系于后，使人得因以想见其为人。

一、此书经请正于贤士大夫，始成定本，友朋间复互相订证，厥有劳焉。授梓之际，及门诸子又代任校雠之役，而剞劂之费，深赖众贤之与人为善，故能不数月而讫功。今于首简各载姓名，以见懿德之有同好云。

抱经氏识，时年七十有三。

卷第一

序致第一

夫圣贤之书，教人诚孝，慎言检迹，[①]立身扬名，[②]亦已备矣。魏晋已来，所著诸子，理重事複，[③]递相模敩，[④]犹屋下架屋，[⑤]床上施床耳。[⑥]吾今所以復为此者，[⑦]非敢轨物范世也，[⑧]业以整齐门内，提撕子孙。[⑨]夫同言而信，信其所亲；同命而行，行其所服。禁童子之暴谑，则师友之诫，不如傅婢之指挥；[⑩]止凡人之斗阋，[⑪]则尧、舜之道不如寡妻之诲谕。吾望此书为汝曹之所信，犹贤于傅婢寡妻耳。

① 【补】检，居奄切。检迹，犹言行检，谓有持检不放纵也。

② 【补】见《孝经》。

③ 【补】重，直龙切。複，方六切，亦作復，音同。

④ 【补】敩，与效同。

⑤ 【补注】《世说·文学篇》："庾仲初作《扬都赋》，谢太傅云：'此是屋下架屋耳。'"刘孝标引王隐论扬雄《太玄经》曰："玄经虽妙，非益也。是以古人谓其屋下架屋耳。"

⑥ 《隋书·经籍志》：儒家有《徐氏中论》六卷，魏太子文学徐幹撰。《王氏正论》十卷，王肃撰。《杜氏体论》四卷，魏幽州刺史杜恕撰。《顾子新语》十二卷，吴太常顾谭撰。《谯子法训》八卷，谯周撰。《袁子正论》十九卷，袁准撰。《新论》十卷，晋散骑常侍夏侯湛撰。

⑦ 【元注】一本无"今"字。【补】復，扶富切，又也。

⑧【补】车有轨辙,器有模范,喻可为人仪型也。

⑨【补】《诗·大雅·抑》:"匪面命之,言提其耳。"《笺》:"我非但对面语之,亲提撕其耳。"

⑩【补】傅婢见《汉书·王吉传》。师古注:"傅婢者,傅相其衣服衽席之事。指挥与指麾义同。"《汉书·韩信传》:"虽有舜禹之智,嘿然而不言,不如痦聋之指麾也。"

⑪【补】阋,许历切。《诗·小雅·常棣·传》:很也。

吾家风教,素为整密。昔在龆龀,①便蒙诱诲;每从两兄,②晓夕温清。③规行矩步,安辞定色,④锵锵翼翼,若朝严君焉。⑤赐以优言,问所好尚,⑥励短引长,莫不恳笃。年始九岁,便丁荼蓼,⑦家涂离散,⑧百口索然。慈兄鞠养,苦辛备至;有仁无威,⑨导示不切。虽读《礼传》,微爱属文,⑩颇为凡人之所陶染,⑪肆欲轻言,不修边幅。⑫年十八九,少知砥砺,习若自然,⑬卒难洗荡。⑭三十已后,⑮大过稀焉;每常心共口敌,性与情竞,⑯夜觉晓非,今悔昨失,自怜无教,以至于斯。追思平昔之指,铭肌镂骨,⑰非徒古书之诫,经目过耳也。⑱故留此二十篇,以为汝曹后车⑲耳。⑳

①【补】《玉篇》:"髫,徒卿切,小二发。"《广韵》或作"龆"。《说文》:"龀,毁齿也。男八月生齿,八岁而龀。女七月生齿,七岁而龀。"龀,音初堇切。

②【案】《南史·颜协传》:"子之仪、之推。"此云两兄,或兼有群从也。【补】《颜氏家庙碑》有名之善者,云之推弟,隋叶令。据此则之善亦是之推兄。

③【补】《礼记·曲礼上》:"凡为人子之礼,冬温而夏清。"注:温以

御其寒,清以致其凉。《释文》:"清,七性反。字从仌,本或作水旁,非也。"

④【补】《礼记·曲礼上》:"安定辞。"又《冠义》:"凡人之所以为人者,礼义也。礼义之始在于正容体,齐颜色,顺辞令。"

⑤《易》:"家人有严君焉,父母之谓也。"【补】《广雅·释训》:"锵锵,走也。翼翼,敬也,又和也。"【案】锵锵,犹跄跄。《礼记·曲礼下》:"士跄跄,言不得如大夫已上容仪之盛也。"

⑥【补】好,呼到切。

⑦【补】言失所生也。荼蓼,喻苦辛,上音徒,下音了。

⑧ 塗,俗间本作"徒",今从宋本。

⑨【补注】《晋书·嵇康传》:"《幽愤诗》曰:'母兄鞠育,有慈无威。'"

⑩【补】传,直恋切。属,之欲切。

⑪【补】言为凡庸人之所熏陶渐染也。

⑫【补】脩,旧本皆作"备",讹。【案】《北齐书·之推传》云"好饮酒,多任诞,不脩边幅",正本此。《后汉书·马援传》:"公孙述欲授援以封侯大将军位,宾客皆乐留。援晓之曰:'公孙不吐哺走迎国士,反脩饰边幅,如偶人形,此子何足久稽天下士乎?'"

⑬【补】少,与"稍"同。《大戴礼·保傅篇》:"少成若天性,习贯如自然。"

⑭【补】卒,仓没切。盪,涤也,亦作"荡"。

⑮ 旧作"二十",一本作"三十"。

⑯【补】心共口敌,谓口易放言而心制之,使不出也。《礼记·乐记》:"人生而静天之性也。"又《礼运》:"何谓人情?喜、怒、哀、惧、爱、欲,七者弗学而能。"此言性善而情之所发有未善者,故必以性制情,如与之竞者然。王弼注《易·乾·文言》云:"不性其情,何能久行其正?"与《孟子》"性善,情亦善"之旨不同。

⑰【补】镂,卢候切,犹言刻骨。

⑱ 各本无"也"字。宋本注:一本有"也"字。【案】当有。

⑲【元注】一本作"范"。

⑳《汉书·贾谊传》:"前车覆,后车戒。"【重校】宋本"耳""尔"多作"尒""尒",报作"赦",鼓作"皷",析作"枂",标作"摽",此例俱不从。

教子第二

上智不教而成，下愚虽教无益，中庸之人，不教不知也。古者王有胎教之法：怀子三月，出居别宫，目不邪视，耳不妄①听，音声滋味，以礼节之。书之玉版，藏诸金匮。②生子咳噢，③师保固明孝仁礼义，导习之矣。④凡庶纵不能尔，当及婴稚，识人颜色，知人喜怒，便加教诲，使为则为，使止则止。比及数岁，可省笞罚。⑤父母威严而有慈，则子女畏慎而生孝矣。吾见世间，无教而有爱，每不能然；饮食运为，⑥恣其所欲，宜诫⑦翻奖，⑧应诃⑨反笑，⑩至有识知，谓法当尔。骄⑪慢已习，方复⑫制之，捶挞至死而无威，⑬忿怒日隆而增怨，⑭逮于成长，终为败德。⑮孔子云⑯"少成若天性，习惯如自然"是也。俗谚曰："教妇初来，教儿婴孩。"诚哉斯语！

①【元注】一本作"倾"。

②《大戴礼·保傅篇》："青史氏之记曰：'古者胎教，王后腹之七月，而就宴室，太史持铜而御户左，太宰持斗而御户右。比及三月者，王后所求声音非礼乐，则太师缊瑟而称不习；所求滋味者非正味，则太宰倚斗而言曰：不敢以待王太子。'"卢辩注："王后以七月就宴室，夫人妊娠即以三月就其侧室。"又云："周后妃任成王于身，立而不跛，坐而不差，独处而不倨，虽怒而不詈，胎教之谓也。"又云："素成胎教之道，书之玉版，藏之金匮，置之宗庙，以为后世戒。"【补】《列女传》："太任由娠，目不视恶色，耳不出傲言。"

③【元注】《说文》："咳，小儿笑也。噢，号也。"一本作"孩提"。【案】

《说文》本作"嗁"。《集韵》："嗁,田黎切,与'嗁'同。"

④《汉书·贾谊传》："昔者成王幼在襁褓之中,召公为太保,周公为太傅,太公为太师,此三公之职也。于是为置三少,皆上大夫也,曰少保、少傅、少师,故乃孩提有识三公三少,固明孝仁礼谊以导习之矣。"【案】俗间本正文作"仁智礼义",宋本作"仁孝礼义",注云:一本作"孝礼仁义"。今从《汉书》改。

⑤【补】比,必利切。省,所景切。笞,丑之切,捶击也,轻者曰笞,笞所以明耻也。

⑥【补】运为,即云为。《管子·戒篇注》:"云,运也。"

⑦【元注】一本作"训"。

⑧【补】《说文》:"奖,嗾犬厉之也,从犬,将省声。"《玉篇》:"不省,云助也,成也,欲也,誉也。今作弊。"

⑨【补】《说文》:"大言而怒也。从言可声。虎何切。"

⑩【元注】一本作"嗤"。【补】《说文》本阙"笑"字。徐铉等案孙愐《唐韵》引《说文》云:"喜也,从竹从夭。"李阳冰谓竹得风,其体夭屈,如人之笑。今案《玉篇》作"笑",亦作"咲"。《汉书》有"关"字,李说近凿,今不从。又《玉篇》:"嗤,尺之切,笑兒。"

⑪【元注】一作"憍"。

⑫【元注】一本作"乃"。【补】复,扶富切。

⑬【元注】一本云"而无改悔"。

⑭【元注】一本云"增怨懊"。

⑮【补】长,知丈切。

⑯【补】少,诗照切。【补注】《汉书·贾谊传》引。

凡人不能教子女者,亦非欲陷其罪恶,但重于诃怒,伤其颜色,不忍楚挞惨其肌肤耳。①当以疾病为谕,安得不用汤药针艾救之哉?②又宜思勤督训者,可愿苛虐于骨肉乎?诚不得已也。

①【补】楚挞，痛挞也。

②【补】鍼，所以刺，亦作"箴"，俗作"针"。艾，所以炙。

　　王大司马母魏夫人，性甚严正。王在湓城时，为三千人将，①年逾四十，少不如意，犹捶挞之，故能成其勋业。②梁元帝时，③有一学士，聪敏有才，为父所宠，失于教义。一言之是，遍于行路，终年誉之；一行之非，掩藏文饰，冀其自改。④年登婚宦，暴慢日滋，竟以言语不择，为周逖抽肠衅鼓云。⑤

①【补】〈将〉，子亮切。

②《梁书·王僧辩传》："僧辩字君才，右卫将军神念之子也，世祖以僧辩为征东将军、开府仪同三司、江州刺史，封长宁县公。承圣三年，加太尉、车骑大将军。顷之，丁母太夫人忧，策谥曰'贞敬太夫人'。夫人姓魏氏，性甚安和，善于绥接，家门内外莫不怀之。及僧辩克复旧京，功盖天下，夫人恒自谦损，不以富贵骄物，朝野咸共称之，谓为明哲妇人也。"《寻阳记》："晋武太康十年因江水之名而置江州。成帝咸和元年移湓城，即今郡是。"

③《梁书·元帝纪》："世祖孝元皇帝讳绎，字世诚，小字七符，高祖第七子也。承圣元年冬十一月丙子即皇帝位于江陵。"

④【补】文亦饰也。《集韵》：文运切。

⑤【补】周逖无考，唯《陈书》有《周迪传》。梁元帝授迪持节、通直、散骑常侍、壮武将军、高州刺史，封临汝县侯。始与周敷相结，后绐敷害之。其人强暴无信义，宜有斯事，但未知此学士何人耳。

父子之严,不可以狎;骨肉之爱,不可以简。简则慈孝不接,狎则怠慢生焉。由命士以上,父子异宫,此不狎之道也;①抑搔痒痛,悬衾箧枕,此不简之教也。②或问曰:"陈亢喜闻君子之远其子,何谓也?"③对曰:"有是也。盖君子之不亲教其子也,《诗》有讽刺之辞,《礼》有嫌疑之诫,《书》有悖乱之事,《春秋》有衺僻之讥,《易》有备物之象,皆非父子之可通言,故不亲授耳。"④

①《礼记·内则》:"由命士以上,父子皆异宫。昧爽而朝,慈以旨甘。日出而退,各从其事。日入而夕,慈以旨甘。"

② 同上:"子事父母,妇事舅姑,及所,下气怡声,问衣燠寒,疾痛苛痒,而敬抑搔之。出入则或先或后而敬扶持之。"又曰:"父母舅姑将坐,奉席请何乡;将衽,长者奉席请何趾。少者执床与坐,御者举几,敛席与簟,悬衾、箧枕,敛簟而襡之。

③【补】亢,音刚。远,于万切。

④【元注】其意见《白虎通》。【案】《白虎通·辟雍篇》:"父所以不自教子何?为其渫渎也。又授受之道,当极说阴阳夫妇变化之事,不可以父子相教也。"

齐武成帝子琅邪王,太子母弟也,①生而聪慧,帝及后并笃爱之,衣服饮食与东宫相准。帝每面称之曰:"此黠儿也,当有所成。"②及太子即位,③王居别宫,④礼数优僭,⑤不与诸王等,太后犹谓不足,常以为言。年十许岁,骄恣无节,器服玩好,必拟乘舆。⑥常朝南殿,见典御进新冰,钩盾献早李,⑦还索不得,⑧遂大怒,訽曰:⑨"至尊已有,我何意无?"不知分齐,率皆如此。⑩识者多有叔段、州吁之讥。⑪后嫌宰相,遂矫诏斩之，⑫又惧有救，乃勒麾下军士，防守殿门。⑬既无反心，受劳而罢，后竟坐此幽薨。⑭

①《北齐书·武成纪》："世祖武成皇帝讳湛，神武第九子也。"《武成十二王传》："明皇后生后主及琅琊王俨。"

②《北齐书·琅琊王俨传》："俨字仁威，武成第三子也。初封东平王，武成崩，改封琅琊。"【补】《方言》一："自关而东赵魏之间谓慧为黠。"

③《北齐书·后主纪》："后主纬，字仁纲，大宁二年立为皇太子。河清四年武成禅位于帝。夏四月景子，皇帝即位于晋阳宫，大赦，改元天统。"

④《俨传》："俨恒在宫中，坐含光殿以视事，和士开、骆提婆忌之。武平二年出俨居北宫。"

⑤【补】僭，疑当是"借"字，言优假之也。下文始言其僭。

⑥【补】乘，食证切。《独断》："天子至尊，不敢渫渎言之，故托之于乘舆。乘，犹载也。舆，犹车也。天子以天下为家，不以京师宫室为常处，则当乘车舆以行天下，故群臣托乘舆以言之。"

⑦《隋书·百官志》："中尚食局典御二人，总知御膳事。司农寺掌仓市薪菜、园池果实，统平准、太仓、钩盾等署令丞，而钩盾又别领大囷、上林游猎柴草、池薮、苜蓿等六部丞。"

⑧【补】索，山戟切。

⑨詢，呼寇切。《说文》："同'诟'。"《左氏·襄十七年传》杜《注》："詢，骂也。"

⑩【补】分，扶问切。齐，在诣切。

⑪见《左氏》隐元、三两年传。

⑫《俨传》："俨以和士开、骆提婆等奢姿，盛修第宅，意甚不平，谓侍中冯子琮曰：'士开罪重，儿欲杀之。'子琮赞成其事。俨乃令子宜表弹士开，请付禁推。子琮杂以他文书奏之。后主不审省而可之。俨诳领军库狄伏连曰：'奉敕令领军收士开。'伏连信之，伏五十人于神兽门外，诘旦，

执士开,送御史。俨使冯永就台斩之。"《后主纪》:"武平二年七月,太尉、琅琊王俨矫诏杀录尚书事和士开于南台。"

⑬《俨传》:"俨率京畿军士三千余人屯千秋门。"

⑭《俨传》:"帝率宿卫者授甲,将出战,斛律光曰:'至尊宜自至千秋门,琅琊必不敢动。'从之。光强引以前,请帝曰:'琅琊王年少,长大自不复然,愿宽其罪。'良久,乃释之。何洪珍与士开素善,陆令萱、祖珽并请杀之。九月下旬,帝请太后,欲与出猎。是夜四更,帝召俨。至永巷,刘桃枝反接其手,出至大明宫,拉杀之,时年十四。"

人之爱子,罕亦能均。自古及今,此弊多矣。贤俊者自可赏爱,顽鲁者亦当矜怜。有偏宠者,虽欲以厚之,更所以祸之。共叔之死,母实为之。①赵王之戮,父实使之。②刘表之倾宗覆族,③袁绍之地裂兵亡,④可为灵龟明鉴也。⑤

① 见《左氏·隐元年传》。共,音恭。

②《史记·吕后纪》:"高祖得戚姬,生赵隐王如意。戚姬日夜啼泣,欲立其子代太子,赖大臣及留侯计得毋废。高祖崩,吕后乃令永巷囚戚夫人,而召赵王,鸩之。赵王死,断戚夫人手足,去眼煇耳,使居厕中,曰'人彘'。"

③《后汉书·刘表传》:"表字景升,山阳高平人,为镇南将军、荆州牧,二子琦、琮。表初以琦貌类己,甚爱之,后为琮娶后妻蔡氏之姪。蔡氏遂爱琮而恶琦,毁誉日闻,表每信受。妻弟蔡瑁及外甥张允并得幸于表,又睦于琮,琦不自宁,求出位江夏太守。表病,琦归省疾,允等遏于户外,不使得见,琦流涕而去,遂以琮为嗣。琮以侯印授琦,琦怒投之地,将因丧作难。会曹操军至新野,琦走江南,琮后举州降操。"【补】覆,芳服切。

④《后汉书·袁绍传》:"绍字本初,汝南汝阳人,领冀州牧,有三子:

谭，字显思；熙，字显雍；尚，字显甫。谭长而惠，尚少而美，绍后妻刘氏有宠而偏爱尚，绍乃以谭继兄后，出为青州刺史，中子熙为幽州刺史。官度之败，绍发病死，未及定嗣。逢纪、审配凤以骄侈为谭所病，辛评、郭图皆比于谭，而与配、纪有隙，众以谭长，欲立之，配等恐谭立而评等为害，遂矫绍遗命，奉尚为嗣。谭自称车骑将军，军黎阳。曹操渡河攻谭，尚救谭，败，退还邺，操进军，尚逆击破操。谭欲及其未济，出兵掩之，尚疑而不许，谭怒，引兵攻尚，败，还南皮。尚复攻谭，谭大败，尚围之急，谭遣辛毗诣操求救，操渡河，尚乃释平原还邺。操进攻邺，尚弃中山。操之围邺也，谭背之略取甘陵、安平等处，攻尚于中山。尚走故安，从熙。明年，操讨谭，谭堕马见杀。熙、尚为其将张纲所攻，奔辽西乌桓。操击乌桓，熙、尚败，乃奔公孙康于辽东，康斩送之。"

⑤【补】龟可以占事，鉴可以照形，故以此为比。

齐朝有一士大夫，尝谓吾曰："我有一儿，年已十七，颇晓书疏，①教其鲜卑语②及弹琵琶，③稍欲通解，以此伏事公卿，④无不宠爱，亦要事也。"吾时俛而不答。⑤异哉，此人之教子也！若由⑥此业，自致卿相，亦不愿汝曹为之。

①【补】〈疏〉，所助切，记也。《晋书·陶侃传》："远近书疏，莫不手答。"

②《隋书·经籍志》："《鲜卑语》五卷，又十卷。"

③《风俗通·声音篇》："琵琶长三尺五寸，象三才五行；四弦象四时。"《释名》作"批把"，推手前曰"批"，引手却曰"把"，取其鼓时，因以为名也。

④【补】伏，与"服"同。

⑤【补】俛，与"俯"同。

⑥【元注】一本作"用"。

兄弟第三

　　夫有人民而后有夫妇，有夫妇而后有父子，有父子而后有兄弟：一家之亲，此三而已矣。①自兹以往，至于九族，皆本于三亲焉，②故于人伦为重者也，不可不笃。兄弟者，分形连气之人也，方其幼也，父母左提右挈，前襟后裾，③食则同案，衣则传服，学则连业，游则共方，虽有悖乱之人，④不能不相爱也。及其壮也，各妻其妻，各子其子，虽有笃厚之人，⑤不能不少衰也。娣姒之比兄弟，⑥则疏薄矣。今使疏薄之人，而节量亲厚之恩，犹方底而圆盖，必不合矣。惟友悌深至，不为旁人之所移者，免夫！

　　① 句首宋本有"尽"字，《小学》所引无。【补】王弼注《老子道德经》："六亲，父子兄弟夫妇也。"

　　②《诗·王风·葛藟序》："周室道衰，弃其九族。"《笺》："九族者，据己上至高祖，下及玄孙之亲。"《正义》："此《尚书》说，郑取用之。"《异义》："今《礼》戴、《尚书》欧阳说，云九族：父族四，母族三，妻族二。郑有驳，文繁不录。"

　　③【补】襟，亦作"衿"。《释名》："衿，禁也。禁使不得解散也。裾，拒也，倨倨然直，亦言在后，常见踞也。"

　　④【补】《说文》："案，几属。"

　　⑤〈人〉，宋本作"行"。

　　⑥《尔雅》："长妇谓稚妇谓娣妇，稚妇谓长妇谓姒妇。"

二亲既没,兄弟相顾,当如形之与影,声之与响;爱先人之遗体,惜己身之分气,非兄弟何念哉? 兄弟之际异^①于他人,望深则易怨,地亲则易弭。^②譬犹居室,一穴则塞之,一隙则涂之,则无颓毁之虑;如雀鼠之不恤,风雨之不防,壁陷楹沦,无可救矣。^③仆妾之为雀鼠,妻子之为风雨,甚哉!

①【元注】〈异〉,一本作"易"字。

②【补】望,责望也。弟望兄爱我之不至,兄望弟敬我之不至,责望太深,故易生怨。地亲,俗间本作"他亲",误,今从宋本。地近则情亲,怨虽易起,亦易消弭。孟子所谓"不藏不怒不蓄怨"是也。

③"雀鼠"本《行露》,"风雨"本《鸥鹈》二诗。

兄弟不睦,则子侄不爱;^①子侄不爱,则群从疏薄;群从疏薄,^②则僮仆为雠敌矣。如此,则行路皆踏其面而蹴其心,^③谁救之哉? 人或交天下之士,皆有欢爱,^④而失敬于兄者,何其能多而不能少也! 人或将数万之师,^⑤得其死力,而失恩于弟者,何其能疏而不能亲也!

①【补】子侄,谓兄弟之子也,其缘起颜氏于《风操篇》详之,见卷二,谓晋世以来,始呼叔侄。《晋书·王湛传》"济才气抗迈于湛,略无子侄之敬"是也。《史记·魏其武安侯传》:"田蚡未贵,往来侍酒魏其,跪起如子侄。"又《吕氏春秋》亦已有"子侄"语,是则秦汉已来即有此称,互见后注。

②【补】从,子用切。

③【补】盖言人皆贱之也。蹴,在亦切,践也。

④〈爱〉,宋本作"笑",误。

⑤【补】将,子匠切。

娣姒者，多争之地也，使骨肉居之，亦不若各归四海，感霜露而相思，伫日月之相望也。况以行路之人，处多争之地，能无间者鲜矣。① 所以然者，以其当公务而执私情，处重责而怀薄义也；若能恕己而行，换子而抚，则此患不生矣。

①【补】间，古苋切。鲜，息浅切。

人之事兄，不可同于事父，① 何怨爱弟不及爱子乎？② 是反照而不明也。沛国刘琎，尝与兄瓛连栋隔壁，瓛呼之数声不应，良久方答。③ 瓛怪问之，乃曰："向来未著衣帽故也。"以此事兄，可以免矣。④

①【补】"不"字盖衍文，或"不可"下脱去一"不"字。

②【重校】宋本"为"字作"怨"，若依宋本则上句似当云"人之事兄，不能同于事父"。语意方合。各本皆作"不可同"，理未为通。

③〈答〉，宋本作"应"。

④《续汉书·郡国志》："沛国属豫州。"《南史·刘瓛传》："瓛字子圭，沛郡相人，笃志好学，博通训义。弟琎，字子璥，方轨正直，儒雅不及瓛，而文采过之。"瓛，音桓。琎，音津。著，张略切。

江陵王玄绍，弟孝英、子敏，兄弟三人，特相友爱，所得甘旨新异，非共聚食，必不先尝，孜孜色貌，相见如不足者。及西台陷没，① 玄绍以形体魁梧，② 为兵所围，二弟争共抱持，各求代死，终不得解，遂并命尔。

① 江陵,梁元帝初为荆州刺史所治也。《梁书·元帝纪》:"承圣元年冬十一月景子,世祖即皇帝位于江陵。三年九月,魏遣柱国万纽于谨来寇,反者纳魏师,世祖见执,西魏害世祖,遂崩焉。"

②【补】《史记·留侯世家·索隐》:"苏林云:'梧,音忤。'萧该云:'今读为吾,非也。'"颜师古注《汉书·张良传》:"魁,大貌也。梧者,言其可惊梧。"

后娶第四

吉甫,贤父也;伯奇,孝子也。以贤父御孝子,合得终于天性,而后妻间之,伯奇遂放。①曾参妇死,谓其子曰:"吾不及吉甫,汝不及伯奇。"王骏丧妻,亦谓人曰:"我不及曾参,子不如华、元。"②并终身不娶。此等足以为诫。其后假继惨虐孤遗,③离间骨肉,④伤心断肠者,何可胜数。⑤慎之哉! 慎之哉!

①《琴操》:"尹吉甫子伯奇,母早亡,更娶后妻,乃谮之吉甫曰:'伯奇见妾美,有邪念。'吉甫曰:'伯奇慈心,岂有此也?'妻约定:'置妾空房中,君登楼察之。'乃取蜂置衣领中,令伯奇掇之,于是吉甫大怒,放伯奇于野。宣王出游,吉甫从,伯奇作歌以感之。宣王曰:'此放子之词也。'吉甫感悟,射杀其妻。"间,古苋切。

②【补】《家语·七十二弟子解》:"曾参后母遇之无恩,而供养不衰。及其妻以藜烝不熟,遂出之,终身不娶。其子元请焉,告其子曰:'高宗以后妻杀孝己,尹吉甫以后妻放伯奇,吾上不及高宗,中不及吉甫,庸知其得免于非乎?'"《汉书·王吉传》:"吉子骏为少府时,妻死,因不复娶。或问之,骏曰:'德非曾参,子非华元,亦何敢娶?'"【案】元与华,曾子之二子也。《大戴礼》及《说苑·敬慎篇》俱云:"曾子疾病,曾元抱首,曾华抱足。"《檀弓》作"曾元""曾申",是华一名申。

③【补】假继,谓假母,继母也。颜师古注《汉书·衡山王赐传》:"假母,继母也。一曰父之旁妻。"

④【补】间,古苋切。

⑤【补】胜，音升。数，色主切。

江左①不讳庶孽，丧室之后，多以妾媵终家事；疥癣蚊虻，或未②能免，限以大分，故稀斗阋之耻。③河北鄙于侧出，不预人流，是以必须重娶，至于三四，④母年有少于子者。后母之弟，与前妇之兄，⑤衣服饮食，爰及婚宦，至于士庶贵贱之隔，俗以为常。身没之后，辞讼盈公门，谤辱彰道路，子诬母为妾，弟黜兄为佣，播扬先人之辞迹，暴露祖考之长短，以求直己者，往往而有。悲夫！⑥自古奸臣佞妾，以一言陷人者众矣！况夫妇之义，晓夕移之，婢仆求容，助相说引，积年累月，安有孝子乎？此不可不畏。⑦

①〈左〉，俗间本作"右"，讹，今从宋本。

②〈未〉，宋本作不。

③【补】分，扶问切。

④【补】重，直用切。

⑤【补】此弟与兄皆指其子言。

⑥《北史·崔亮传》："亮祖修之，修之弟道固，字季坚，其母卑贱，嫡母兄攸之、目莲等轻侮之，父绲以为言，侮之愈甚，乃资给之，令其南仕。时宋孝武为徐、兖二州刺史，以为从事。道固美形貌，善举止，习武事。会青州刺史新除，过彭城，孝武谓曰：'崔道固人身如此，而世人以其偏庶侮之，可为叹息。'目莲子僧深，位南青州刺史，元妻房氏生子伯骥、伯骧。后纳平原杜氏，生四子：伯凤、祖龙、祖螭、祖虬。后遂与杜氏及四子居青州，房母子居冀州。僧深卒，伯骥奔赴，祖龙与讼嫡庶，并以刀剑自卫，若怨仇焉。"【补】暴，蒲卜切。

⑦【补】说，舒芮切。累，力伪切。

凡庸之性,后夫多宠前夫之孤,后妻必虐前妻之子。非唯妇人怀嫉妒之情,丈夫有沈惑之僻,^①亦事势使之然也。前夫之孤,不敢与我子争家,提携鞠养,积习生爱,故宠之;前妻之子,每居己生之上,宦学婚嫁,^②莫不为防焉,故虐之。异姓宠则父母被怨,继亲虐则兄弟为雠,家有此者,皆门户之祸也。

① 【补】沈,直深切。
② 【补】宦学,见《礼记·曲礼上》。《正义》引熊氏云:"宦谓学仕宦之事,学谓习六艺之事。"

思鲁等^①从舅殷外臣,^②博达之士也,有子基、谌,皆已成立,而再娶王氏。基、谌每拜见后母,感慕呜咽,^③不能自持,家人莫忍仰视。王亦凄怆,不知所容,旬月求退,便以礼遣,此亦悔事也。

① 此之推之子。
② 【补】从,疾用切。
③ 【补】〈咽〉,乌结切。

《后汉书》曰:"安帝时,^①汝南薛包孟尝,好学笃行,丧母,以至孝闻。^②及父娶后妻而憎包,分出之。包日夜号泣不能去,至被殴杖。^③不得已,庐于舍外,旦入而洒埽。^④父怒,又逐之,乃庐于里门,昏晨不废。积岁余,父母惭而还之。后行六年服,丧过乎哀。^⑤既而弟子求分财异居,包不能止,

乃中分其财：奴婢引⑥其老者，曰：'与我共事久，若不能使
也。'⑦田庐取其荒顿者，⑧曰：'吾少时所理，意所恋也。'⑨器
物取其朽败者，曰：'我素所服食，身口所安也。'弟子数破其
产，还复赈给。⑩建光中，⑪公车特徵，至拜侍中。⑫包性恬虚，
称疾不起，以死自乞。有诏赐告归也。"⑬

① 《后汉书·安帝纪》："恭宗孝安皇帝讳祜，肃宗孙，父清河孝王
庆，在位十九年。"

②【补】好，呼报切。行，下孟切。丧，息郎切。

③【补】《说文》："毆，锤击物也。"徐锴曰："以杖击也。"

④【补】〈洒埽〉，亦作"洒扫"。上色买切，又所绮切。下素报切。

⑤【补】见《易·小过·大象》传。

⑥〈引〉，宋本作"取"。【案】范书作"引"，小学同。

⑦【补】若，汝也。

⑧【元注】顿，犹废也。【案】本章怀注。

⑨【补】少，诗照切。

⑩【补】数，音朔。还，范书作"辄"。复，扶富切。《玉篇》："赈，
赡也。"

⑪ 建光，安帝年号。

⑫《续汉书·百官志》："卫尉属有公车司马令一人，六百石，掌宫南
阙门，凡吏民上章、四方贡献及徵诣公车者。"又云："侍中，比二千石，无
员，掌侍左右，赞导众事，顾问应对。法驾出则多识者，一人参乘，余皆骑
在乘舆后。"

⑬【补】此段见范书卷六十九刘平等传首总序。章怀注："汉制：吏
病满三月当免。天子优赐其告，使得带印绶，将官属归家养病，谓之赐
告也。"

治家第五

夫风化者,自上而行于下者也,自先而施于后者也。是以父不慈则子不孝,兄不友则弟不恭,夫不义则妇不顺矣。父慈而子逆,兄友而弟傲,夫义而妇陵,则天之凶民,乃刑戮之所摄,①非训导之所移也。②

①【补】〈摄〉,书涉切,收取也。

②【案】下当分段。

笞怒废于家,则竖子之过立见;①刑罚不中,则民无所措手足。治家之宽猛,亦犹国焉。②

①【补】《吕氏春秋·荡兵篇》:"家无怒笞,则竖子婴儿之未有过也立见。"《广韵》:"竖,童仆未冠者,臣庚切。"见,形电切。

②《左氏·昭二十年传》:"子产曰:'惟有德者能以宽服民,其次莫如猛。夫火烈,民望而畏之,故鲜死焉。水懦弱,民狎而玩之,则多死焉。故宽难。'"【案】下当分段。

孔子曰:"奢则不孙,俭则固;与其不孙也,宁固。"又云:"如有周公之才之美,使骄且吝,其余不足观也已。"然则可俭而不可吝也。俭者,省约为礼之谓也;①吝者,穷急不恤之谓也。今有施则奢,②俭则吝;如能施而不奢,俭而不吝,

20

可矣。

①【补】省，所景切。【案】《说文系传》：“婘，减也。”徐锴谓《颜氏家训》作此“婘”字，今本殆亦后人所改矣。

②【补】〈施则奢〉，旧本皆作“奢则施”，今依下文乙正。

生民之本，要当稼穑而食，桑麻以衣。蔬果之畜，园场之所产；鸡豚之善，㙻圈之所生。①爰及栋宇器械，樵苏脂烛，②莫非种殖之物也。至能守其业者，闭门而为生之具以足，但家无盐井耳。③今北土风俗，率能躬俭节用，以赡衣食；江南奢侈，多不逮焉。

①【补】凿垣而栖鸡为㙻，见《诗·王风·君子于役》篇。圈，其眷切。《说文》：“养畜之闲也。”

②【补】《汉书·韩信传》：“樵苏后爨。”《方言》：“苏，芥草也。古者以麻蒉为烛，灌以脂。后世唯用牛羊之脂，又或以蜡，又或以柏，又或以桦。”

③ 左思《蜀都赋》：“家有盐泉之井。”刘良注：“蜀都临邛县、江阳汉安县皆有盐井。巴西充国县盐井数十。”杜预《益州记》：“州有卓王孙盐井，旧常于此井取水煮盐。义熙十五年治井也。”

梁孝元世有中书舍人，①治家失度而过严刻，妻妾遂共货刺客，伺醉而杀之。

①《隋书·百官志》：“中书省通事舍人，旧入值阁内。梁用人殊重，简以才能，不限资地，多以他官兼领。其后除通事，直曰中书舍人。”

世间名士,但务宽仁。至于饮食饟馈,^①僮仆减损,^②施惠然诺,妻子节量,狎侮宾客,侵耗乡党:此亦为家之巨蠹矣。^③

①【补】饟,与"饷"同,式亮切。馈,求位切。
②【补】古僮仆作"童",童子作"僮",后乃互易,此下"家童"字却与古合。
③【补】蠹,当故切,比之食木之虫。

齐吏部侍郎房文烈,^①未尝嗔怒,经霖雨绝粮,^②遣婢籴米,因尔逃窜,三四许日,方复擒之。房徐曰:"举家无食,汝何处来?"竟无捶挞。^③尝寄人宅,^④奴婢彻屋为薪略尽,闻之颦蹙,卒无一言。

①【补】《北史·房法涛传》:"法涛族子景伯,景伯子文烈,位司徒左长史,性温柔,未尝嗔怒,为吏部侍郎时……"下载此事。
②《左氏·隐九年传》:"凡雨自三日以往为霖。"
③〈"捶挞"下〉宋本有"之意"两字。注:一本无。
④【补】以宅寄人也。

裴子野有疏亲故属饥寒不能自济者,皆收养之。家素清贫,时逢水旱,二石米为薄粥,仅得遍焉,躬自同之,常无厌色。^①邺下有一领军,^②贪积已甚,家童八百,誓满一千;^③朝夕每人^④肴膳,以十五钱为率,^⑤遇有客旅,便^⑥无以兼。后坐事伏法,籍其家产,^⑦麻鞋一屋,弊衣数库,其余财宝,不可胜言。^⑧南阳有人^⑨,为生奥博,^⑩性殊俭吝,冬至后女婿谒之,乃设一铜瓯酒,数脔膗肉。⑪婿恨其单率,⑫一举尽之。主人愕然,俯仰命益,如此者再;退而责其女曰:"某郎好酒,故汝常贫。"⑬及其死后,诸子争财,兄遂杀弟。

①《南史·裴松之传》:"松之曾孙子野,字幾原,少好学,善属文。居父丧,每之墓所,草为之枯,有白兔白鸠驯扰其侧。外家及中表贫乏,所得奉悉给之,妻子恒苦饥寒。"

②《晋书·职官志》:"中领军将军,魏官也。文帝践祚,始置领军将军。"

③〈一千〉,宋本作"千人"。

④〈每人〉,此两字俗间本无,宋本有。《注》一本无。

⑤【补】〈率〉,音律。

⑥俗间本作"更"。

⑦【补】籍,抄没也。

⑧【补】胜,音升。

⑨《隋书·地理志》:"南阳郡有南阳县,属豫州。"

⑩【补】〈奥博〉,言幽隐而广搏也。【补注】《文选·陆机〈君子有所思行〉》:"善哉膏粱士,营生奥且博。"李善注:"韦昭《汉书注》曰:生,业也。《广雅》曰:奥藏也。"

⑪【补】脔,力沇切,切肉也。膗,亦作獐。

⑫【补】〈率〉,所律切。

⑬宋本"常"作"尝",非。

妇主中馈,惟事酒食衣服之礼耳,①国不可使预政,家不可使干蛊。②如有聪明才智,识达古今,正当辅佐君子,③助其不足,必无牝鸡晨鸣,以致祸也。④

①《易·家人》:"六二,无攸遂,在中馈。"《诗·小雅·斯干》:"无非无仪,惟酒食是议。"《鲁语》:"敬姜曰:'王后亲织玄紞,公侯之夫人加之以纮、綖;卿之内子为大带;命妇成祭服;大夫之妻加之以朝服;自庶士以下,皆衣其夫。'"

②《易·蛊·爻辞》:"干父之蛊。"《序卦传》:"蛊者,事也。"【案】昔人用干蛊皆美辞。

③【补】谓良人。

④《书·牧誓》:"牝鸡无晨,牝鸡之晨,惟家之索。"

江东妇女,略无交游,其婚姻之家,①或十数年间,未相识者,惟以信命赠遗,致殷勤焉。②邺下风俗,专以妇持门户,争讼曲直,造请逢迎,③车乘填街衢,④绮罗盈府寺,⑤代子求官,为夫诉屈。⑥此乃恒、代之遗风乎?⑦南间贫素,皆事外饰,车乘衣服,必贵整齐,家人妻子,不免饥寒。河北人事,⑧多由内政,绮罗金翠,不可废阙,赢马顇奴,仅充而已。⑨倡和之礼,或尔汝之。⑩

①【补】《尔雅·释亲》:"婿之父为姻,妇之父为婚。妇之父母、婿之父母相谓为婚姻。"

②【补】信,使人也。命,问也。遗,以醉切。

③【补】造,七到切。

④【补】乘,食证切,次下同。

⑤《广韵》引《风俗通》:"府,聚也。公卿牧守,道德之聚也。"《释名》:"寺,嗣也。治事者嗣续于其内也。"

⑥【补】为,於伪切。

⑦阎若璩《潜邱札记》:"有以恒、代遗风问者,余曰:'拓跋魏都平城县,县在今大同府治东五里,故址犹存。县属代郡,郡属恒州,所云恒、代

遗风,谓是魏氏旧俗耳。'"

⑧〈事〉,【元注】一本作"士"字。

⑨【补】頼,与"悴"同。

⑩【补】和,胡卧切。倡和,谓夫妇。《世说·惑溺篇》载王安丰妇常卿安丰,安丰曰:"人卿婿,于礼为不敬,后勿复尔。是江南无尔汝之称也。"【重校】"南间贫素"起似当分段。

　　河北妇人,织纴组紃之事,①黼黻锦绣罗绮之工,大优于江东也。②

　　①【补】《礼记·内则》:"女子十年不出,姆教婉娩听从,执麻枲,治丝茧,织纴组紃。"郑《注》:"紃,绦。"《正义》:"纴为缯帛,组紃俱为绦也。薄阔为组,似绳者为紃。音巡。"

　　②【案】下当别为条。

　　太公曰:"养女太多,一费也。"陈蕃曰:"盗不过五女之门。"女之为累,亦以深矣。①然天生蒸民,先人传体,其如之何? 世人多不举女,贼行骨肉,岂当如此而望福于天乎? 吾有疏亲,家饶妓媵,诞育将及,便遣阍竖守之。体有不安,窥窗倚户,若生女者,辄持将去。母随号泣,使人不忍闻也。

　　①《后汉书·陈蕃传》:蕃,字仲举。上疏曰:"谚云:'盗不过五女之门。'以女贫家也。今后宫之女,岂不贫国乎?"【补】累,力伪切。

　　妇人之性,率宠子婿而虐儿妇。宠婿,则兄弟之怨生焉;虐妇,则姊妹之谗行焉。然则女之行留,皆得罪于其家者,母实为之。至有谚云:"落索阿姑餐。"①此其相报也。家之常弊,可不诫哉!

①【补】落索,当时语,大约"冷落萧索"之意。

婚姻素对,靖侯成规。①近世嫁娶,遂有卖女纳财,买妇输绢,比量父祖,计较锱铢,责多还少,市井无异。或猥婿在门,或傲妇擅室,贪荣求利,反招羞耻,可不慎欤!②

①《晋书·孝友传》:"颜含,字弘都,琅邪莘人也。豫讨苏峻功,封西平县侯,拜侍中。桓温求婚于含,含以其盛满,不许。致仕二十余年,年九十三卒,谥曰靖侯。"【补】《尔雅·释诂》:"妃,合会对也。"《晋书·卫瓘传》:武帝敕瓘第四子宣尚繁昌公主。瓘自以诸生之胄,婚对微素,抗表固辞。【案】靖侯,之推九世祖也。

②【补】古重氏族,致有贩鬻祖曾以为贾道,如沈约弹王源之所云者,此风至唐时犹未衰止也。庸猥之婿,骄傲之妇,唯不求佳对,而但论富贵,是以至此。

借人典籍,皆须爱护,先有缺坏,就为补治,此亦士大夫百行之一也。①济阳江禄,②读书未竟,③虽有急速,必待卷束整齐,④然后得起,故无损败,人不厌其求假焉。或有狼籍几案,分散部秩,⑤多为童幼婢妾之所点污,风雨虫鼠之所毁伤,⑥实为累德。吾每读圣人之书,未尝不肃敬对之。其故纸有《五经》词义,及贤达姓名,不敢秽用也。⑦

①【补】行,下孟切。

②《隋书·地理志》：济阴郡统县九，有济阳县。【补注】〈江禄〉，《南史》附其高祖。《江夷传》："禄字彦遐，幼笃学，有文章，位太子洗马，湘东王录事参军，后为唐侯相卒。"

③【补】〈竟〉，居庆切。

④【补】卷，居转切。

⑤ 俗本作"帙"，今从宋本。秩，次第也。

⑥ 虫，本作犬。【元注】本作虫。【案】《小学》作虫，今从之。

⑦【补】秽，褻也。《小学》引"贤达"作"圣贤"，"秽"作"他"。

吾家巫觋祷请，绝于言议；符书章醮，亦无祈焉。并汝曹所见也。勿为①妖妄之费。②

① 本无"为"字，今据《小学》所引补。

②【补】《楚语下》："明神降之，在男曰觋，在女曰巫。"《韦注》："巫觋，见鬼者。《周礼》：男亦曰巫。"《魏书·释老志》："化金销玉，行符敕水，奇方妙术，万等千条。"【案】道士设坛，伏章祈祷曰"醮"。盖附古有醮祭之礼而名之耳。醮，子肖切。

卷第二

风操第六

吾观《礼经》，圣人之教：箕帚匕箸，咳唾唯诺，执烛沃盥，皆有节文，亦为至矣。①但既残缺，非复全书。②其有所不载，及世事变改者，学达君子，自为节度，相承行之，故世号士大夫风操。③而家门颇有不同，所见互称长短。然其阡陌，亦自可知。④昔在江南，目能视而见之，耳能听而闻之。蓬生麻中，⑤不劳翰墨。汝曹生于戎马之间，视听之所不晓，故聊记录，⑥以传示子孙。

①《礼记·曲礼上》："凡为长者粪之礼，必加帚于箕上，以袂拘而退。其尘不及长者，以箕自乡而扱之。"又曰："饭黍毋以箸。"又曰："抠衣趋隅，必慎唯诺。父召，无诺；先生召，无诺。唯而起。"《内则》："在父母舅姑之所，不敢哕噫、嚏咳、欠伸、跛倚、睇视，不敢唾洟。"又曰："进盥，少者奉槃，长者奉水。请沃盥，盥卒授巾，问所欲而敬进之。"《少仪》："执烛，不让不辞不歌，匕所以举鼎肉者也。"《说文》：亦所以取饭，一曰栖。咳，苦爱切。唾，吐卧切。唯，於癸切。注拘音钩。乡，许亮切。扱，许急切。哕，於月切。噫，於界切。洟，亦作涕，吐细切。【补】帚，诸本皆作"箒"，俗，今改正。《管子·弟子职》："昏将举火，执烛隅坐。错总之法，横于坐所，栖之远近，乃承厥火。居句如矩，蒸闲容蒸，然者处下，捧椀以为绪。右手执烛，左手正栖，有堕代烛。"【案】栖，亦作"聖"，谓烛烬。绪，亦烛之烬也。堕，倦也。倦，则易一人代之。

28

②【补】复，扶又切。

③【补】〈操〉，七到切。

④《风俗通》："南北曰阡，东西曰陌。河东以东西为阡，南北为陌。"【补】阡陌，犹言"途径"。此所引《风俗通》，今逸，见《史记·〈秦本纪〉索隐》等书。

⑤《荀子·劝学篇》："蓬生麻中，不扶而直。"亦见《大戴礼记》。

⑥ 宋本无"录"字。

《礼》云："见似目瞿，闻名心瞿。"①有所感触，恻怆心眼。若在从容平常之地，幸须申其情耳。②必不可避，亦当忍之。犹如伯叔兄弟，酷类先人，可得终身肠断，与之绝耶？又："临文不讳，庙中不讳，君所无私讳。"③益知闻名，须有消息，④不必期于颠沛而走也。⑤梁世谢举，甚有声誉，闻讳必哭，为世所讥。⑥又有臧逢世，臧严之子，笃学修行，不坠门风。⑦孝元经牧江州，遣往建昌督事，⑧郡县民庶，竞修牋书，⑨朝夕辐辏，几案盈积，书有称"严寒"者，必对之流涕，不省取记，多废公事。物情怨骇，竟以不办而退。此并过事也。⑩

①《礼记·杂记》："免丧之外，行于道路，见似目瞿，闻名心瞿。"郑《注》："似谓容貌似其父母，名与亲同。"瞿，九遇切，惊变之意。

②【补】从，七容切。

③《礼记·檀弓上》文。

④【补】益，各本皆作"盖"，讹，今改正。消息，犹言节度，无使径情直行也。

⑤【补】颠沛，踉跄之意。

⑥《梁书·谢举传》:"举,字言扬,中书令览之弟。幼好学,能清言,与览齐名。"

⑦《梁书·文学传》:"臧严,字彦威,幼有孝性,居父忧,以毁闻。孤贫勤学,行止书卷不离于手。"【补】案《南史·臧焘传》附载诸臧,无逢世名。行,下孟切。

⑧《梁书·元帝纪》:"大同六年,出为使持节,都督江州诸军事、镇南将军、江州刺史。"《隋书·地理志》:"九江郡,旧曰江州。豫章郡统县四,有建昌县。"

⑨【补】牋,亦作"笺"。《博物志》:"郑康成注《毛诗》曰'笺'。毛公尝为北海相,郑是此郡人,故以为敬。"【案】《文选》所载"牋"皆与王侯书,盖表之次也。辐辏,言如车辐之聚于毂也。《老子道经》:"三十辐共一毂。"

⑩【案】下当分段。

近在扬都,①有一士人讳"审",而与沈氏交结周厚,沈与其书,名而不姓,此非人情也。②

①《隋书·地理志》:"江都郡属扬州。"
②【案】下当分段。

凡避讳者,皆须得其同训以代换之:①桓公名白,博有五皓之称;②厉王名长,琴有修短之目。③不闻谓布帛为布皓,呼肾肠为肾修也。梁武小名阿练,④子孙皆呼练为绢,乃谓销炼物为销绢物,恐乖其义。或有讳"云"者,呼纷纭为纷烟;有讳"桐"者,呼梧桐树为白铁树,便似戏笑耳。⑤

①【补】如汉人以"国"代"邦",以"满"代"盈",以"常"代"恒",以"开"代"启"之类是也,近世始以声相近之字代之。

② 宋玉《招魂》:"成枭而牟呼五白。"王逸注:"五白,博齿也。倍胜为牟,博亦作簙。"沈氏考证:"博有五白,齐威公名小白,故改为'五皓'。一本以'博'为'传'者,非。"【补】称,尺证切。齐桓作齐威,此又宋人避讳改也。之推作《观我生赋》云:"惭四白之调护,厕六友之谈说。"乃以"四皓"为"四白",此非有所避,但取新耳。

③《汉书·淮南厉王传》:"名长,高祖少子。"所出未详。【补】案今《淮南子》凡"长"字俱作"修"。

④《梁书武帝纪》:"高祖武皇帝讳衍,字叔达,小字练儿。"

⑤【补】案:赵宋之时,嫌名皆避,有因一字而避至数十字者,此末世之失也。又案:下当分段。

　　周公名子曰禽,孔子名儿曰鲤,①止在其身,自可无禁。至若卫侯、魏公子、楚太子,皆名蟣虱;②长卿名犬子,③王修名狗子,④上有连及,理未为通,古之所行,今之所笑也。北土多有名儿为驴驹、豚子者,使其自称及兄弟所名,亦何忍哉?前汉有尹翁归,⑤后汉有郑翁归,⑥梁家亦有孔翁归,⑦又有顾翁宠;晋代有许思妣、孟少孤;⑧如此名字,幸当避之。⑨

①【补】《家语·本姓解》:"十九娶宋之开官氏,一岁而生伯鱼。鱼之生也,鲁昭公以鲤鱼赐孔子,孔子荣君之赐,故因名曰鲤而字伯鱼。"【案】开,音坚,汉《韩敕碑》作"幵官氏",盖隶体之变。宋大中祥符《封郓国夫人诏》、邓名世《姓氏书辨证》、王伯厚《姓氏急就章》、元至正三年《庙制词》并以"开官"为"幵官",误也。今从《左传·桓六年·正义》作"开官。"

②《史记·韩世家》:"襄王十二年,太子婴死,公子咎、公子蟣虱争为太子,时蟣虱质于楚。"【案】《战国·韩策》作"幾瑟",此所云则未详。本或作"虮",乃俗字。

③《史记·司马相如传》:"蜀郡成都人也,字长卿,少时好读书,学击剑,故其亲名之曰'犬子'。"

④【补】《魏志·王修传》:"修字叔治,北海营陵人。"不载名狗子语。

⑤《汉书·尹翁归传》:"字子兄,平阳人,徙杜陵。"

⑥〈郑翁归〉,未详。

⑦《梁书·何逊传》:"会稽孔翁归,亦工为诗。"【补】《金楼子·杂记篇》:"孔翁归解玄言,能属文,好饮酒,气韵标远。尝语余曰:'翁归不畏死,但愿仲秋之时犹观美月,季春之日得玩垂杨。有其二物,死所归矣。'余谓斯言虽有过差,无妨有才也。"

⑧ 并未详。【补注】《晋书·隐逸传》:"孟陋字少孤,武昌人。"

⑨【案】下当分段。【重校】"前汉有尹翁归"起似当分段。

今人避讳,更急于古。凡名子者,当为孙地。吾亲识中有讳襄、讳友、①讳同、②讳清、讳和、讳禹,交疏造次,一座百犯,③闻者辛苦,无憀赖焉。④

①〈讳友〉,宋本脱此二字。

②〈同〉,宋本作"周",非。

③【补】交疏,当为"疏交",故容有不识者。疏,如字读。一云"交往书疏",则当音所去切。造次,仓猝也。造,七到切。

④【补】《广韵》:"憀,落萧切。"亦作"聊"。本或作"僇",非。【案】下当分段。

昔司马长卿慕蔺相如,故名相如;①顾元叹慕蔡邕,故名雍。^②而后汉有朱伥字孙卿,许遄字颜回;梁世有庾晏婴、祖孙登,^③连古人姓为名字,亦鄙事^④也。^⑤

　① 见《史记》本传。
　② 沈氏考证:"《三国志》:顾雍,字符叹,以其为蔡邕所叹。"一本作"元凯"者,非。【补】雍,与"邕"同。
　③ 〈祖孙登〉,并未详。
　④ 〈事〉,宋本作"才"。
　⑤ 【案】下当分段。

　　昔刘文饶不忍骂奴为畜产,^①今世愚人遂以相戏,或有指名为豚犊者,有识傍观,犹欲掩耳,况当^②之者乎?^③

　①《后汉书·刘宽传》:"宽,字文饶,尝坐客,遣苍头市酒,迂久大醉而还,客不堪之,骂曰:'畜产。'宽使人视奴,疑必自杀,曰:'此人也,骂言畜产,故吾惧其死也。'"【补】畜,古音许又切,今人呼昌六切。
　② 〈当〉,俗本作"名",今从宋本。
　③ 【案】下当分段。

　　近在议曹,共平章百官秩禄,^①有一显贵,当世名臣,意嫌所议过厚。齐朝有一两士族文学之人,谓此贵曰:"今日天下大同,须为百代典式,岂得尚作关中旧意?^②明公定是陶朱公大儿耳!"彼此欢笑,不以为嫌。^③

　①【补】曹,局也。平章虽本《尚书》,后世以为处当众事之称。唐以后遂以系衔。

② 俗本有"乎"字,宋本无。【案】魏都关中,齐承东魏都邺。

③《史记·越王句践世家》:"范蠡去齐居陶,自谓'陶朱公',父子耕畜废居,致赀巨万。生少子,及壮,而朱公中男杀人,囚于楚。公遣其少子往视之,装黄金千镒,且遣少子。长男固请行,不听,其母为言,乃遣长子。为书遗故所善庄生,曰:'至则进千金,听其所为,慎无与争事。'长男至庄生家,发书进金,如父言。生曰:'可疾去,慎无留。即弟出,勿问所以然。'庄生虽居穷阎,以廉直闻于国,自王以下皆师尊之。及朱公进金,非有意受也,欲成事后复归之。长男不知其意,以为殊无短长也。庄生入见楚王,言:'某星宿某,此则害于楚。'王曰:'今为奈何?'生曰:'独以德为可以除之。'王乃使使者封三钱之府。楚贵人告长男曰:'王且赦。'长男以为赦,弟固当出,复见庄生,生惊曰:'若不去耶?'曰:'固未也。初为弟事,弟今议自赦,故辞生去。'生知其意欲得金,曰:'若自入室取金。'长男即取金持去,生羞为儿子所卖,乃入见楚王:'臣前言某星事,王欲以修德报之。今道路皆言陶之富人朱公之子杀人囚楚,其家多持金钱赂王左右,王非恤楚国而赦以朱公子故也。'王大怒,令杀朱公子。明日下赦令,长男竟持其弟丧归,母及邑人尽哀之。朱公独笑曰:'吾固知必杀其弟也。彼非不爱弟,是少与我俱,见苦为生难,故重弃财。至如少弟者,生而见我富,岂知财所从来?故轻去之,非所惜吝。前日吾所为欲遣少子,固为其能弃财故也。长者不能,故卒以杀其弟,事之理也,无足悲者。吾日夜固以望其丧之来也。'"

昔侯霸之子孙,称其祖父曰家公;①陈思王称其父为②家父,母为家母;③潘尼称其祖曰家祖。④古人之所行,今人之所笑也。及⑤南北风俗,言其祖及二亲,无云家者,田里猥人,方有此言耳。⑥凡与人言,言己世父,以次第称之,不云家者,以尊于父,不敢家也。凡言姑姊妹女子子:⑦已嫁,则以夫氏称之;在室,则以次第称之。言礼成他族,不得云家也。

子孙不得称家者,轻略之也。蔡邕书集,呼其姑姊为家姑家姊;⑧班固书集,亦云家孙。⑨今并不行也。⑩

①《后汉书·侯霸传》:"霸字君房,河南密人,矜严有威容,笃志好学,官至大司徒。"【补】《王丹传》:"丹征为太子少傅。时大司徒侯霸欲与交友,及丹被征,遣子昱候于道,昱迎拜车下,丹下答之。昱曰:'家公欲与君结交,何为见拜?'丹曰:'君房有是言,丹未之许也。'"【案】此"孙"字、"祖"字或误衍。

②〈为〉,宋本作"曰"。

③《魏志·陈思王植传》:"字子建,薨年四十一。景初中,诏撰录所著凡百余篇。"【补】《陈思王集·宝刀赋序》:"家父魏王,乃命有司造宝刀五枚。"下文称"家王"。又《叙愁赋序》:"时家二女弟,故汉皇帝聘以为贵人。家母见二弟愁思。"云云。又《释思赋序》:"家弟出养族父郎中伊。"

④《晋书·潘岳传》:"岳从子尼,字正叔,性静退不竞,唯以勤学著述为事。永嘉中,迁太常卿。"今集后人所掇拾者无"家祖"语。

⑤【补】疑当作"今"。

⑥【补】猥人,谓鄙人。

⑦【补】《仪礼·丧服》"每言姑姊妹女子子"郑《注》:"女子子者,女子也,别于男子也。"《疏》云:"男子、女子各单称子,是对父母生称。今于女子别加一子,故双言二子以别于男一子者。姑对侄,姊妹对兄弟。"

⑧《后汉书·蔡邕传》:"邕字伯喈,所著诗、赋、碑、诔、铭、赞等凡百四篇传于世。"【补】今蔡集未见有此语。

⑨《后汉书·班彪传》:"子固,字孟坚,所著《典引》《宾戏》《应讥》、诗、赋、铭、诔、颂、书、文、记、论、议、六言,在者凡四十一篇。"【补】今班集亦未见。

⑩【案】下当分段。

凡与人言，称彼祖父母、世父母、父母及长姑，皆加尊字；自叔父母已下，则加贤字，尊卑之差也。[1]王羲之书，称彼之母与自称己母同，不云尊字，今所非也。[2]

[1]【补】差，楚宜切。

[2]《晋书·王羲之传》：“羲之，字逸少，辩赡，以骨鲠称，尤善隶书，为古今之冠。拜护军，苦求宣城郡，不许，乃以为右军将军、会稽内史。”【补】案：今右军诸帖中亦不见有此。

南人冬至岁首，不诣丧家；[1]若不修书，则过节束带以申慰。北人至岁之日，重行吊礼；[2]礼无明文，则吾不取。南人宾至不迎，相见捧手而不揖，送客下席而已；北人迎送并至门，相见则揖，皆[3]古之道也，吾善其迎揖。

[1]【补】诣，五计切，至也。丧，息郎切。

[2]【补】重，直用切。

[3]〈皆〉俗本无此字，宋本有。

昔者，王侯自称孤、寡、不谷，[1]自兹以降，虽孔子圣师，与门人言皆称名也。后虽有臣仆之称，行者盖亦寡焉。[2]江南轻重，各有谓号，具诸书仪；[3]北人多称名者，乃古之遗风，吾善其称名焉。

[1]【补】《老子德经》：是以侯王自谓孤、寡、不谷，此其以贱为本邪？非乎！

[2]【补】《史记·高祖本纪》，吕公语刘季自称臣。《张耳陈馀传》，馀

对耳自称臣。《汉书·司马迁传》载《报任安书》称仆。《杨恽传·答孙会宗书》亦称仆,他不能遍举。称,尺证切。

③【补】《隋书·经籍志》:"《内外书仪》四卷,谢元撰。《书仪》二卷,蔡超撰。又十卷,王弘撰。又十卷,唐瑾撰。又《书仪疏》一卷,周舍撰。"

　　言及先人,理当感慕,古者之所易,今人之所难。江南人①事不获已,②须言阀阅,③必以文翰,罕有面论者。北人无何便尔话说,④及相访问。如此之事,不可加于人也。人加诸己,则当避之。名位未高,如为勋贵所逼,隐忍方便,速报取了;勿使⑤烦重,感辱祖父。若没,言须及者,则敛容肃坐,称大门中,⑥世父、叔父则称从兄弟门中,兄弟则称亡者子某门中,各以其尊卑轻重为容色之节,皆变于常。若与君言,虽变于色,犹云亡祖亡伯亡叔也。吾见名士,亦有呼其亡兄弟为兄子弟子门中者,亦未为安贴也。北土风俗,⑦都不行此。太山羊偘,梁初入南;⑧吾近至邺,其兄子肃访偘委曲,⑨吾答之云:"卿从门中在梁,如此如此。"⑩肃曰:"是我亲第七亡叔,非从也。"祖孝徵在坐,⑪先知江南风俗,乃谓之云:"贤从弟门中,何故不解?"⑫

　　① 俗本脱人字。

　　② 各本此下有"乃陈文墨,懂懂无自言者"。宋本注云:"一本无此十字。"【案】无者是也,有则与下复《文章篇》。懂,音乎麦切。

　　③【补】《史记·高祖功臣侯年表》:"明其等曰伐,积日曰阅。""阀"与"伐"同,此"阀阅"犹言家世。

　　④ 颜师古注《汉书·翟方进传》:"无何,犹言无几,谓少时。"

　　⑤【元注】一本作取。

⑥【案】家之称门古矣。《逸周·昼皇门解》："会群门。"盖言众族姓也。又曰："大门宗子。"

⑦【元注】一本无"风俗"字。

⑧ 偘,同"侃"。《梁书·羊侃传》:"侃字祖忻,泰山梁甫人。祖规陷魏。父祉,魏侍中、金紫光禄大夫。侃以大通三年至京师。"《晋书·地理志》:"泰山郡,汉置,属县有梁父。"【案】泰、太、甫、父,俱通用。

⑨【补】《魏书·羊深传》:"深,字文渊,梁州刺史祉第二子也。子肃,武定末,仪同开府,东阁祭酒。"

⑩【补】从,疾用切,下同。

⑪《北齐书·祖珽传》:"珽,字孝徵,范阳狄道人。"

⑫【案】下当分段。

古人皆呼伯父叔父,而今世多单呼伯叔。①从父②兄弟姊妹已孤,而对其前,呼其母为伯叔母,此不可避者也。兄弟之子已孤,与他人言,对孤者前,呼为兄子弟子,颇为不忍;北土人多呼为侄。案:《尔雅》《丧服经》《左传》,侄虽名通男女,并是对姑之③称。④晋世已来,始呼叔侄;今呼为侄,于理为胜也。

①【案】伯、仲、叔、季,兄弟之次,故称诸父必连父为称。

②〈之〉,俗本脱父字。

③〈之〉,宋本作"立"。

④【沈氏考证】《尔雅》云:"女子谓晜弟之子为侄。"《左传》云:"侄其从姑。"《丧服经》亦一书也。《隋书·经籍志》:《丧服经传》及《疏义》凡十余家,一本作"丧服经"者,非。【案】《尔雅》,见《释亲》;《左传》在僖十四年;《丧服经》在《仪礼》内,子夏为之传,其《大功·九月章》"侄丈夫妇人报",《传》曰:"侄者何也?谓吾姑者,吾谓之侄。"【补】《吕氏春秋·疑

似篇》：“黎丘有奇鬼焉，喜效人之子侄昆弟之状。”此即称兄弟之子为侄所自始。自唐以前言丧服者，俱有专家，而今人士率不措意，可慨也夫。称，尺证切。

别易会难，古人所重；江南饯送，下泣言离。有王子侯，梁武帝弟，出为东郡，[1]与武帝别，帝曰：“我年已老，与汝分张，甚以[2]恻怆。”数行泪下。[3]侯遂密云，[4]赧然而出。[5]坐此被责，飘飘舟渚，一百许日，卒不得去。北间风俗，不屑此事，歧路言离，欢笑分首。然人性自有少涕泪者，肠虽欲绝，目犹烂然。如此之人，不可强责。[6]

①《续汉书·郡国志》：“东郡，秦置，属兖州。”《隋书·地理志》同。

②【元注】〈以〉，一本作“心”字。

③【补】行，胡郎切。

④《易·小畜·象》：“密云不雨。”【补】《语林》：“有人诣谢公别，谢公流涕，人了不悲。既去左右，曰：‘向客殊自密云。’谢公曰：‘非徒密云，乃是旱雷。’”【案】以不雨泣为密云，止可施于小说，若行文则不可用之，适成鄙俗耳。

⑤【补】《说文》：“赧，面惭赤也。奴版切。俗作‘赦’。”

⑥【补】强，其两切。《孔丛子·儒服篇》：“子高游赵，有邹文、季节者与子高相友善。及将还鲁，文、节送行，三宿，临别流涕交颐，子高徒抗手而已。其徒问曰：‘此无乃非亲亲之谓乎？’子高曰：‘始吾谓此二子丈夫耳，乃今知其妇人也。人生则有四方之志，岂鹿豕也哉？而常群聚乎？’”【案】子高之言，于朋友则可，然不可以概之天伦也。

凡亲属名称，皆须粉墨，[1]不可滥也。无风教者，其父已孤，呼外祖父母与祖父母同，使人为其不喜闻也。② 虽质于面，皆当加外以别之；③ 父母之世叔父，皆当加其次第以别之；③ 父母之世叔母，皆当加其姓以别之；父母之群从世叔父母④ 及从祖父母，皆当加其爵位若姓以别之。河北士人，皆呼外祖父母为家公家母；⑤ 江南田里间亦言之。以家代外，非吾所识。⑥

① 【补】谓修饰。

② 【补】为，于伪切。为其，犹言代彼人。

③ 【补】质于面，谓亲见外祖父母，亦必当称外也。别，彼列切，下同。

④ 【补】从，直用切，下同。

⑤ 【补】家母，似当作家婆。《古乐府》："阿婆不嫁女，那得孙儿抱。"

⑥ 【案】下当分段。

凡宗亲世数，有从父，有从祖，有族祖。江南风俗，自兹已往，高秩者，通呼为尊，同昭穆者，虽百世犹称兄弟；若对他人称之，皆云族人。河北士人，虽三二十世，犹呼为从伯从叔。梁武帝尝问一中土人曰："卿北人，何故不知有族？"答云："骨肉易疏，不忍言族耳。"当时虽为敏对，于礼未通。①

① 【案】下当分段。

吾尝问周宏① 让曰：② "父母中外姊妹，何以称之？"③ 周曰："亦呼为丈人。"自古未见丈人之称施于妇人也。吾亲表所行,若父属者,为某姓姑;母属者,为某姓姨。中外丈人之妇,猥俗呼为丈母,士大夫谓之王母、谢母云。而《陆机集》有《与长沙顾母书》,乃其从叔母也,今所不行。④

①〈弘〉,瑚肱切。

②《陈书·周弘正传》:"弟弘让,性闲素,博学多通,天嘉初以白衣领太常卿,光禄大夫,加金章紫绶。"

③【补】称之,如字。下之"称",尺证切,今皆无别矣。

④《晋书·地理志》:"长沙郡,属荆州。"《陆机传》:"字士衡,吴郡人,少有异才,文章冠世,伏膺儒术,非礼不动。年二十而吴灭,退居旧里,闭门勤学。太康末,与弟云俱入洛,造太常张华,华素重其名,如旧相识,曰:'伐吴之役,利获二俊。'"【补】陆此书今已亡。【案】下当分段。

齐朝士子,皆呼祖仆射为祖公,①全不嫌有所涉也,②乃有对面以相③戏者。

①《北齐书·后主纪》:"武平三年三月,以左仆射唐邕为尚书令,侍中祖珽为左仆射。"射,音夜。

②【补】案:祖父称公,今连祖姓称公,故云"嫌有所涉",然则称姓家者亦不可云家公。

③【元注】一本作"为"字。

古者,名以正体,字以表德,名终则讳之,①字乃可以为孙氏。②孔子弟子记事者,皆称仲尼;吕后微时,尝字高祖为季;③至汉爰种,字其叔父曰丝;④王丹与侯霸子语,字霸为君房;⑤江南至今不讳字也。河北士人全不辨之,名亦呼为字,字固呼为字。尚书王元景兄弟,皆号名人,其父名云,字罗汉,一皆讳之,其余不足怪也。⑥

① 【补】《左氏·桓六年传》文。

② 孙以王父字为氏,如公子展之孙无骇卒,公命以其字为展氏,见《左氏·隐八年传》。

③《史记·高祖本纪》:"姓刘氏,字季。秦始皇帝常曰:'东南有天子气。'于是因东游以厌之。高祖即自疑,亡匿隐于芒砀山泽岩石之间。吕后与人俱求,常得之,高祖怪问之。吕后曰:'季所居上常有云气,故从往常得季。'"

④《汉书·爰盎传》:"盎字丝,徙为吴相,兄子种谓丝曰:'吴王骄,日久国多奸,今丝欲刻治,彼不上书告君,则利剑刺君矣。南方卑湿,丝能日饮,亡何,说王毋反而已。如此幸得脱。'"

⑤《后汉书·王丹传》:"丹字仲回,京兆下邽人。"余见前"称祖父曰家公"注。

⑥《北齐书·王昕传》:"昕字元景,北海剧人。父云,仕魏朝有名望。昕少笃学读书,杨愔重其德业,以为人之师表,除银青光禄大夫,判祠部尚书事。弟晞,字叔朗,小名沙弥。幼而孝谨,淹雅有器度,好学不倦,美容仪,有风则。武平初,迁大鸿胪,加仪同三司。性恬淡寡欲,虽王事鞅掌而雅操不移。良辰美景,啸咏遨游,人士谓之物外司马。"【补】《魏书·王宪传》:"宪子巖,巖子云,字罗汉,颇有风尚。兖州刺史,坐受所部财货,御史纠劾,付廷尉,遇赦免。卒赠豫州刺史,谥曰文昭。有九子,长子昕,昕弟晖,晖弟昕。"

《礼·间传》云:"斩缞之哭,若往而不反;齐缞之哭,若往而反;大功之哭,三曲而偯;小功缌麻,哀容可也,此哀之发于声音也。"①《孝经》云:"哭不偯。"②皆论哭有轻重质文之声也。礼以哭有言者为号，^③然则哭亦有辞也。江南丧哭，时有哀诉之言耳；山东重丧，则唯呼苍天。^④期功以下，则唯呼痛深，便是号而不哭。^⑤

①【补】《间传》，《礼记》篇名。间，如字。传，张恋切。郑《目录》云："以其记丧服之间，轻重所宜也。"缞，本作"衰"，仓回切，下同。齐，即夷切，亦作"斋"。三曲，各本皆讹作"三哭"，今依本书改正。郑《注》："三曲，一举声而三折也。偯，声余从容也。"《释文》："余起切。"《说文》作"悠"。

②《丧亲章》："孝子之丧亲也，哭不偯，礼无容，服美不安，闻乐不乐，食旨不甘，此哀戚之情也。"

③【补】〈号〉，户刀切，下同。

④【补】重，如字，下同。

⑤【补】案此语，则上文"礼以哭，有言为号"应作"无言"。

江南凡遭重丧，若相知者，同在城邑，三日不吊则绝之；除丧，虽相遇则避之，怨其不己悯也。有故及道遥者，致书可也；无书亦如之。北俗则不尔。^①江南凡吊者，主人之外，不识者不执手；识轻服而不识主人，则不于会所而吊，他日修名诣其家。

①【补】尔，如此也。

阴阳说云："辰为水墓，又为土墓，故不得哭。"^①王充《论衡》云："辰日不哭，哭必重丧。"^②今无教者，辰日有丧，不问轻重，举家清谧，^③不敢发声，以辞吊客。道书又曰："晦歌朔哭,皆当有罪,天夺其算。"④丧家朔望,哀感弥深,宁当惜寿,又不哭也?亦不谕。⑤

  ① 水土俱长生于申,故墓俱在辰。

  ②《后汉书·王充传》:"充字仲任,会稽上虞人,家贫无书,常游洛阳市肆,阅所卖书,一见辄能诵忆,遂博通众流百家之言。以为俗儒守文多失其真,乃闭户潜思,绝庆吊之礼,户牖墙壁各置刀笔,著《论衡》八十五篇。"【补】此所引《论衡》见《辩祟篇》。重,直龙切。丧,如字,下同。

  ③【补】《尔雅·释诂》:"谧,静也。"音密。

  ④【补】道书,道家之书。

  ⑤【元注】一本无"亦不谕"三字。

  偏傍之书,死有归杀。①子孙逃窜,莫肯在家;画瓦书符,作诸献胜;②丧出之日,门前然火,户外列灰,③祓送家鬼,章断注连。④凡如此比,不近有情,乃儒雅之罪人,弹议所当加也。⑤

  ①【补】偏傍之书,谓非正书。俗本"杀"作"煞",道家多用之,此从宋本。死有煞日,今杭人读为所介切。

  ②【补】北人逃煞,南人接煞。余在江宁,其俗不知有煞。画,乎卦切。献,於涉切。

  ③【补】列,俗本作"烈",今从宋本。门前然火,今江以南亦有此风。

  ④【补】祓,敷勿切,又音废,去也。断,徒管切。

  ⑤【补】弹,奴干切。

  已孤而履岁,①及长至之节,无父,拜母、祖父母、世叔父母、姑、兄、姊，则皆泣；②无母，拜父、外祖父母、舅、姨、兄、姊，亦如之，此人情也。

① 【补】此下疑当有"朝"字。
② 【补】《说文》："泣，无声出涕也。"

江左朝臣，子孙初释服，朝见二宫，皆当泣涕。①二宫为之改容。②颇有肤色充泽，无哀感者，梁武薄其为人，多被抑退。裴政出服，问讯武帝，贬瘦枯槁，涕泗滂沱，武帝目送之曰："裴之礼不死也。"③

① 【补】朝，陟遥切。见，胡电切。二宫，帝与太子也。
② 【补】为，于伪切。
③ 《南史·裴邃传》："子之礼，字子义，母忧居丧，惟食麦饭，邃庙在光宅寺西，堂宇弘敞，柏松郁茂。范云庙在三桥，蓬蒿不翦，梁武帝南郊，道经二庙，顾而叹曰：'范为已死，裴为更生。'之礼卒于少府卿，谥曰壮。子政，承圣中位给事黄门侍郎，魏克江陵，随例入长安。"《北史·裴政传》："政字德表，仕隋为襄阳总管，令行禁止，称为神明。著《承圣实录》一卷。"

二亲既没，所居斋寝，子与妇弗忍入焉。北朝顿丘李构，①母刘氏，夫人亡后，所住之堂，终身镵闭，弗忍开入也。②夫人，宋广州刺史纂之孙女，③故构犹染江南风教。其父奖，为扬州刺史，镇寿春，遇害。④构尝与王松年、祖孝徵数人同集谈讌。⑤孝徵善画，⑥遇有纸笔，图写为人。顷之，因割鹿尾，戏截画人以示构，而无他意。构怆然动色便起，就马而去。举坐惊骇，莫测其情。祖君寻悟，方深反侧，当时罕有能感此者。吴郡陆襄，父闲被刑，襄终身布衣蔬饭，虽姜菜有切割，皆不忍食。居家惟以掐摘供厨。⑦江宁姚子笃，母以烧死，终身不忍噉炙。⑧豫章熊康父以醉而为奴所杀，终身不复尝酒。⑨然礼缘人情，恩由义断，⑩亲以噎死，亦当不可绝食也。⑪

① 《宋书·州郡志》："顿丘，二汉属东郡，魏属阳平。武帝泰始二年分淮阳置顿丘郡，县属焉。"

②【补】镴，说文作"锁"。

③ 《宋书·州郡志》："广州刺史，吴孙休永安七年分交州立，领郡十七，县一百三十六。"

④ 同上："扬州刺史，前汉未有治所，后汉治历阳，魏晋治寿春。"【补】《北史·李崇传》："崇从弟平，平子奖，字遵穆，容貌魁伟，有当世才。度元颢入洛，以奖兼尚书左仆射，慰劳徐州。羽林及城人不承颢旨，害奖，传首洛阳。孝武帝初，诏赠冀州刺史。子构，字祖基，少以方正见称，袭爵武邑郡公。齐初降爵为县侯，位终太府卿。构常以雅道自居，甚为名流所重。"

⑤【补】《北齐书·王松年传》："少知名，文襄临并州，辟为主簿。孝昭擢拜给事黄门侍郎。孝昭崩，护梓宫还邺，哭其流涕。武成虽忿松年恋旧情切，亦雅重之，以本官加散骑常侍，食高邑。"

⑥【补】〈画〉，胡卦切。

⑦【补】《南史·陆慧晓传》："闲字遐业，慧晓兄子也。有风概，与人交，不苟合，仕至扬州别驾。永元末，刺史始安王遥光据东府作乱，闲以纲佐被收。尚书令徐孝嗣启闲不预逆谋，未及报，徐世标命杀之。四子：厥、绛、完、襄也。襄本名衰，字赵卿，有奏事者误字为襄。梁武帝乃改为襄，字师卿。太清元年为度支尚书。襄弱冠遭家祸，释服，犹若居忧，终

身蔬食布衣,不听音乐,口不言杀害。"掐,苦洽切。《玉篇》:"爪按曰掐。"

⑧【补】噉,徒滥切,与啗、啖并同,食也。炙,之夜切。

⑨【补】《晋书·地理志》:豫章郡属扬州。复,扶又切。

⑩【补】〈断〉,丁乱切。

⑪【元注】一本无"当"字,有"也"字。一本有"当"字,无"也"字。

《礼经》:父之遗书,母之杯圈,感其手口之泽,不忍读用。①政为常所讲习,雠校缮写,②及偏加服用,有迹可思者耳。若寻常坟典,为生什物,安可悉废之乎?③既不读用,无容散逸,惟当缄保,以留后世耳。④

①【补】《礼记·玉藻》:"父没而不能读父之书,手泽存焉尔。母没而杯圈不能饮焉,口泽之气存焉尔。"郑《注》:"圈,屈木所为,谓卮匜之属。"《释文》:"圈,起权切。"案:亦作"棬"。

②【补】为,于伪切。左太冲《魏都赋》:"雠校篆籀。"【案】雠谓一人持本,一人读之。若怨家相对,有误必举,不肯少恕也。汉刘向校中秘书,凡一书竟,奏上,每云:皆定,以杀青,可缮写。《后汉书·卢植传》:"臣前以《周礼》诸经为之解诂,无力供缮写上。"章怀注:"缮,善也。"

③【补】孔安国《尚书序》:"伏羲、神农、黄帝之书谓之三坟,言大道也;少昊、颛顼、高辛、唐虞之书谓之五典,言常道也。"《史记·五帝本纪》:"舜作什器于寿丘。"《索隐》:"什,数也。盖人家常用之器非一,故以十为数,犹今云什物也。"

④【补】缄,古咸切,封也。【案】下当分段。

思鲁等第四舅母,亲吴郡张建女也,有第五妹,三岁丧母。①灵床上屏风,平生旧物,屋漏沾湿,出暴晒之,②女子一见,伏床流涕。家人怪其不起,乃往抱持。荐席淹渍,精神伤沮,^③不能饮食。将以问医,医诊脉云:"肠断矣!"因尔便吐血,数日而亡。中外怜之,莫不悲叹。

　　①【补】丧,息浪切。
　　②【补】暴,蒲木切。晒,所卖切。
　　③【补】淹渍,《御览》引作"泪渍"。渍,疾智切,浸润也。沮,慈吕切,消沮也。

　　《礼》云:"忌日不乐。"^①正以感慕罔极,恻怆无聊,故不接外宾,不理众务耳。必能悲惨自居,何限于深藏也?世人或端坐奥室,^②不妨言笑,盛营甘美,厚供斋食;迫有急卒,^③密戚至交,尽无相见之理。盖不知礼意乎!^④

　　①【补】《礼记·祭义》:"君子有终身之丧,忌日之谓也。忌日不用,非不祥也。言夫日志有所至,而不敢尽其私也。"乐,如字,一音洛。
　　②【补】奥室,深隐之室。《礼记·仲尼燕居》:"室而无奥阼,则乱于堂室也。"
　　③【补】〈卒〉,与猝同。
　　④【案】下当分段。

　　魏世王修母以社日亡,来岁社日,^①修感念哀甚,邻里闻之,为之罢社。^②今二亲丧亡,^③偶值伏腊分至之节,^④及月小晦后,忌之日,^⑤所经^⑥此日,犹应感慕,异于余辰,不预饮谯、闻声乐及行游也。

　　① 各本俱脱"日"字,宋本作"来岁有社",亦误。【案】《御览》引萧广

济《孝子传》载此事有"日"字,今据补。

②《魏志·王修传》:"修字叔治,北海营陵人,七岁丧母。"下载此事。

③【补】丧,息浪切。

④【补】《历忌释》:"四时代谢,皆以相生。至于立秋,以金代火,金畏火,故至庚日必伏。庚者,金也。"《阴阳书》:"从夏至后第三庚为初伏,第四庚为中伏,立秋后初庚为后伏,亦谓之末伏。"《史记·秦本纪》:"德公始为伏祠。"《魏台访议》:"王者各以其行盛日为祖,衰日为腊。汉火德,火衰于戌,故以戌日为腊。"魏晋以下,以此推之,分春秋分,至冬夏至。

⑤俗本作"外",今从宋本。【重校正】宋本注:"一本作'外'字。"

⑥【补】盖谓亲或以月大尽亡,而所值之月只有二十九日,乃月小之晦日,即以为亲之忌日所经也。

　　刘縚、缓、绥,兄弟并为名器,其父名昭,①一生不为照字,惟依《尔雅》火旁作召耳。②然凡文与正讳相犯,当自可避;其有同音异字,不可悉然。刘字之下,即有昭音。③吕尚之儿,如不为上;④赵壹之子,傥不作一。⑤便是下笔即妨,是书皆触也。⑥

　　①【沈氏考证】《南史》刘昭本传:子縚、缓附。一本以"昭"为"照"者,非。【补】縚,土刀切。

　　②《梁书·文学传》:"刘昭,字宣卿,平原高唐人,集《后汉》同异以注范书。为剡令,卒。子縚,字言明,通《三礼》,大同中为尚书祠部郎,寻去职,不复仕。弟缓,字含度,历官湘东王记室。时西府盛集文学,缓居其首,随府转江州,卒。"绥,本传不载,疑此字衍。《尔雅·释虫》:"萤火即炤。"

③【补】案：古萧、豪、尤、侯，音皆通。

④《史记·齐世家》："太公吕尚者，东海上人。"

⑤《后汉书·赵壹传》："壹字符叔，汉阳西县人。"

⑥【案】下当分段。

尝有甲设讌席，请乙为宾，而旦于公庭见乙之子，问之曰："尊侯早晚顾宅？"乙子称"其父已往"，①时以为笑。如此比例，触类慎之，不可陷于轻脱。

①【补】从他人称之可云"其父"，亲子称父，不容亦著"其"字。至对甲言，当云"已赴"，(嘉)[甲]招亦不当言"已往"。

江南风俗，儿生一期，为制新衣，盥浴装饰，①男则用弓矢纸笔，女则刀尺鍼缕，②并加饮食之物，及珍宝服玩，置之儿前，观其发意所取，以验贪廉愚智，名之为试儿。③亲表聚集，致讌享焉。自兹已后，二亲若在，每至此日，尝有酒食之事耳。无教之徒，虽已孤露，其日皆为供顿，酣畅声乐，不知有所感伤。梁孝元④年少之时，每八月六日载诞之辰，常设斋讲。自阮修容薨殁之后，此事亦绝。⑤

①【补】为，于伪切。盥，古玩切。

②【补】刀，剪刀。鍼，古作"箴"，今又作"针"。缕，线也，力主切。

③【补】子生周年谓之晬。子，对切见。《说文》："其试儿之物，今人谓之晬盘。"

④ 宋本有帝字。

⑤《梁书·后妃传》："高祖阮修容，讳令嬴，本姓石，会稽余姚人。

齐始安王遥光纳焉，遥光败，入东昏宫。建康城平，高祖纳为彩女。天监六年八月，生世祖，寻拜为修容，随世祖出蕃。大同六年六月薨于江州内寝。世祖即位，追崇为文宣太后。"【补】《金楼子》称：宣修容，会稽上虞人，以大同九年太岁癸亥六月二日薨。与史不同。

　　人有忧疾，则呼天地父母，自古而然。①今世讳避，触途急切。②而江东士庶，痛则称祢。祢是父之庙号，父在无容称庙，父殁何容辄呼？《苍颉篇》有"侑"字，③《训诂》云："痛而謼也，④音羽罪反。"今北人痛则呼之。⑤《声类》音于末反，⑥今南人痛或呼之。此二音随其乡俗，并可行也。⑦

　　①【补】《史记·屈原传》："夫天者，人之始也。父母者，人之本也。人穷则反本，故劳苦倦极，未尝不呼天也，疾痛惨怛，未尝不呼父母也。"
　　②【补】言今世以呼天呼父母为触忌也。盖嫌于有怨恨祝诅之意，故不可也。
　　③【元注】〈侑〉，下交切，痛声也。【补】案：侑字音见下，此音疑非颜氏本有。
　　④【元注】謼，火故反。
　　⑤《汉书·艺文志》："《苍颉》一篇，秦丞相李斯作。扬雄、杜林皆作《训纂》。杜林又作《苍颉故》。"故，即诂也。
　　⑥《隋书·经籍志》："《声类》十卷，魏左校令李登撰。"【案】俗本作于来反，今从宋本。
　　⑦【补案】侑字今读肴，不与古音合。又转为噎，今俗痛呼"阿唷"，音育，声随俗变，无定字也。

　　梁世被系劾者，①子孙弟侄，皆诣阙三日，露跣陈谢；子孙有官，自陈解职。子则草屩麤衣，②蓬头垢面，周章道路，要候执事,③叩头流血,申诉冤枉。若配徒隶,诸子并立草庵于所署门,④不敢宁宅,动经旬日,官司驱遣,然后始退。江南诸宪司弹人事,事虽不重,⑤而以教义见辱者,或被轻系而身死狱户者,皆为怨雠,⑥子孙三世不交通矣。到洽为御史中丞,初欲弹刘孝绰,其兄溉先与刘善,苦谏不得,乃诣刘涕泣告别而去。⑦

①【补】劾,胡概切,又胡得切,推劾也。

②【补】屩,居勺切,草履也。纚,疏也。布帛之等,缕小者则细良,缕大者则疏恶。

③【补】周章,章惶也。要,於宵切,亦作邀。

④【补】庵,乌含切。《广韵》:"小草舍也。"

⑤【补】两"事"字似衍其一。【重校】各本皆误衍一"事"字。

⑥ 宋本"怨"作"死"。注:一本作"怨"字。【案】"怨"字是读作"冤"。

⑦《梁书·到洽传》:"洽字茂沿,彭城武原人。普通六年迁御史中丞,弹纠无所顾望,号为劲直,当时肃清。"《到溉传》:"溉字茂灌,少孤贫,与弟洽俱聪敏有才学。"《刘孝绰传》:"孝绰字孝绰,彭城人,本名冉,小字阿士,与到洽友善,同游东宫。自以才优于洽,每于宴坐,嗤鄙其文,洽衔之。及孝绰为廷尉正,携妾入官府,其母犹停私宅。洽寻为御史中丞,遣令史案其事,遂劾奏之,云:'携少妹于华省,弃老母于下宅。'高祖为隐其恶,改妹为姝,坐免官。"

兵凶战危,①非安全之道。古者,天子丧服以临师,将军凿凶门而出。②父祖伯叔,若在军阵,③贬损自居,不宜奏乐谦会及婚冠吉庆事也。④若居围城之中,憔悴容色,除去饰玩,⑤常为临深履薄之状焉。父母疾笃,医虽贱虽少,⑥则涕泣而拜之，以求哀也。梁孝元在江州，尝有不豫，世子方等亲拜中兵参军李猷焉。⑦

①【补】《汉书·晁错传》："兵，凶器；战，危事也。以大为小，以强为弱，在俯仰之间耳。"

②《淮南子·兵略训》："主亲操斧钺授将军，将辞而行。乃爪鬋设明衣，凿凶门而出。"【补】《老子·道经》："吉事尚左，凶事尚右。偏将军居左，上将军处右。"言以丧礼处之。

③【补】阵，乃"陈"之俗体。

④【补】冠，古玩切。

⑤【补】去，羌举切。

⑥【补】〈少〉，诗（诏）[照]切。

⑦【元注】一本无"焉"字。《梁书·世祖二子传》："忠壮世子方等，字实相，世祖长子，母曰徐妃。"《隋书·百官志》："皇弟皇子府置功曹史、录事、记室、中兵等参军。"

四海之人，结为兄弟，亦何容易。必有志均义敌，令终如始者，方可议之。一尔之后，命子拜伏，呼为丈人，申父友之敬；①身事彼亲，亦宜加礼。比见北人，甚轻此节，行路相逢，便定昆季，望年观貌，不择是非，至有结父为兄，托子为弟者。

①〈友〉，宋本作交。【注】一本作友。【补】古者与其子相友则拜其亲，谓之拜亲之交。马援有疾，梁松来候之，独拜牀下，援不答。孔融先与陈纪友，后与其子群交，更为群拜纪。鲁肃拜吕蒙母，结友而别。诸史所载如此者非一。

昔者，周公一沐三握发，一饭三吐餐，以接白屋之士，一日所见者七十余人。①晋文公以沐辞竖头须，致有图反之诮。②门不停宾，古所贵也。③失教之家，阍寺无礼，或以主君寝食嗔怒，拒客未通，江南深以为耻。黄门侍郎裴之礼，④号善为士大夫，有如此辈，对宾杖之。其门生僮仆，接于他人，折旋俯仰，辞色应对，莫不肃敬，与主无别也。⑤

① 见《荀子》而文小异，《说苑》亦载之。【补】《荀子·尧问篇》《说苑·尊贤篇》及《尚书大传》唯载见士；其握发吐哺，见《史记·鲁世家》。

② 见《左·僖二十四年传》。

③【补】《晋书·王浑传》："浑抚循羁旅，虚怀绥纳，座无空席，门不停宾。故江东之士莫不悦附。"

④《隋书·百官志》："门下省置侍中给事、黄门侍郎各四人。"

⑤ "号善为"以下宋本作："好待宾客，或有此辈，对宾杖之。僮仆引接，折旋俯仰，莫不肃敬，与主无别。"【注】一本作云云。

慕贤第七

古人云:"千载一圣,犹旦暮也;五百年一贤,犹比髆也。"①言圣贤之难得,疏阔如此。傥遭不世明达君子,安可不攀附景仰之乎?②吾生于乱世,长于戎马,③流离播越,④闻见已多。所值名贤,未尝不心⑤醉魂迷向慕之也。人在年少,神情未定,所与款狎,熏渍陶染,言笑举动,⑥无心于学,潜移暗化,自然似之。何况操履艺能,较明易习者也?⑦是以与善人居,如入芝兰之室,久而自芳也;与恶人居,如入鲍鱼之肆,久而自臭也。⑧墨子悲于染丝,⑨是之谓矣。君子必慎交游焉。孔子曰:"无友不如己者。"颜、闵之徒,何可世得!但优于我,便足贵之。⑩

①【补】《孟子外书·性善辨》:"千年一圣,犹旦暮也。"《鹖子》第四:"圣人在上,贤士百里而有一人,则犹无有也。王道衰微,暴乱在上,贤士千里而有一人,则犹北肩也。"髆,补各切。《说文》:"肩甲也。"

②【补】《法言·渊骞篇》:"攀龙鳞,附凤翼。"《后汉书·刘恺传》:"贾逵上书,称恺景仰前修。"【案】宋以来以《诗》云"高山仰止,景行行止"《笺》训景为"明",不可用作"景慕"义。真西山初慕元德秀而同其名,因字景元,后悟其非,改为希元。《鹤林玉露》辨之綦详。不知景仰之语古矣,此亦用之。章怀于《恺传》"百僚景式"下注云:"景,犹慕也。"是唐人犹不若宋人之拘泥也。

③【补】长,张丈切。

④【补】流离,见《诗·邶·旄丘》。播越,见《左·昭二十六年传》。

⑤〈心〉,宋本作"神"。

⑥〈动〉,宋本作"对"。

⑦【补】易,弋豉切。也,读为耶。

⑧本《家语·六本篇》。

⑨《淮南子·说林训》:墨子见练丝而泣之,为其可以黄可以黑。

⑩【案】下当分段。

世人多蔽,^①贵耳贱目,重遥轻近。少长周旋,^②如有贤哲,每相狎侮,不加礼敬;^③他乡异县,^④微借风声,延颈企踵,^⑤甚于饥渴。校其长短,覆其精粗,或彼不能如此矣。^⑥所以鲁人谓孔子为东家丘,^⑦昔虞国宫之奇,少长于君,君狎之,不纳其谏,以至亡国。^⑧不可不留心也。^⑨

①【补】见张衡《东京赋》。

②【补】少,诗照切。长,张丈切。

③【补】《礼记·曲礼上》:"贤者狎而敬之。"又曰:"礼不逾节,不侵侮,不好狎。"郑《注》:"为伤敬也。"

④【补】见蔡邕诗。

⑤【补】见《汉书·萧望之传》。

⑥俗本无两"其"字。宋本有下句作:"或能彼不能此矣。"不如俗本之善。

⑦裴松之注《魏志·邴原传》引《原别传》曰:"原远游学,诣安丘孙崧。崧辞曰:'君乡里郑君,诚学者之师模也,君乃舍之,所谓以郑为东家丘者也。'原曰:'君谓仆以郑为东家丘,以仆为西家愚夫邪?'"

⑧见《左氏·僖五年传》。

⑨【案】下当分段。

用其言,弃其身,古人所耻。①凡有一言一行,②取于人者,皆显称之,不可窃人之美,以为己力;虽轻虽贱者,必归功焉。窃人之财,刑辟之所处;③窃人之美,鬼神之所责。④

①《左氏·定九年传》:"郑驷歂杀邓析而用其竹刑。君子谓子然于是乎不忠,用其道,不弃其人。《诗》云:'蔽芾甘棠,勿翦勿伐,召伯所茇。'思其人犹爱其树,况用其道而不恤其人乎?"

②【补】〈行〉,下孟切。

③【补】〈处〉,辟婢切。

④【案】下当分段。

梁孝元前在荆州,①有丁觇者,洪亭民耳,颇善属文,②殊工草隶。孝元书记,一皆使之。③军府轻贱,多未之重,耻令子弟以为楷法,④时云:⑤"丁君十纸,不敌王褒数字。"⑥吾雅爱其手迹,常所宝持。孝元尝遣典签惠编⑦送文章示萧祭酒,⑧祭酒问云:"君王比赐书翰,及写诗笔,殊为佳手,姓名为谁?那得都无声问?"编以实答。子云叹曰:"此人后生无比,遂不为世所称,亦是奇事。"于是闻者稍复刮目。⑨稍仕至尚书仪曹郎,⑩末为晋安王侍读,随王东下。及西台陷殁,简牍湮散,丁亦寻卒于扬州。⑪前所轻者,后思一纸,不可得矣。⑫

①【补】《梁书·元帝纪》:"普通七年出为使持节,都督荆、湘、郢、益、宁、南梁六州诸军事,西中郎将,荆州刺史。"

②【补】属,之欲切。

③【补】《后汉书·百官志》:"记室令史,主上章表,报书记。"【重校】

宋本作"使典之"。注云：一本无"典"字。

④【补】令，力丁切。《礼记・儒行》："今世行之，后世以为楷。"

⑤【元注】一本无"时云"字。

⑥〈王褒数字〉，宋本作"王君一字"。【注】一本云"王褒数字"。《周书・王褒传》："褒字子渊，琅邪临沂人。梁国子祭酒萧子云，褒之姑夫也，特善草隶。褒以姻戚去来其家，遂相模范。俄而名亚子云。并见重于世。"

⑦《南史・恩幸・吕文显传》："故事：府州部内论事，皆签前直叙所论之事，后云谨签，日月下又云某官某签，故府州置典签以典之。"惠，姓；编，名。

⑧【补】《隋书・百官志》："国学有祭酒一人。"

⑨ 裴松之注《吴志・吕蒙传》引《江表传》："吕蒙谓鲁肃曰：'士别三日，即更刮目相待。'"

⑩《隋书・百官志》："尚书省置仪曹、虞曹等郎二十三人。"

⑪《梁书・简文帝纪》："天监五年，封晋安王。"

⑫【案】下当分段。

　　侯景初入建业，①台门虽闭，②公私草扰，各不自全。太子左卫率羊侃坐东掖门，部分经略，一宿皆办，遂得百余日抗拒凶逆。③于时，城内四万许人，王公朝士，不下一百，便是恃侃一人安之，其相去如此。古人云："巢父、许由，让于天下；④市道小人，争一钱之利。"亦已悬矣。

　　①《南史・贼臣传》："侯景，字万景，魏之怀朔镇人。初事尔朱荣，高欢诛尔朱氏，景以众降欢，使拥兵十万，专制河南。太清元年二月上表求降，武帝封景河南王、大将军、使持节、都督河南北诸军事、大行台。及与魏通和，二年八月遂发兵反。"《吴志・孙权传》："十六年，徙治秣陵。

明年城石头,改秣陵为建业。”

②【补】《容斋随笔》:“晋宋间谓朝廷禁近为台,故称禁城为台城,官军为台军,使者为台使。”【案】此台门亦谓台城门也。

③ 羊侃见前。《梁书》本传:“中大通六年,出为晋安太守,顷之,征太子左卫率。太清二年,复为都官尚书。侯景反,侃区分防拟,皆以宗室间之。贼攻东掖门,纵火甚盛,侃亲自距抗,以水沃火。火灭,贼为尖顶木驴攻城,矢石所不能制。侃作雉尾炬,施铁镞,以油灌之,掷驴上焚之,俄尽。贼又东西两面起土山以临城,侃命为地道潜引其土,山不能立。贼又作登城楼车,高十余丈,欲临射城内,侃曰:‘车高堑虚,彼来必倒。’及车动,果倒。后大雨,城内土山崩,贼乘之,垂入,侃乃令多掷火为火城,以断其路。徐于里筑城,贼不能进。十二月遘疾,卒于台内。”分,扶问切。

④《高士传》:“巢父者,尧时隐人也。以树为巢而寝其上,故时人号曰巢父。尧之让许由也,由以告巢父,巢父曰:‘汝何不隐?汝形藏汝光,若非吾友也。’”又曰:“许由,字武仲,阳城槐里人也。尧召为九州长,由不欲闻之,洗耳于颍水滨。巢父曰:‘污吾犊口。’牵犊上流饮之。”父,音甫。

齐文宣帝即位数年,便沈湎纵恣,略无纲纪;尚能委政尚书令杨遵彦,内外清谧,朝野晏如,各得其所,物无异议,终天保之朝。①遵彦后为孝昭所戮,刑政于是衰矣。②斛律明月,齐朝折冲之臣,无罪被诛,将士解体,周人始有吞齐之志,关中人至今誉之。此人用兵,岂止万夫之望而已也!国之存亡,系其生死。③

①《北齐书·文宣帝纪》:“显祖文宣皇帝,讳洋,字子进,高祖第二子,世宗之母弟。受东魏禅,即皇帝位,改武定八年为天保元年。六七年

后以功业自矜,纵酒肆欲,事极猖狂,昏邪残暴,近世未有。"【补】沈,直深切。谧,弥毕切。

②《孝昭帝纪》:"讳演,字延安,神武第六子,文宣之母弟。文宣崩,幼主即位,除太傅,录尚书事,朝政皆决于帝。乾明元年,从废帝赴邺,居于领军府。时杨愔等以帝威望既重,内惧权逼,请以帝为太师,司州牧,录尚书事,解京畿大都督。帝时以尊亲而见猜斥,乃与长广王谋。至省坐定,酒数行,于坐执愔等斩于御府之内。"《杨愔传》:"愔字遵彦,弘农华阴人,小名秦王。遵彦死,以中书令赵彦深代领机务。鸿胪少卿阳休之私谓人曰:'将涉千里,杀骐骥而策蹇驴,可悲之甚。'"

③《斛律金传》:"金子光,字明月。周将军韦孝宽忌光英勇,乃作谣言,令间谍漏其文于邺。祖珽、穆提婆遂相与协谋,以谣言启帝,遣使赐其骏马。光来谢,引入凉风堂,刘桃枝自后拉而杀之。于是下诏称光谋反,寻发诏尽灭其族。周武帝后入邺,追赠上柱国公,指诏书曰:'此人若在,朕岂能至邺?'"【补】《吕氏春秋·召类篇》:"孔子曰'修之于庙堂之上,而折冲乎千里之外'者,其司城子罕之谓乎?"注:"冲车,所以冲突敌之车。有道之国,使欲攻己者折还其冲车于千里之外,不敢来也。"将,子亮切。解体,见《左氏·成八年传》。万夫之望,见《易·系辞下传》。

张延隽之为晋州行台左丞,匡维主将,镇抚疆埸,①储积器用,爱活黎民,隐若敌国矣。②群小不得行志,同力迁之。既代之后,公私扰乱,周师一举,此镇先平。③齐亡之迹,④启于是矣。

①【补】〈埸〉,音亦。

②《后汉书·吴汉传》:"诸将见战陈不利,或多惶惧,汉意气自若。帝时遣人观大司马何为,还言方修战攻之具,乃叹曰:'吴公差强人意,隐若一敌国矣。'"【补】《汉书·游侠传》:"剧孟以侠显,吴楚反时,天下骚

动,大将军得之,若一敌国然。"【案】张延隽不见于史。【补注】张延隽见《北周书·孝义传》:"张元之父元,河北芮城人。父延隽,仕州郡累为功曹主簿,以纯至为乡里所推。"

③《北史·周本纪》:"武帝建德五年十月,帝总戎东伐,遣内史王谊攻晋州城。是夜,虹见于晋州城上,首向南,尾入紫宫。帝每日赴城督战,齐行台左丞侯子钦出降。壬申,晋州刺史崔嵩密使送款,上开府王轨应之,未明登城,遂克晋州。甲戌,以上开府梁士彦为晋州刺史以镇。"

④〈齐亡之迹〉,宋本作"齐国之亡"。注:一本云"齐亡之迹"。

卷第三

勉学第八

自古明王圣帝,犹须勤学,况凡庶乎!此事遍于经史,吾亦不能郑重,聊举近世切要,以启寤汝耳。①士大夫子弟,数岁已上,莫不被教,多者或至《礼》《传》,少者不失《诗》《论》。②及至冠婚,体性稍定,③因此天机,倍须训诱。有志尚者,遂能磨砺,以就素业;无履立者,自兹堕慢,便为凡人。④人生在世,会当有业:农民则计量耕稼,商贾则讨论货贿,⑤工巧则致精器用,伎艺则沈思法术,⑥武夫则惯习弓马,文士则讲议经书。多见士大夫耻涉农商,差务工伎,射则不能穿札,笔则才记姓名,⑦饱食醉酒,忽忽无事,以此销日,以此终年。或因家世余绪,得一阶半级,便自为足,全忘修学;⑧及有吉凶大事,议论得失,蒙然张口,如坐云雾;⑨公私宴集,谈古赋诗,塞默低头,欠伸而已。⑩有识旁观,代其入地。⑪何惜数年勤学,长受一生愧辱哉!⑫

①【补】《汉书·王莽传》注:"郑重,犹言频烦也。"启,开也。寤,觉也,与"悟"通。

②【补】上,时掌切。传,张恋切。论,如字,谓《论语》。

③【补】冠,古玩切。

④【补】天机,言后生入世未深,其本来之性尚未为物欲所汩也。素

业,清素之业。《魏志·徐胡传》评:"胡质素业贞粹。"履立,谓操履树立。堕,徒果切,与"惰"同。

⑤【补】量,音良。贾,音古。《周礼·天官·大宰》:"商贾阜通货贿。"注:"金玉曰货,布帛曰贿。"

⑥【补】沈,直深切,俗本作"深",误。

⑦【补】札,甲叶也。《左氏·成十六年传》:"潘尪之党与养由基蹲甲而射之,彻七札焉。"《释文》:"札,侧八切。"《史记·项羽本纪》:"书足以记姓名而已。"

⑧【元注】一本云:"便谓为足,安能自苦。"

⑨【补】蒙然,如《说苑·杂言篇》惠子所云:"蒙蒙如未视之狗。"张口,犹所谓舌挢而不能下也。

⑩【补】《礼记·曲礼上·正义》:"志疲则欠,体疲则伸。"

⑪【补】《家语·屈节解》:"季孙闻宓子之言,赧然而愧曰:'地若可入,吾岂忍见宓子哉!'"

⑫【案】下当分段。

　　梁朝全盛之时,贵游子弟,多无学术,至于谚云:"上车不落则著作,体中何如则秘书。"①无不熏衣剃面,傅粉施朱,驾长檐车,跟高齿屐,坐棋子方褥,凭斑丝隐囊,列器玩于左右,从容出入,望若神仙。②明经求第,则顾人答策;三九公讌,则假手赋诗。当尔之时,亦快士也。③及离乱之后,朝市迁革,铨衡选举,非复曩者之亲;④当路秉权,不见昔时之党。求诸身而无所得,施之世而无所用。被褐而丧珠,失皮而露质,⑤兀若枯木,泊若穷流,⑥鹿独戎马之间,转死沟壑之际。当尔之时,诚驽材也。⑦有学艺者,触地而安。自荒乱已来,诸见俘虏。虽百世小人,知读《论语》《孝经》者,尚为人师;

虽千载冠冕，不晓书记者，莫不耕田养马。以此观之，⑧安可不自勉耶？若能常保数百卷书，千载终不为小人也。⑨

①【补】《周礼·地官·师氏》："凡国之贵游子弟学焉。"注："贵游子弟，王公之子弟；游，无官司者。杜子春云：'游当为犹，言虽贵犹学。'"《隋书·百官志》上："梁制，秘书省置监丞各一人，掌国之典籍；图书著作郎一人，佐郎八人，掌国史集注。起居著作郎，谓之大著作佐郎，为起家之选。"《通典·职官八》："宋齐秘书郎四员，尤为美职，皆为甲族起家之选，待次入补。其居职例上曰便迁，梁亦然。自齐梁之末，多以贵游子弟为之，无其才实。"

②【补】《广韵》："燻，同熏。"《集韵》："俗熏字。"傅音附。檐，谓辕也，辕长则坐者安。跟，古痕切。《说文》："足，踵也。"《释名》："足后曰跟。"依此文则当有著义，或字当为跂也。屐，奇逆切。《释名》："屐，搘也。为雨足搘以践泥也。"案：自晋以来，士大夫多喜著屐，虽无雨亦著之，下有齿。谢安因喜过户限，不觉屐折齿，是在家亦著也。旧齿露卯，则当如今之钉鞋，方可露卯。晋太元中不复彻。今之屐下有两方木，齿著木上，则亦不能彻也。《释名》："褥，辱也。人所坐亵辱也。"隐囊，如今之靠枕。《南史·杜崱传》："杜嶷斑丝缠稍。"是当时有此名，今未能详也。从，七容切。

③【补】明经自汉以来有之，梁凡举秀才、孝廉皆策试明经，则史未详焉。《齐书·儒林传序》："贵游之辈饰以明经，可谓稽山竹箭，加以括羽。"顾，倩也，俗作"雇"，非。公谦，公家之谦。《文选》有公谦诗，此云"三九"，则有常日矣。唐宋以前，凡外郡亦皆用留使钱充宴设。

④【补】复，扶富切。囊，奴朗切。今人误读为"嚢"。当正之。

⑤【补】《老子·德经》："圣人被褐怀玉。"丧，息浪切。《法言·吾子篇》："羊质而虎皮，见草而说，见豺而战，忘其皮之虎也。"

⑥【补】陆机《文赋》："兀若枯木，豁若涸流。"泊，疑当作"洦"，下文引《说文》："洦，浅水貌。"此当用之。匹白切。

⑦ 鹿独，俗本作"孤独"，此从宋本。【补】《礼记·王制·正义》引《释名》："无子曰独。独，鹿也，鹿鹿无所依也。"又张华《拂舞歌》："独漉独漉，水深泥浊。"独漉，一作"独禄"，亦作"独鹿"当是彳亍之意。本无定字，故此又例作"鹿独"也。《字林》："驽，骀也。"驽骀下乘，此亦谓下材也。

⑧ 宋本有"汝"字。

⑨【案】下当分段。

夫明《六经》之指，涉百家之书，纵不能增益德行，敦厉风俗，犹为一艺，得以自资。①父兄不可常依，乡国不可常保，一旦流离，无人庇荫，当自求诸身耳。谚曰："积财千万，不如薄伎在身。"伎之易习而可贵者，无过读书也。世人不问愚智，皆欲识人之多，见事之广，而不肯读书，是犹求饱而懒营馔，欲暖而惰裁衣也。夫读书之人，自羲、农已来，宇宙之下，凡识几人，凡见几事，生民之成败好恶，固不足论，②天地所不能藏，鬼神所不能隐也。③

①【补】《六经》依《礼记·经解》所列，则《诗》《书》《乐》《易》《礼》《春秋》是也。经不可以不明，百家之书则但涉猎而已。行，下孟切。

②【补】好、恶并如字。

③【案】下当分段。

有客难主人曰：①"吾见强弩长戟，②诛罪安民，以取公侯者有矣；文义习吏，③匡时富国，以取卿相者有矣；学备古今，才兼文武，身无禄位，妻子饥寒者，不可胜数，安足贵学乎？"④主人对曰："夫命之穷达，犹金玉木石也；修以学艺，犹磨莹雕刻也。金玉之磨莹，自美其鑛璞；⑤木石之段块，自丑其雕刻。安可言木石之雕刻，乃胜金玉之钄璞哉？不得以有学之贫贱，比于无学之富贵也。且负甲为兵，咋笔为吏，⑥身死名灭者如牛毛，角立杰出者如芝草；握素披黄，⑦吟道咏德，苦辛无益者如日蚀，逸乐名利者如秋荼，岂得同年而语矣。⑧且又闻之：生而知之者上，学而知之者次。所以学者，欲其多知明达耳。⑨必有天才，拔群出类，为将则闇与孙武、吴起同术，执政则悬得管仲、子产之教，虽未读书，吾亦谓之学矣。⑩今子即不能然，不师古之踪迹，犹蒙被而卧耳。"⑪

①【补】难，乃旦切。主人之推自谓也。

②【补】《说文》："弩，弓有臂者。"《释名》："其柄曰臂，钩弦曰牙，牙外曰郭，下曰悬刀，合名之曰机。"《书·太甲》上："若虞机张，往省括于度则释。"《传》："机，弩牙也。"郑《注》《考工记》："戟，今三锋戟也。"《释名》："戟，格也，旁有枝格也。"

③〈吏〉，俗本作史。【补】《大戴礼·保传篇》："不习为吏，视已成事。"一本作"习史"，亦可通。谓习史书也。《汉书·艺文志》："太史试学童，能讽书九千字以上，乃得为史。又以六体试之，课最者以为尚书、御史、史书令史。"

④【补】事，音升。数，色主切。

⑤【补】钄，古猛切，本作卝，亦作钄、矿。《周礼·地官·卝人》："掌金玉锡石之地。"注："卝之言矿也，金玉未成器曰矿。"《玉篇》："璞，玉未治者。"

⑥【补】咋，仕客切，啮也。《北齐书·徐之才传》："小史好嚼笔。"

⑦【补】古者书籍以绢素写之。《太平御览》六百六引《风俗通》曰："刘向为孝成皇帝典校书籍十余年，皆先杀青竹，改易刊定，可缮写者，以上素也。"黄者，黄卷也，古者书并作卷轴，可卷舒。用黄者，取其不蠹。

⑧【补】日蚀，喻不常有也。如秋荼，俗本作"几秋荼。"《盐铁论·刑

德篇》："秦法繁于秋荼。"荼至秋而益繁,喻其多也。

⑨ 知,俗本作"智"。

⑩【补】《史记·孙子吴起列传》："孙子武者,齐人也,以兵法见吴王阖庐,阖庐以为将。西破强楚,入郢,北威齐晋,显名诸侯。吴起者,卫人也,好用兵,魏文侯以为将。起与士卒最下者同衣食,卧不设席,行不乘骑,亲裹赢粮,与士卒分劳苦。用兵廉平,尽能得士心。后之楚,南平百越,北并陈蔡,却三晋,西伐秦,后为贵戚所害。"《管晏列传》："管仲夷吾者,颍上人也。任政于齐桓公以霸。"《循吏列传》："子产者,郑之列大夫,相郑二十六年而死,丁壮号哭,老人儿啼。"

⑪【补】言其一物无所见也。【案】下当分段。

　　人见邻里亲戚有佳快者,①使子弟慕而学之,不知使学古人,何其蔽也哉? 世人但见跨马被甲,长矟强弓,便云我能为将;不知明乎天道,辩乎地利,比量逆顺,鉴达兴亡之妙也。②但知承上接下,积财聚谷,便云我能为相;不知敬鬼事神,移风易俗,调节阴阳,荐举贤圣之至也。③但知私财不入,公事夙办,便云我能治民;不知诚己刑物,④执辔如组,⑤反风灭火,⑥化鸱为凤之术也。⑦但知抱令守律,早刑时舍,⑧便云我能平狱;不知同辕观罪,⑨分剑追财,⑩假言而奸露,⑪不问而情得之察也。⑫爰及农商工贾,厮役奴隶,钓鱼屠肉,饭牛牧羊,皆有先达,可为师表,博学求之,无不利于事也。⑬

①【补】佳快,言佳人快士异乎庸流者也。

②【补】矟,所交切。《玉篇》："弓使箭。"《广韵》："弓弰。"《孙子·始计篇》："天者,阴阳寒暑时制也;地者,远近险易广狭生死也。"《司马法·定爵篇》："凡战,顺天、阜财、怿众、利地、右兵,是谓五虑。顺天,奉时,阜

财，因敌，怿众，勉若。利地，守隘险阻；右兵，弓矢御，殳矛守，戈戟助。"量，音良。

③【补】《汉书·郊祀志》："元帝好儒，贡禹、韦玄成、匡衡等建言，祭祀多不应古礼，乃多所更定。"《孝经》："移风易俗，莫善于乐。"《书·周官》："三公燮理阴阳。"《汉书·陈平传》："高帝以平为左丞相。对上曰：'臣主佐天子，理阴阳，调四时，理万物，抚四夷。'"【案】汉之三公，得自辟举士。士之有行义伏岩穴者，常征上公车，贤者多出其中。

④ 刑与型同。

⑤【补】《吕氏春秋·先己篇》："《诗》曰：'执辔如组。'孔子曰：'审此言也，可以为天下。'子贡曰：'何其躁也。'孔子曰：'非谓其躁也，谓其为之于此而成文于彼也。圣人组修其身而成文于天下矣。'"【案】《家语·好生篇》亦载此，以为《邶》诗而并引"两骖如儛"，殊误。其载孔子之言曰"为此诗者，其知政乎？夫为组者，总纫于此，成文于彼，言其动于近，行于远也。执此法以御民，岂不化乎？《竿旄》之忠告至矣哉。【案】《毛诗传》云："御众有文章，言能治众，动于近，成于远也。"语意正相合。

⑥《后汉书·儒林传》："刘昆，字桓公，陈留东昏人。光武除为江陵令。时县连年火灾，昆辄向火叩头，多能降雨止风。迁弘农太守，虎皆负子渡河。建武二十二年代杜林为光禄勋，诏问前在江陵反风灭火，后守弘农虎北渡河，行何德政而致是事。对曰：'偶然耳。'帝叹曰：'此乃长者之言也。'"

⑦ 又《循吏传》："仇览，字季智，一名香，陈留考城人。县选为蒲亭长，有陈元者独与母居，而母诣览告元不孝。览亲到元家，与其母子饮，为陈人伦孝行，譬以祸福之言，元卒成孝子。乡邑为之谚曰：'父母何在在我庭。化我鸤枭哺所生。'考城令王涣闻览以德化民，署为主簿，谓曰：'主簿闻陈元之过，不罪而化之，得无少鹰鹯之志耶？'览曰：'以为鹰鹯不若鸾凤。'涣谢遣曰：'枳棘非鸾凤所栖，百里非大贤之路。'以一月奉为资，令入太学。"

⑧【元注】〈时舍〉，一本作"晚舍"。【补】早刑，语难晓，疑有讹。时

舍,谓时有纵舍,即赦宥也。

⑨ 未详。

⑩《太平御览》六百三十九引《风俗通》曰:"沛郡有富家公,赀二千余万,子才数岁,失母,其女不贤。父病,令以财尽属女,但遗一剑云:'儿年十五以还付之。'其后又不肯与儿,乃讼之。时太守大司空何武也,得其辞,顾谓掾吏曰:'女性强梁,婿复贪鄙,畏害其儿,且寄之耳。夫剑者,所以决断,限年十五者,度其子智力足闻县官,得以见伸展也。'乃悉夺财还子。"

⑪《魏书·李崇传》:"为扬州刺史。先是,寿春县人苟泰有子,三岁遇贼亡失,数年不知所在。后见在同县人赵奉伯家,泰以状告,各言己子,并有邻证。郡县不能断。崇曰:'此易知耳。'令二父与儿各在别处禁,经数旬,然后遣人告之曰:'君儿遇患,向已暴死。'苟泰闻即号咷,悲不自胜。奉伯咨嗟而已,殊无痛意。崇察知之,乃以儿还泰。"

⑫《晋书·陆云传》:"为浚仪令,人有见杀者,主名不立,云录其妻而无所问。十许日遣出,密令人随后,谓曰:'不出十里,当有男子候之,与语便缚来。'既而果然,问之具服,云:'与此妻通,共杀其夫,闻其得出,故远相要候。'于是一县称其神明。"

⑬ 古圣贤如舜、伊尹,皆起于耕,后世贤而躬耕者多,不能以遍举。《尸子》曰:"子贡,卫之贾人。"《左传》载郑商人弦高及贾人之谋出荀䓨,而不以为德者,皆贤达也。工如齐之斲轮及东郭牙;厮役仆隶如倪宽为诸生都养,王象为人仆隶而私读书;钓鱼屠牛,皆齐太公事;饭牛,宁戚事;卜式、路温舒、张华皆尝牧羊。史传所载如此者非一。【案】下当分段。

夫所以读书学问,本欲开心明目,利于行耳。①未知养亲者,欲其观古人之先意承颜,怡声下气,不惮劬劳,以致甘腴,惕然惭惧,起而行之也;②未知事君者,欲其观古人之守职无侵，见危授命，不忘诚③谏，以利社稷，恻然自念，思欲效之也；素骄奢者，欲其观古人之恭俭节用，卑以自牧，④礼为教本，敬者身基，瞿然自失，敛容抑志也；⑤素鄙吝者，欲其观古人之贵义轻财，少私寡欲，忌盈恶满，赒穷恤匮，赧然悔耻，积而能散也；⑥素暴悍者，欲其观古人之小心黜己，⑦齿弊舌存，⑧含垢藏疾，⑨尊贤容众，苶然沮丧，⑩若不胜衣也；⑪素怯懦者，欲其观古人之达生委命，⑫强毅正直，立言必信，求福不回，⑬勃然奋厉，不可恐慑也。⑭历兹以往，百行皆然。纵不能淳，去泰去甚。⑮学之所知，施无不达。⑯世人读书者，⑰但能言之，不能行之，忠孝无闻，仁义不足。加以断一条讼，不必得其理；⑱宰千户县，不必理其民；⑲问其造屋，不必知楣横而棁竖也；⑳问其为田，不必知稷早而黍迟也；㉑吟啸谈谑，讽咏辞赋，事既优闲，材增迂诞，军国经纶，略无施用。故为武人俗吏所共嗤诋，良由是乎！㉒

①【补】《家语·六本篇》："忠言逆耳而利于行。"行，下孟切。

②【补】《礼记·祭义》："曾子曰：'君子之所谓孝者，先意承志，谕父母于道内，则父母有过，下气怡色柔声以谏。'"《晋书·孝友传》："柔色承颜，怡怡以乐。"腝，宋本作"晌"。注云：一本作"旨"。案：《广韵》："腝，肉。"腝，读若嫩。晌与煖、暖同，非其义。

③〈诚〉，宋本作"箴"。

④【补】《易·谦·初六·象传》文。

⑤【补】《礼记·曲礼上》："人有礼则安，无礼则危。"《哀公问》："孔子对哀公曰：'所以治礼，敬为大君子，无不敬也。敬身为大，不能敬其身，是伤其亲。伤其亲，是伤其本。伤其本，枝从而亡。'"《檀弓上》："曾子闻之瞿然。"瞿然，惊变之貌，纪具切。《列子·仲尼篇》："子贡茫然自失。"

⑥【补】《易·谦·彖辞》："天道亏盈而益谦,地道变盈而流谦,鬼神害盈而福谦,人道恶盈而好谦。"《书·大禹谟》："满招损。"賙,周也。高诱注《吕氏春秋·季春纪》："鳏寡孤独曰穷。"匮,乏也。赧,奴版切。《小尔雅》："面惭曰戁。"戁与赧同。积而能散,《礼记·曲礼上》文。

⑦【补】《说文》："黜,贬下也。"

⑧《说苑·敬慎篇》："常摐有疾,老子往问焉。张其口而示老子曰:'吾舌存乎?'老子曰:'然。'曰:'吾齿存乎?'老子曰:'亡。'常摐曰:'子知之乎?'老子曰:'夫舌之存也,岂非以其柔耶? 齿之亡也,岂非以其刚耶?'常摐曰:'嘻! 是已。天下之事已尽,无以复语子哉。'"

⑨《左氏·宣十五年传》："川泽纳污,山薮藏疾,瑾瑜匿瑕,国君含垢,天之道也。"

⑩【补】《庄子·齐物论》："苶然疲役而不知所归。"苶,奴结切。沮,慈吕切。丧,苏浪切。

⑪《礼记·檀弓下》："赵文子退然如不胜衣,其言呐呐然,如不出诸其口。"

⑫【补】《庄子·达生篇》："达生之情者,不务生之所无以为;达命之情者,不务知之所无奈何。"

⑬《诗·大雅·旱麓》："岂弟君子,求福不回。"回,违也,邪也。

⑭【补】《礼记·曲礼上》："贫贱而有礼,则志不慑。"之涉切。

⑮《韩非子·外储说左下》："季孙好士,终身庄处,衣服常如朝廷。而季孙适懈有过失,客以为厌易已,相与怨之,遂杀季孙。故君子去泰去甚。"【补】圣人去甚、去奢、去泰,《老子·道经》文。行,下孟切。

⑯宋本有"今"字,注云:一本无。【案】《小学·嘉言篇》引无。

⑰《小学》引无"者"字。

⑱【补】断,丁贯切。

⑲【补】《汉书·百官公卿表》："县万户以上为令,减万户为长。"【案】今言千户,言最小之县犹不能理也。

⑳【补】《释名》："楣,眉也。近前,若面之有眉也。梲,儒也,梁上短

71

柱也。椻儒,犹侏儒,短,故以名之也。"【案】《尔雅·释宫》作棳,亦作棳,同音拙。竖,臣庾切。《说文》:"竖,立也。"

㉑【补】《尚书大传·唐传》:"主春者,张昏中可以种稷。主夏者,火昏中可以种黍。"郑《注》《礼记月令》"首种"云:"旧说谓稷。"迟,宋本作"稺"。【元注】一本作"迟"字。【案】《诗·鲁颂·閟宫》传:"先种曰稙,后种曰稺。"但颜氏上言早,则下文自当作迟,使人易晓,必不迂取稺字为配,故不从宋本。

㉒【案】下当分段。

　　夫学者所以求益耳。见人读数十卷书,便自高大,凌忽长者,轻慢同列;人疾之如雠敌,恶之如鸱枭。如此以学①自损,不如无学也。②

　　①《小学》引有"求益今反"四字。

　　②【补】《诗·大雅·瞻卬》:"懿厥哲妇,为枭为鸱。"《笺》:"枭鸱,恶声之鸟,亦作鸺鸱。"见前"化鸱"注。恶,鸟路切。【案】下当分段。

　　古之学者为己,以补不足也;今之学者为人,但能说之也。古之学者为人,行道以利世也;今之学者为己,修身以求进也。夫学者犹种树也,春玩其华,秋登其实;讲论文章,春华也,修身利行,秋实也。①

　　①【补】《左氏·昭十八年传》:"闵子马曰:'夫学殖也,不殖将落。'"《韩诗外传》七:"简主曰:'春树桃李,夏得阴其下,秋得食其实。'"《魏志·邢颙传》:"采庶子之春华,忘家丞之秋实。"利行,卞孟切。【案】下当分段。

　　人生小幼,精神专利,长成已后,思虑散逸,固须早教,勿失机也。①吾七岁时,诵《鲁灵光殿赋》,②至于今日,十年一理,犹不遗忘;二十之外,所诵经书,一月废置,便至③荒芜矣。然人有坎壈,失于盛年,④犹当晚学,不可自弃。孔子云:"五十以学《易》,可以无大过矣。"魏武、袁遗,老而弥笃,此皆少学而至老不倦也。⑤曾子七十乃学,名闻天下;荀卿五十,始来游学,犹为硕儒;⑥公孙弘⑦四十余,方读《春秋》,以此遂登丞相;⑧朱云亦四十,始学《易》《论语》;⑨皇甫谧二十,始受⑩《孝经》《论语》。⑪皆终成大儒,此并早迷而晚寤也。世人婚冠未学,便称迟暮,因循面墙,⑫亦为愚耳。幼而学者,如日出之光;老而学者,如秉烛夜行,犹贤乎瞑目而无见者也。⑬

　　①【补】长,丁丈切。

　　②《后汉书·文苑传》:"王逸子延寿,字文考,有俊才,少游鲁国,作《灵光殿赋》。"今见《文选》。

　　③【元注】一本无"至"字。

　　④【补】坎壈,苦感、卢感二切,亦作"坎廪",音同。《楚辞·九辩》:"坎廪兮贫士失职而志不平。"五臣注《文选》:"坎壈,困穷也。"

　　⑤《魏志·武帝纪》注:"太祖御军三十余年,手不舍书。昼则讲武策,夜则思经传。登高必赋,及造新诗,被之管弦,皆成乐章。袁遗,字伯业,绍从兄,为长安令。河间张超尝荐遗于太尉朱儁,称遗有冠世之懿,干时之量。太祖称长大而能勤学,惟吾与袁伯业耳。"

　　⑥《史记·孟荀列传》:"荀卿,赵人,年五十始来游学于齐。"《索隐》:"荀卿名况。卿者,时人相尊而号曰卿也。"

　　⑦〈弘〉,瑚肱切。

⑧《汉书·公孙弘传》:"弘,菑川薛人,年四十余乃学《春秋》杂说。六十为博士,免归。武帝元光五年,复征贤良文学。策诏诸儒,弘对为第一,拜为博士,待诏金马门。元朔中代薛泽为丞相,封平津侯。"

⑨ 同上《朱云传》:"云字游,鲁人,少时通轻侠。年四十乃变节,从博士白子友受《易》,又事将军萧望之受《论语》,皆能传其业,当世高之。"

⑩ 旧作"授",讹。

⑪《晋书·皇甫谧传》:"谧字士安,安定朝那人。年二十,不好学,游荡无度所。后叔母任氏对之流涕,乃感激,就乡人席坦受书,勤力不怠,遂博综典籍百家之言,以著述为务,自号玄晏先生。"

⑫【补】《书·周官》:"不学墙面。"

⑬【补】《说苑·建本篇》:"师旷曰:'少而好学,如日出之阳;壮而好学,如日中之光;老而好学,如炳烛之明。'炳烛之明,孰与昧行乎?"【案】下当分段。

　　学之兴废,随世轻重。汉时贤俊,皆以一经弘①圣人之道,上明天时,下该人事,用此致卿相者多矣。②末俗已来不复尔,③空守章句,但诵师言,施之世务,殆无一可。故士大夫子弟,皆以博涉为贵,不肯专儒。④梁朝皇孙以下,总丱之年,必先入学,观其志尚,⑤出身已后,便从文史,⑥略无卒业者。冠冕为此者,则有何胤、⑦刘瓛、⑧明山宾、⑨周捨、⑩朱异、⑪周弘正、⑫贺琛、⑬贺革、⑭萧子政、⑮刘绍等,⑯兼通文史,不徒讲说也。洛阳亦闻崔浩、⑰张伟、⑱刘芳,⑲邺下又见邢子才,⑳此四儒者,㉑虽好经术,亦以才博擅名。如此诸贤,故为上品,以外率多田野闲人,音辞鄙陋,风操蚩拙,㉒相与专固,无所堪能,问一言辄酬数百,责其指归,或无要会。邺下谚云:"博士买驴,书券三纸,未有驴字。"㉓使汝以此为师，令人气塞。㉔孔子曰："学也，禄在其中矣。"今勤无益之事，恐非业也。夫圣人之书，所以设教，但明练经文，粗通注义，㉕常使言行有得，亦足为人，何必"仲尼居"即须两纸疏义。燕寝讲堂，亦复何在？㉖以此得胜，宁有益乎？光阴可惜，譬诸逝水。当博览机要，以济功业；必能兼美，吾无间焉。㉗

① 〈弘〉，大之也。

② 【补】事皆具《汉书·儒林传》。

③ 【补】复，扶又切。"尔"字疑当重。

④ 儒者专治经也。宋本作"不肯专于经业"，疑是后人所改。

⑤ 【补】《诗·齐风·甫田》："婉兮娈兮，总角丱兮。"《传》："总角，聚两髦也。丱，幼稚也。"

⑥ 【补】《汉书·东方朔传》："三冬文史足用。"史，谓史书也，但此亦兼文章《三史》而言。旧本作"吏"字，非。

⑦ 羊晋切。《梁书·处士传》："何胤，字子季，点之弟也。师事沛国刘瓛，受《易》及《礼记》《毛诗》。入钟山定林寺，听内典，其业皆通。辞职居若邪山云门寺，世号点为大山，子季为小山，亦曰东山。注《周易》十卷，《毛诗总集》六卷、《毛诗隐义》十卷、《礼记隐义》二十卷、《礼答问》五十五卷。"

⑧ 已见一卷。

⑨ 同上本传："明山宾，字孝若，平原鬲人。七岁能言玄理，十三博通经传。梁台建，置《五经》博士，山宾首膺其选。东宫新置学士，又以山宾居之。俄兼国子祭酒，累居学官，甚有训导之益。所著《吉礼仪注》二百二十四卷、《礼仪》二十卷、《孝经丧礼服义》十五卷。"

⑩ 同上本传："周舍，字升逸，汝南安成人。博学多通，尤精义理。高祖即位，博求异能之士，范云言之于高祖，召拜尚书祠部郎。居职屡徙

而常留省内,国史诏诰、仪体法律、军旅谟谋皆兼掌之,预机密二十余年而竟无一言漏泄机事,众尤叹服之。"

⑪ 同上本传:"朱异,字彦和,吴郡钱唐人。遍治《五经》,尤明《礼》《易》。涉猎文史,兼通杂艺,博弈书算皆其所长。有诏求异能之士,明山宾表荐之,高祖召见,使说《孝经》《周易》义,谓左右曰:'朱异实异。'周捨卒,异代掌机谋,方镇改换,朝仪国典、诏诰敕书并兼掌之。每四方表疏,当局部领,咨询详断,填委于前,顷刻之间,诸事便了。所撰《礼》《易》讲疏》及《仪注》文集百余篇,乱中多亡逸。"

⑫《陈书》本传:"周思行,汝南安成人。幼孤,及弟弘让、弘直俱为叔父舍所养。十岁通《老子》《周易》,起家梁太学博士,累迁国子博士。时于城西立士林馆,弘正居以讲授,听者倾朝野焉。特善玄言,兼明释典,虽硕学名僧,莫不请质疑滞。所著《周易讲疏》《论语疏》《庄子》《老子疏》《孝经疏》及集行于世。"

⑬《梁书》本传:"贺琛,字国宝,会稽山阴人。伯父玚授其经业,一闻便通义理,尤精《三礼》。为通事舍人,累迁,皆参礼仪事,所撰《三礼讲疏》《五经滞义》及诸仪法凡百余篇。"

⑭ 同上《儒林传》:"贺玚子革,字文明,少通《三礼》。及长,遍治《孝经》《论语》《毛诗》《左传》。湘东王于州置学,以革领儒林祭酒,讲《三礼》,荆楚衣冠听者甚众。"

⑮《隋书·经籍志》:"《周易义疏》十四卷、《系辞义疏》三卷、《古今篆隶杂字体》一卷。"注:"梁都官尚书萧子政撰。"

⑯ 已见二卷。

⑰《魏书》本传:"崔浩,字伯渊,清河人。少好文学,博览经史,玄象阴阳、百家之言无不关综,研精义理,时人莫及。太宗好阴阳术数,闻浩说《易》及《洪范》五行,善之,因命浩筮吉凶,参观天文,考定疑惑。浩综覈天人之际,举其纲纪,诸所处决,多有应验。恒与军国大谋,甚为宠密。"

⑱ 同上《儒林传》:"张伟,字仲业,小名翠螭,太原中都人。学通诸

经,讲授乡里,受业者常数百人。儒谨泛纳,勤于教训,虽有顽固,问至数十,伟告喻殷勤,曾无愠色,当依附经典,教以孝悌,门人感其仁化,事之如父。"

⑲ 同上本传:"刘芳,字伯文,彭城人。聪敏过人,笃志坟典。昼则佣书以自资给,夜则读诵,终夕不寝。为中书侍郎,授皇太子经,迁太子庶子,兼员外散骑常侍。从驾洛阳,自在路。及旋师,恒侍坐讲读。芳才思深敏,特精经义,博闻强记,兼览《苍》《雅》,尤长音训,辨析无疑。于是礼遇日隆,赏赉优渥,撰诸儒所注《周官》《仪礼》《尚书》《公羊》《穀梁》《国语音》《后汉书音》《毛诗笺音义证》《周官》《仪礼》《礼记义证》等书。"

⑳ 《北齐书·邢邵传》:"邵字子才,河间鄚人。十岁便能属文,少在洛阳,会天下无事,与时名胜专以山水游宴为娱,不暇勤业。尝因霖雨,乃读《汉书》五日,略能遍记之。复因饮谑倦,方广寻经史,五行俱下,一览便记,无所遗忘。文章典丽,既赡且速,年未二十,名动衣冠。孝昌初,与黄门侍郎李琰之对典朝仪。自孝明之后,文雅大盛,邵雕虫之美,独步当时。每一文出,京都为之纸贵,读诵俄遍远近。晚年尤以《五经》章句为意,穷其旨要,吉凶礼仪,公私谘禀,质疑去惑,为世指南。有集三十卷。"

㉑ 别本无"此"字,宋本有。

㉒ 【补】操,七到切。蚩,无知之貌。《诗·卫风·氓》:"氓之蚩蚩。"

㉓ 【补】券,去愿切,下从刀。《说文》:"契也。"

㉔ 【补】令,力呈切。

㉕ 【补】练,练习也。《战国·秦策》:"简练以为揣摩。"粗,才古切,略也。

㉖ 陆德明《孝经释文》:"居,《说文》作'尻',音同。郑康成云:'尻尻,讲堂也。'王肃云:'闲居也。'"

㉗ 【补】间,纪苋切。【案】下当分段。

俗间儒士,不涉群书,经纬之外,义疏而已。①吾初入邺,与博陵崔文彦交游，②尝说王粲集中难郑玄尚书事。③崔转为诸儒道之，始将发口，悬见排蹙，④云："文集只有诗赋铭诔，岂当论经书事乎？且先儒之中，未闻有王粲也。"崔笑而退，竟不以粲集示之。魏收之在议曹，⑤与诸博士议宗庙事，引据《汉书》，博士笑曰："未闻《汉书》得证经术。"收便忿怒，都不复言，⑥取《韦玄成传》，掷之而起。博士一夜共披寻之，达明，乃来谢曰："不谓玄成如此学也。"⑦

①《后汉书·方术·樊英传》注："七纬者，《易纬》：《稽览图》《乾凿度》《坤灵图》《通卦验》《是类谋》《辨终备》也；《书纬》：《璇机钤》《考灵耀》《刑德放》《帝命验》《运期授》也；《诗纬》：《推度灾》《泛历枢》《含神雾》也；《礼纬》：《含文嘉》《稽命徵》《斗威仪》也；《乐纬》：《动声仪》《稽耀嘉》《叶图徵》也；《孝经纬》：《援神契》《钩命决》也；《春秋纬》：《演孔图》《元命包》《文耀钩》《运斗枢》《感精符》《合诚图》《考异邮》《保乾图》《汉含孳》《佑助期》《握诚图》《潜潭巴》《说题辞》也。"【补】《困学纪闻》八："郑康成注《二礼》，引《易说》《书说》《乐说》《春秋说》《礼家说》《孝经说》，皆纬候也。《河洛七纬》，合为八十一篇。《河图》九篇，《洛书》六篇，又别有三十篇。又有《尚书中候》《论语谶》在七纬之外。"

②《隋书·地理志》："博陵郡，属冀州。"

③《魏志·王粲传》："粲字仲宣，山阳高平人。太祖辟为丞相掾，赐爵关内侯。著诗赋论议垂六十篇。"《隋书·经籍志》："后汉侍中《王粲集》十一卷。"《后汉书·郑玄传》："玄字康成，北海高密人。游学十余年乃归。所注《周易》《尚书》《毛诗》《仪礼》《礼记》《论语》《孝经》《尚书大传》《中候》《乾象历》。又著《天文七政论》《鲁礼禘祫义》《六艺论》《毛诗谱》《驳许慎五经异义》《答林孝存周礼难》，凡百余万言。"【补】《困学纪闻》二："粲集中《难郑玄尚书事》，今仅见于唐元行冲《释疑》。王粲曰：'世称伊雒以东，淮汉以北，康成一人而已。咸言先儒多阙，郑氏道备。

綮窃嗟怪,因求所学,得《尚书注》,退思其意,意皆尽矣,所疑犹未喻焉。'凡有二篇。《馆阁书目》:綮集八卷。"【案】其集今已亡,抄撮者无此难。难,乃旦切。

④【补】排蘆,犹言排笮。

⑤《北齐书·魏收传》:"收字伯起,小字佛助,巨鹿下曲阳人。读书,夏月坐板牀,随树阴讽诵。积年板牀为之锐减,而精力不辍,以文华显。"

⑥【补】复,扶又切。

⑦【补】《汉书·韦贤传》:"贤少子玄成,字少翁,好学,修父业,以明经擢为谏大夫。永光中,代于定国为丞相,议罢郡国庙。又议太上皇、孝惠、孝文、孝景庙皆亲尽,宜毁。诸寝园日月间祀,皆可勿复修。"

　　夫老、庄之书,盖全真养性,不肯以物累己也。故藏名柱史,终蹈流沙;①匿迹漆园,卒辞楚相。②此任纵之徒耳。何晏、王弼,祖述玄宗,递相夸尚,景附草靡,皆以农、黄之化,在乎己身,周、孔之业,弃之度外。③而平叔以党曹爽见诛,触死权之网也;④辅嗣以多笑人被疾,陷好胜之穽也;⑤山巨源以蓄积取讥,背多藏厚亡之文也;⑥夏侯元以才望被戮,无支离拥肿之鉴也;⑦荀奉倩丧妻,神伤而卒,非鼓缶之情也;⑧王夷甫悼子,悲不自胜,异东门之达也;⑨嵇叔夜排俗取祸,岂和光同尘之流也;⑩郭子玄以倾动专⑪势,宁后身外己之风也;⑫阮嗣宗沉酒荒迷,乖畏途相诫之譬也;⑬谢幼舆赃贿黜削,违弃其余鱼之旨也。⑭彼诸人者,并其领袖,⑮玄宗所归。其余桎梏尘滓之中,颠仆名利之下者,岂可备言乎!⑯直取其清谈雅论,剖玄析微,宾主往复,娱心悦耳,非济世成俗之要也。⑰洎于梁世,兹风复阐,⑱《庄》《老》《周易》,

总谓三玄。武皇、简文,躬自讲论。周弘正奉赞大猷,化行都邑,学徒千余,实为盛美。⑲元帝在江、荆间,复所爱习,召置学生,亲为教授,废寝忘食,以夜继朝,至乃倦剧愁愤,辄以讲自释。吾时颇预末筵,亲承音旨,性既顽鲁,亦所不好云。⑳

①《列仙传》:"老子姓李,名耳,字伯阳,陈人也。生于殷时,为周柱下史。关令尹喜者,周大夫也,善内学,常服精华,隐德修行,时人莫知。老子西游,喜先见其气,知有真人当过,物色而迹之,果见老子。老子亦知其奇,为著书授之。后与老子俱游流沙化胡,服苣胜实,莫知其所。"

②《史记·老子韩非列传》:"庄子者,蒙人,名周,为漆园吏。楚威王闻其贤,使使厚币迎之,许以为相。周笑曰:'子独不见郊祭之牺牛乎?养食之数岁,衣以文绣,以入太庙。当是之时,虽欲为孤豚,岂可得乎?子亟去,无污我。'"

③《魏志·曹真传》:"晏,何进孙也,少以才秀知名,好老庄言,作《道德论》及诸文赋,著述凡数十篇。"注:"晏字平叔。"《钟会传》:"初,会弱冠,与山阳王弼并知名。弼好论儒道,辞才逸辩,注《易》及《老子》,为尚书郎,年二十余卒。"注:"弼字辅嗣,何劭为其传曰:'弼好老氏,通辩能言。何晏为吏部尚书,甚奇弼,叹之曰:仲尼称后生可畏,若斯人者,可与言天人之际乎?'"【补】景,於丙切,俗作"影"。麾,眉彼切。言如景之附形,草之从风也。农、黄,神农、黄帝,言道德者宗之。

④ 同上《曹真传》:"真子爽,字昭伯,明帝宠待有殊。帝寝疾,引入卧内,拜大将军,假节钺,都督中外诸军事,录尚书事,受遗诏辅少主,乃进叙南阳何晏等为腹心。弟羲深以为大忧,或时以谏谕,不纳,涕泣而起。车驾朝高陵,爽兄弟皆从,司马宣王先据武库,遂出屯洛水浮桥,奏免爽兄弟,以侯就第,收晏等下狱,后皆族诛。"注:"《魏略》:黄初时,晏无所事任。及明帝立,颇为冗官。至正始初,曲合于曹爽,用为散骑侍

郎,迁侍中尚书。"《史记·贾谊传·鵩鸟赋》:"夸者死权。"

⑤何劭为《王弼传》:"弼论道傅会文辞,不如何晏自然,有所拔得多晏也。颇以所长笑人,故时为士君子所疾。"【补】《家语·观周篇》:"强梁者不得其死,好胜者必遇其敌。"

⑥《晋书·山涛传》:"涛字巨源,河内怀人。"《老子·德经》:"多藏必厚亡。"【补】案:《涛传》称其"贞慎俭约,虽爵同千乘而无嫔媵,禄赐俸秩散之亲故。及薨后,范晷等上言:'涛旧第屋十间,子孙不相容。'帝为之立室。"安有蓄积取讥事?惟陈郡袁毅尝为鬲令,贪浊而赂遗公卿,以求虚誉,亦遗涛丝百斤,涛不欲异于时,受而藏于阁上。后毅事露,凡所受赂皆见推检,涛乃取丝付吏,积年尘埃。印封如初。此一事亦不可以蓄积之名加之,疑此语为误。背,蒲昧切。

⑦〈玄〉,瑚涓切。《魏志·夏侯尚传》:"子玄,字太初,少知名。正始初,曹爽辅政,玄,爽之姑子也,累迁散骑常侍,中护军。爽诛,征为大鸿胪,数年徙太常。玄以爽抑黜,内不得意,中书令李丰虽为司马景王所亲待,然私心在玄,遂结皇后父张缉,谋欲以玄辅政。嘉平六年二月,当拜贵人,丰等欲因御临轩,诸门有陛兵,诛大将军,以玄代之。大将军微闻其谋,请丰相见,即杀之。收玄、缉等送廷尉,钟毓奏丰等大逆无道,皆夷三族。玄格量弘济,临斩东市,颜色不变,举动自若,时年四十六。"《庄子·人间世》:"支离疏者,颐隐于齐。肩高于顶,会撮指天,五管在上,两髀为胁,挫针治繲,足以糊口。鼓筴播精,足以食十人。上征武士,则支离攘臂于其间。上有大役,则支离以有常疾,不受功。上与病者粟,则受三钟与十束薪。夫支离其形者,犹足以养其身,终其天年,又况支离其德者乎?"《释文》:"会,古外切。撮,子列切。会撮,髻也,古者髻在项中,脊曲头低,故髻指天也。繲,佳卖切。司马云:'浣衣也。'崔作繲,音线。鼓筴,揲蓍钻龟也。播精,卜卦占兆也。司马云:'簸箕简米也。'"又《逍遥游》:"惠子谓庄子曰:'吾有大树,人谓之樗。其大本拥肿而不中绳墨,其小枝拳曲而不中规矩,立之途,匠者不顾。'庄子曰:'子患其无用,何不树之于无何有之乡? 不夭斧斤,物无害者,无所可用,安所困苦哉?'"

⑧奉倩名粲。《世说·惑溺篇》注："《粲别传》曰：粲常以妇人才智不足论，自宜以色为主。骠骑将军曹洪女有色，粲于是聘焉，专房燕婉。历年后妇病亡，傅嘏往喭粲，粲不明而神伤，岁余亦亡，亡时年二十九。"《庄子·至乐篇》："庄子妻死，惠子吊之，方箕踞鼓盆而歌。惠子曰：'与人居，长子，老，身死，不哭，亦足矣，又鼓盆而歌，不亦甚乎？'庄子曰：'不然。是其始死也，我独何能无概然？察其始而本无生，非徒无生也，而本无形。非徒无形也，而本无气。人且偃然寝于巨室，而我嗷嗷然随而哭之，自以为不通乎命，故止也。'"

⑨《晋书·王戎传》："戎从弟衍，字夷甫，丧幼子，山简吊之，衍悲不自胜。简曰：'孩抱中物，何至于此？'衍曰：'圣人忘情，最下不及于情。然则情之所钟，正在我辈。'简服其言，更为之恸。"《列子·力命篇》："魏人有东门吴者，其子死而不忧。其相室曰：'公之爱子，天下无有。今子死不忧，何也？'曰：'吾常无子。无子之时不忧。今子死，乃与向无子同，臣奚忧焉？'"

⑩《晋书·嵇康传》："康字叔夜，谯国铚人。早孤，有奇才，远迈不群。长好老庄，常修养性服食之事。山涛将去选官，举康自代，乃与涛书告绝。此书既行，知其不可羁屈也。性绝巧而好锻。宅中有一柳树甚茂，乃激水圜之。每夏月居其下以锻。东平吕安服康高致，每一相思，千里命驾，康友而善之。后安为兄所枉诉，以事系狱，词相证引，遂复收康。初，康居贫，尝与向秀共锻于大树之下，以自赡给。钟会往造焉，康不为之礼，会以此憾之。及是，言于文帝曰：'嵇康，卧龙也，不可起。公无忧天下，顾以康为虑耳。'因潜康欲助毌丘俭，宜因衅除之。帝既信会，遂并害之。"《老子·道经》："和其光，同其尘。"

⑪俗本作"权"。

⑫《晋书·郭象传》："象字子玄，少有才理，好《老》《庄》，能清言。州郡辟召不就，常闲居，以文论自娱。东海王越引为太傅主簿，遂任职当权，熏灼内外，由是素论去之。"《老子·道经》："后其身而身先，外其身而身存。"

⑬《晋书·阮籍传》："籍字嗣宗,陈留尉氏人。本有济世志,属魏晋之际,天下多故,名士少有全者,由是不与世事,遂酣饮为常。文帝初,欲为武帝求婚于籍,籍醉六十日,不得言而止。钟会数以时事问之,欲因其可否而致之罪,皆以酣醉获免。时率意独驾,不由径路,车迹所穷,辄恸哭而反。"《庄子·达生篇》："夫畏途者十杀一人,则父子兄弟相戒也。"

⑭《晋书·谢鲲传》："鲲字幼舆,陈国阳夏人,好《老》《易》。东海王越辟为掾,坐家僮取官稿除名。鲲不徇功名,无砥砺行,居身于可否之间。虽自处若秽,而动不累高。"《淮南子·齐俗训》："惠子从车百乘,以过孟诸,庄子见之,弃其余鱼。"注:"庄周见惠施之不足,故弃余鱼。"

⑮《晋书·裴秀传》："时人为之语曰:'后进领袖有裴秀。'"

⑯【补】郑《注》《周礼·大司寇》："木在足曰桎,在手曰梏。"桎,音质。梏,古毒切。《小尔雅》："颠,殒也。"《释名》："仆,踣也。"音赴。

⑰宋本"直取其清谈雅论"下有"辞锋理窟"四字,"剖玄析微"下有"妙得入神"四字,"非济世"句作"然而济世成俗,终非急务。"一本"雅论"作"高论"。

⑱【补】洎,具冀切,及也。复,扶又切,下同。阐,昌善切,阐明之使广大也。

⑲【补】《梁书·武帝纪》："少而笃学,洞达儒玄,造《周易讲疏》《老子讲疏》。"又《简文帝纪》："博综儒书,善言玄理。所著有《老子义》《庄子义》。"周弘正,见前。

⑳【补】同上《元帝纪》："承圣三年九月辛卯,于龙光殿述《老子》义。尚书左仆射王褒为执经。乙巳,魏遣其柱国万纽、于谨来寇。冬十月景寅,魏军至于襄阳。萧詧率众会之。丁卯,停讲。"

　　齐孝昭帝侍娄太后疾,容色憔悴,服膳减损。徐之才为灸两穴,帝握拳代痛,爪入掌心,血流满手。①后既痊愈,帝寻疾崩,遗诏恨不见山陵之事。其天性至孝如彼,不识忌讳如此，良由无学所为。若见古人之讥欲母早死而悲哭之，则不发此言也。孝为百行之首，犹须学以修饰之，况余事乎！②

①《北齐书·孝昭纪》："帝讳演，字延安，神武第六子，文宣母弟。"又《神武明皇后传》："娄氏讳昭君，司徒内干之女。"【补】《孝昭纪》："性至孝，太后不豫，出居南宫，帝行不正履，容色贬悴，衣不解带，殆将四旬。殿去南宫五百余步，鸡鸣而去，辰时方还，来去徒行，不乘舆辇。太后所苦小增，便即寝伏阁外，食饮药物尽皆躬亲。太后常心痛不自堪忍。帝立侍帏前，以爪掐手心，血流出袖。"又《徐之才传》："之才，丹阳人，大善医术，兼有机辩。"

②【沈氏考证】《淮南子·说山训》："东家母死，其子哭之不哀。西家子见之，归谓其母曰：'社何爱速死，吾必悲哭社。'夫欲其母之死者，虽死亦不能悲哭矣。"【本注】江淮谓母为社。

梁元帝尝为吾说："昔在会稽，①年始十二，便已好学。时又患疥，手不得拳，膝不得屈。闲斋张葛帏避蝇独坐，银瓯贮山阴甜酒，时复进之，以自宽痛。②率意自读史书，一日二十卷，既未师受，③或不识一字，或不解一语，要自重之，不知厌倦。"帝子之尊，童稚之逸，尚能如此，况其庶士，冀以自达者哉？④

①《隋书·地理志》："会稽郡属扬州。"

②【元注】一本作"以宽此痛"。

③【补】师受，受于师也。或改"受"为"授"。

④【补】《金楼子·自序》："吾年十三诵《百家谱》，虽略上口，遂感心气疾。"又云："吾小时夏夕中，下绛纱蚊幮，中有银瓯一枚，贮山阴甜酒。

卧读有时至晓，率以为常。又经病疮，肘膝尽烂，比来三十余载，泛玩众书。"一本"甜酒"作"檐酒"。【案】下当分段。

　　古人勤学，有握锥投斧，①照雪聚萤，②锄则带经，③牧则编简，④亦为⑤勤笃。梁世彭城刘绮，交州刺史勃之孙，早孤家贫，灯烛难办，常买荻尺寸折之，然明夜读。⑥孝元初出会稽，⑦精选寮寀，绮以才华，为国常侍兼记室，⑧殊蒙礼遇，终于金紫光禄。⑨义阳朱詹，⑩世居江陵，后出扬都，好学，家贫无资，累日不爨，乃时吞纸以实腹。寒无毡被，抱犬而卧。犬亦饥虚，起行盗食，呼之不至，哀声动邻，犹不废业，卒成学士，⑪官至镇南录事参军，为孝元所礼。⑫此乃不可为之事，亦是勤学之一人。东莞臧逢世，⑬年二十余，欲读班固《汉书》，苦假借不久，乃就姊夫刘缓乞丐客刺⑭书翰纸末，手写一本，军府服其志尚，卒以《汉书》闻。

　　①《战国·秦策》："苏秦读书欲睡，引锥自刺其股，血流至足。"《庐江七贤传》："文党，字仲翁，未学之时与人俱入山取木，谓侣人曰：'吾欲远学，先试投我斧高木上，斧当挂。'仰而投之，斧果上挂，因之长安受经。"

　　②《初学记》引《宋齐语》："孙康家贫，常映雪读书，清淡，交游不杂。"《晋书·车武子传》："武子，南平人，博学多通，家贫，不常得油，夏月则练囊盛数十萤火以照书，以夜继日焉。"

　　③《汉书·兒宽传》："带经而劝，休息辄读诵。"《魏志·常林传》注引《魏略》："常林少单贫，自非手力，不取之于人。性好学，汉末为诸生，带经耕鉏。其妻常自馈饷之。林虽在田野，其相敬如宾。"

　　④同上《路温舒传》："温舒，字长君，巨鹿东里人。父为里监门，使

温舒牧羊,取泽中蒲截以为牒,编用写书。"注:小简曰牒,编联次之。

⑤ 宋本作"云"。注:一本作为。

⑥ 宋本"早孤家贫"下作"常无灯,折荻尺寸,然明读书。"

⑦《梁书·元帝纪》:"天监十三年,封湘东郡王,邑二千户。初为宁远将军,会稽太守。"

⑧《隋书·百官志》:"皇子府置中录事、中记室、中直兵等参军,功曹史。录事记室、中兵等参军。王国置常侍官。"

⑨ 宋本有"大夫"二字。注:一本"无"。同上:"特进左右光禄大夫、金紫光禄大夫并为散官,以加文武官之德声者。"

⑩ 同上《地理志》:"荆州有义阳郡义阳县。"

⑪ 宋本作"卒成大学"。

⑫《梁书·元帝纪》:"大同六年,出为使持节,都督江州诸军事,镇南将军,江州刺史。"录事,见上。

⑬《晋书·地理志》:"徐州东莞郡,太康中置东莞县,故鲁郓邑。"

⑭ 宋有"或"字。注:一本无。

齐有①宦者内参田鹏鸾,本蛮人也。年十四五,初为阉寺,便知好学,怀袖握书,晓夕讽诵。所居卑末,使彼苦辛,时伺间隙,②周章询请。每至文林馆,③气喘汗流,问书之外,不暇他语。及睹古人节义之事,未尝不感激沈吟久之。④吾甚怜爱,倍加开奖。后被赏遇,赐名敬宣,位至侍中开府。⑤后⑥主之奔青州,遣其西出,参伺动静,为周军所获。问齐主何在,绐云:"已去,计当出境。"⑦疑其不信,欧捶服之,⑧每折一支,辞色愈厉,竟断四体而卒。蛮夷童丱,犹能以学成忠,⑨齐之将相,比敬宣之奴不若也。⑩

① 宋本衍一"主"字。

②【补】间,纪觅切。

③《北齐书·文苑传》:"后主属意斯文。三年,祖珽奏立文林馆。于是更召引文学士,谓之待诏文林馆焉。"

④【补】沈,直林切。

⑤《隋书·百官志》:"中侍中省,掌出入门阁,中侍中二人。"

⑥【元注】一本作"齐"。

⑦【补】绐,徒亥切,欺也。

⑧【补】"欧"与"殴"通,乌后切。捶,击也。捶,之累切。

⑨ 宋本作"犹能以学著忠。"

⑩【补】将相,谓开府仪同三司贺拔伏恩、封辅相、慕容钟葵等宿卫近臣三十余人,西奔周师。穆提婆、侍中斛律孝卿皆降周。高阿那肱召周军,约生致齐主,而屡使人告言贼军在远,以致停缓被获。颜氏故有此愤恨之言。折,旨热切。断,都管切。丱,古患切。

邺平之后,见徙入关。①思鲁尝谓吾曰:"朝无禄位,家无积财,当肆筋力,以申供养。②每被课笃,勤劳经史,未知为子,可得安乎?"吾命之曰:"子当以养为心,父当以学为教。③使汝弃学徇财,丰吾衣食,食之安得甘?衣之安得暖?若务先王之道,绍家世之业,藜羹缊褐,我自欲之。"④

①《北齐·后主纪》:"武平七年十月,周师攻晋州。十二月,战于城南,我军大败。帝入晋阳,欲向北朔州,改武平七年为隆化元年,除安德王延宗为相国,委以备御。帝入邺,延宗与周师战于晋阳,为周师所虏。甲子,皇太子从北道至,引文武入朱华门,问以御周之方。群臣各异议,帝莫知所从,于是依天统故事,授位幼主。幼主名恒,时年八岁,改元承光,帝为太上皇帝,后为太上皇后,自邺先趋济州。周师渐逼,幼主又自

邺东走。乙丑，周师至紫陌桥烧城西门，太上皇东走，入济州。其日，幼
主禅位于大丞相任城王湝，太上皇并皇后携幼主走青州。周军奄至青
州，太上窘急，将逊于陈，与韩长鸾、淑妃等为周将尉迟纲所获，送邺。周
武帝与抗宾主礼，并太后、幼主俱送长安，封温国公，后皆赐死。"

②【补】供，居用切。养，余亮切，下同。

③ 宋本作"以教为事"。

④【补】《汉书·司马迁传》："墨者，粝粱之食，藜藿之羹。"注："藜草
似蓬。"《礼记·玉藻》："缊为袍。"注："谓今纩及旧絮也。"《诗·豳风·七
月》笺："褐，毛布也。"

《书》曰："好问则裕。"①《礼》云："独学而无友，则孤陋而
寡闻。"盖须切磋相起明也。见有闭门读书，师心自是，②稠
人广坐，谬误差失③者多矣。《穀梁传》称公子友与莒挐相
搏，左右呼曰"孟劳"。④"孟劳"者，鲁之宝刀名，亦见《广
雅》。⑤近在齐时，有姜仲岳谓："'孟劳'者，⑥公子左右，姓孟
名劳，多力之人，为国所宝。"与吾苦诤。时清河郡守邢峙，⑦
当世硕儒，助吾证之，赧然而伏。又《三辅决录》云：⑧"灵帝
殿柱题曰：'堂堂乎张，京兆田郎。'"盖引《论语》，偶以四言，
目京兆人田凤也。⑨有一才士，乃言："时张京兆及田郎二人
皆堂堂耳。"闻吾此说，初大惊骇，其后寻愧悔焉。江南有一
权贵，读误本《蜀都赋》注，⑩解"蹲鸱，芋也"，乃为"羊"字。
人馈羊肉，答书云："损惠蹲鸱。"举朝惊骇，不解事义，久后
寻迹，方知如此。元氏之世，在洛京时，⑪有一才学重臣，新
得《史记音》，⑫而颇纰缪，误反"颛顼"字，"顼"当为许录反，
错作许缘反，⑬遂谓朝士言：⑭"从来谬音'专旭'，当音'专
翾'耳。"此人先有高名，翕然信行。期年之后，更有硕儒，苦

相究讨,方知误焉。《汉书·王莽赞》云:"紫色蛙声,余分闰位。"谓以伪乱真耳。⑮昔吾尝共人谈书,言及王莽形状,有一俊士,自许史学,名价甚高,乃云:"王莽非直鸱目虎吻,亦紫色蛙声。"⑯又《礼乐志》云:"给太官挏马酒。"⑰李奇注:"以马乳为酒也,撞挏乃成。"二字并从手。撞⑱挏,⑲此谓撞捋挺挏之,今为酪酒亦然。⑳向学士又以为种桐时,太官酿马酒乃熟。其孤陋遂至于此。太山羊肃,亦称学问,读潘岳赋㉑"周文弱枝之枣",为杖策之杖;世本"容成造历"㉒以"历"为碓磨之"磨"。㉓

　　① 《仲虺之诰》文。

　　② 【补】《庄子·齐物论》:"夫随其成心而师之,谁独且无师乎?"

　　③ 〈差失〉,俗本作"羞惭",宋本于"差失"下仍有"惭"字。

　　④ 事在僖元年,《传》无"呼"字。【补】挈,女居、女加二切。

　　⑤ 盂,劳刀也,见《释器》。

　　⑥ 【元注】一本无"盂劳者"三字。

　　⑦ 《北齐书·儒林传》:"邢峙,字士峻,河间鄚人,通《三礼》《左氏春秋》。皇建初,为清河太守,有惠政。"《隋书·经籍志》:"冀州有清河郡。"

　　⑧ 《隋书·经籍志》:"《三辅决录》七卷,汉太仆赵岐撰,挚虞注。"

　　⑨ 《汉书·百官公卿表》:"右扶风与左冯翊、京兆尹是为三辅。"《初学记》十一引《三辅决录注》:"田凤为尚书郎,容仪端正,入奏事,灵帝目送之,题柱曰:'堂堂乎张,京兆田郎。'"

　　⑩ 李善《文选》注:"左思《三都赋》成,张载为注《魏都》,刘逵为注《吴》《蜀》。"

　　⑪ 《魏书·高祖孝文皇帝纪》:"太和十八年十一月,自代迁都洛阳。二十年正月,诏改拓拔姓为元氏。"

⑫《隋书·经籍志》:"《史记音》三卷,梁轻车都尉参军邹诞生撰。"

⑬【补】"反"与"翻"同。

⑭【元注】一本作"遂——谓言"。

⑮【补】《汉书》注:"蛙者,乐之淫声。近之学者便谓蛙鸣,已乖其义,更欲改为蝇声,益穿凿矣。"

⑯【补】《汉书·王莽传》:"莽为人侈口蹙顬,露眼赤睛,大声而嘶,反脣高视,瞰临左右。待诏曰:'莽所谓鸱目、虎吻、豺狼之声者也。'"吻,武粉切。顬,胡感切。嘶,先奚切。噉,口滥切。

⑰【补】《汉书·百官公卿表》:"少府属官有太官。"注:"太官主膳食。"

⑱【元注】都孔反。

⑲【元注】达孔反。

⑳同上:"武帝太初元年,更名家马为挏马。"注:"应劭曰:'主乳马取其汁,挏治之,味酢可饮。'如淳曰:'以韦革为夹兜,受数升,盛马乳,挏取其上肥。今梁州亦名马酪为马酒。'"《释名》:"酪,泽也。乳汁所作,使人肥泽也。"酪,卢各切。

㉑晋潘岳,字安仁,著《闲居赋》,今见《文选》。

㉒《汉书·艺文志》:"《世本》十五篇。"注:"古史官记黄帝以来讫春秋时诸侯大夫。"【案】今不传诸书,尚有引用者。注云:"容成,黄帝之臣。"

㉓段云:"古书字多假借。盖《世本》假'磨'为'历',致有此误。古书'历''磨'通用,同郎击切。碓,都内切,舂具。磨,模卧切。《说文》作'䃺',石磑也。"【案】下当分段。

谈说制文,[援引古昔],必须眼学,勿信耳受。江南闾里间,士大夫或不学问,羞为鄙朴,道听途说,强事饰辞:①呼征质为周、郑,②谓霍乱为博陆,③上荆州必称陕西,④下扬都言去海邦，⑤言食则糊口，⑥道钱则孔方，⑦问移则楚丘，⑧论婚则宴尔，⑨及王则无不仲宣，⑩语刘则无不公幹。⑪凡有一二百件，传相祖述，寻问莫知原由，施安时复失所。⑫庄生有乘时鹊起之说，⑬故谢朓诗曰："鹊起登吴台。"⑭吾有一亲表，作七夕诗云："今夜吴台鹊，亦共往填河。"⑮《罗浮山记》云："望平地树如荠。"⑯故戴暠诗云："长安树如荠。"⑰又邺下有一人咏树诗云："遥望长安荠。"又尝见谓矜诞为夸毗，⑱呼高年为富有春秋，⑲皆耳学之过也。⑳

①【补】强，其两切。

②《左·隐二年传》："周、郑交质。"【补】质，音致。《说文》："质，以物相赘。"【案】赘，如赘婿，谓男无娉财，以身自质于妻家也。

③《汉书·严助传》："夏月暑时，欧泄霍乱之病相随属也。"又《霍光传》："光字子孟，封博陆侯。"

④【补】荆在巴峡西。

⑤【补】《诗·鲁颂》所言海邦，凡齐鲁皆可言，何独扬都？

⑥《左氏·昭七年传》："正考父之鼎铭云：'饘于是，鬻于是，以糊余口。'"

⑦ 晋鲁褒《钱神论》："亲爱如兄，字曰孔方。"

⑧《左氏·闵二年传》："僖之元年，齐桓公迁邢于夷仪，封卫于楚丘。邢迁如归，卫国忘亡。"

⑨《诗·邶·谷风》："宴尔新昏，如兄如弟。"

⑩ 王粲已见。

⑪《魏志》："东平刘桢，字公幹，附见《王粲传》。"

⑫【补】复，扶又切。

⑬《太平御览》九百二十一引《庄子》云："鹊上高城之垝，而巢于高榆之颠，城坏巢折，陵风而起。故君子之居世也，得时则蚁行，失时则鹊

起也。"《困学纪闻》载《庄子》逸篇有之。

⑭《南齐书·谢朓传》："朓字符晖,少好学,有美名。文章清丽,善草隶,长五言诗。沈约常云:'二百年来无此诗也。'"

⑮《白帖》:"乌鹊填河成桥而渡织女。"《尔雅翼》:"相传七夕,牵牛与织女会于汉东,乌鹊为梁以渡,故毛皆脱去。"【补注】《岁华纪丽》引《风俗通》云:"织女七夕当渡河,使鹊为桥。"

⑯《罗浮山记》:"罗浮者,盖总称焉。罗,罗山也。浮,浮山也。二山合体,谓之罗浮,在增城、博罗二县之境。"

⑰【补】此蠡《度关山诗》也。首云:"昔听《陇头吟》,平居已流涕。今上关山望,长安树如荠。"

⑱《尔雅·释训》:"夸毗,体柔也。"案:与"矜诞"义相反。

⑲《后汉书·乐恢传》:"上疏谏曰:'陛下富于春秋,纂承大业。'"注:"春秋,谓年也。言少年,春秋尚多,故称富。"【案】与"高年"义相反。

⑳【案】下当分段。

　　夫文字者,坟籍根本。世之学徒,多不晓字:读《五经》者,是徐邈而非许慎;①习赋诵者,信褚诠而忽吕忱;②明《史记》者,专皮、邹而废篆籀;③学《汉书》者,悦应、苏而略《苍》《雅》。④不知书音是其枝叶,小学乃其宗系。至见服虔、张揖音义则贵之,得《通俗》《广雅》而不屑。⑤一手之中,向背如此,况异代各人乎?⑥

　　①《晋书·儒林传》:"徐邈,东莞姑幕人,永嘉之乱,家于京口。邈姿性端雅,博涉多闻,孝武招延儒学之士,谢安举以应选。年四十四,始补中书舍人,在西省侍帝。虽不口传章句,然开释文义,标明指趣。撰《五经音训》,学者宗之。"《后汉书·儒林传》:"许慎,字叔重,汝南召陵人,性淳笃,博学经籍。撰《五经异义》。又作《说文解字》十四篇,皆传

于世。"

②【案】《汉书·扬雄传》所载诸赋,注内时引诸诠之之说,宋祁亦时引之,《经典释文》间亦引之。诸、褚字不同,未知孰是。《隋书·经籍志》:"《字林》七卷,晋恺令吕忱撰。"【补注】"诵"与"颂"同,宋本"忽"作"笑"。

③ 见前。皮,未详,疑是"裴"字之误,裴骃著《史记集解》八十卷。或云是"徐",宋中散大夫徐野民撰《史记音义》十二卷,见《隋书·经籍志》。许慎叙《说文解字》略云:"黄帝之始初作书,盖依类象形。及宣王太史籀著大篆十五篇,与古文或异。其后七国言语异声,文字异形,秦兼天下,丞相李斯乃奏同之。斯作《仓颉篇》,中车府令赵高作《爰历篇》,太史令胡毋敬作《博学篇》,皆取史籀、大篆,或颇省改,所谓小篆者也。是时务繁,初有隶书以趣约易,而古文由是绝矣。"

④《汉书叙例》:"应劭,字仲瑗,汝南南顿人,后汉萧令,御史,营令,泰山太守。苏林,字孝友,陈留外黄人,魏给事中,黄初中迁博士,封安成亭侯。"《隋书·经籍志》:"《汉书集解音义》二十四卷,应劭撰。《三苍》三卷,郭璞注。"秦相李斯作《苍颉篇》,汉扬雄作《训纂篇》,后汉郎中贾鲂作《滂喜篇》,故曰《三苍》。又《埤苍》三卷,《广雅》三卷,并魏博士张揖撰。《小尔雅》一卷,孔鲋撰,李轨略解。

⑤ 同上:"《通俗文》一卷,服虔撰。"

⑥【元注】世人皆以《通俗文》为服虔造,未知非服虔而轻之,犹谓是服虔而轻之,故此论从俗也。【案】《后汉书·儒林传》:"服虔,字子慎,初名重,又名祇,后改为虔,河南荥阳人。以清苦建志,有雅才,善著文论。作《春秋左氏传解》。又以《左传》驳何休之所驳汉事六十余条。拜九江太守,免。遭乱行客,病卒。"

夫学者贵能博闻也。郡国山川,官位姓族,衣服饮食,器皿制度,皆欲根寻,得其原本;至于文字,忽不经怀,己身姓名,或多乖舛,纵得不误,亦未知所由。近世有人为子制名:兄弟皆山傍立字,而有名峙者;①兄弟皆木傍立字,②而有名機者;③兄弟皆水傍立字,而有名凝者。④名儒硕学,此例甚多。若有知吾钟之不调,一何可笑。⑤

① 段云:"《说文》有'峙'无'峙',后人凡从止之字,每多从山。至如'岐'字本从'山',又改'路岐'之'岐'从'止',则又'山'变为'止'也。颜意谓从山之峙不典,不可以命名。"【补】为,于伪切。

② 宋本"木傍"作"手边",非。

③ 段云:"'機'字本作'仉'。《说文》有'机'无'機',其几微亦不从本。世俗作'機'字,亦不典也。"

④ 段云:"此亦颜时俗字。凝本从仌,俗本从水,故颜谓其不典。今本正文仍作正体,则又失颜意矣。"

⑤【沈氏考证】《淮南子·修务训》:"昔晋平公令官为钟,钟成而示师旷。师旷曰:'钟音不调。'平公曰:'寡人以示工,工皆以为调,而以为不调,何也?'师旷曰:'使后世无知音则已,若有知音者,必知钟之不调。'""吾"字疑当为"晋"字。一本以"钟"为"种"者,尤非。【案】下当分段。

吾尝从齐主①幸并州,②自井陉关入上艾县,③东数十里,有猎间村。后百官受马粮在晋阳东百余里亢仇城侧。并不识二所本是何地,博求古今,皆未能晓。及检《字林》《韵集》,④乃知猎间是旧𤲑余聚,⑤亢仇旧是𩜌䬫亭,⑥悉属上艾。时太原王劭⑦欲撰乡邑记注,因此二名闻之,大喜。⑧

① 诸本皆作"王",讹。

②《隋书·地理志》："太原郡,后齐并州。"

③《汉书·地理志》："常山郡石邑,井陉山在西。太原郡有上艾县。"

④《字林》见前。《隋书·经籍志》："《韵集》,十卷,又六卷。晋安复令吕静撰。"

⑤【元注】𤟥,音猎也。【案】《说文》："邑落曰聚。"

⑥【元注】上音武安反,下音仇。

⑦【重校】诸本皆从"卩"作"卻",而史皆从"力"。

⑧【案】下当分段。

　　吾初读《庄子》"螝二首",①《韩非子》曰"虫有螝者,一身两口,争食相龁,遂相杀也",②茫然不识此字何音,逢人辄问,了无解者。案:《尔雅》诸书,蚕蛹名螝,③又非二首两口贪害之物。后见《古今字诂》,④此亦古之"虺"字,积年凝滞,豁然雾解。⑤

　　① 今书未见。

　　②《汉书·艺文志》："《韩子》五十五篇。名非,韩诸公子,使于秦,李斯害而杀之。"【案】此所引见《说林下》。今本"螝"即作"虺",又讹"蚖"。

　　③【元注】音溃。【案】螝蛹,《释虫》文。

　　④《隋书·经籍志》："《古今字诂》三卷,张揖撰。"

　　⑤【案】下当分段。

　　尝游赵州,①见柏人城北②有一小水,土人亦不知名。后读城西③门徐整碑云:"浕流东指。"众皆不识。吾案《说文》,此字古"魄"字也,洦,浅水貌。此水汉来本无名矣,直以浅貌目之,或当即以"洦"为名乎?④

① 《通典》:"赵州,春秋时晋地,战国属赵。后魏为赵郡。明帝兼置殷州,北齐改为赵州。"

② 柏人,赵地,汉高祖将宿,心动,问知其名,曰:"柏人者,迫于人也。"遂去之。即此。

③ 宋本作"南"。【案】《说文系传》亦引作"西"。

④ 段云:"洦,古'魄'字。此语不见于《说文》。今本但云:'洦,浅水也。'以颜语订之,《说文》有脱误,当云:'泊,浅水貌,从水,白声。洦,古文'泊'字也,从水,百声。'"颜书"魄"字亦误,当作"泊"。【案】下当分段。

世中书翰,多称勿勿,相承如此,不知所由,或有妄言此忽忽之残缺耳。案:《说文》:"勿者,州里所建之旗也,象其柄及三斿之形,所以趣民事。故悤遽者称为勿勿。"①

① 悤,俗本作"匆",宋本作"忩",乃"悤"字之俗体。【案】下当分段。

吾在益州,①与数人同坐,初晴日晃,②见地上小光,问左右:"此是何物?"有一蜀竖③就视,答云:"是豆逼耳。"相顾愕然,不知所谓。命取将来,④乃小豆也。穷访蜀士,呼"粒"为"逼",时莫之解。吾云:"《三苍》《说文》,此字白下为匕,皆训粒,《通俗文》音方力反。"众皆欢悟。⑤

① 《通典》:"益州理成都、蜀二县。秦置蜀郡,晋武帝改为成都国,寻亦复旧。自魏、晋、宋、齐、梁皆为益州。"

②〈晃〉，俗本作"明"，今从宋本。【补】《释名》："光，晃也，晃晃然也。"

③【补】《广韵》："竖，童仆之未冠者，臣庚切。"

④ 宋本作"命将取来"。

⑤【补】《说文》："皀，穀之馨香也。象嘉谷在里中之形，匕所以扱之。或说一粒也，读若香。"徐锴《系传》："扱，载也。白象谷食既亦从此。"朱翱音皮及切。【案】下当分段。

悯楚友婿窦如同从河州来，①得一青鸟，驯养爱翫，举俗呼之为鹖。②吾曰："鹖出上党，③数曾见之，④色并黄黑，无驳杂也。故陈思王《鹖赋》云：'扬玄黄之劲羽。'"⑤试检《说文》："鶛⑥雀似鹖而青，出羌中。"《韵集》音介。此疑顿释。⑦

①《释名》："两婿相谓曰亚。又曰友婿，言相亲友也。"《通典》："河州，古西羌地。秦汉属陇西郡，前秦苻坚置河州，后魏亦为河州。"

② 俗本"俗"作"族"，今从宋本。

③《汉书·地理志》："上党郡，秦置，属并州，有上党关。"

④【补】数，音朔。

⑤【补】《魏志·陈思王植传》："植字子建，太和六年封植为陈王。"此赋在集中。

⑥【元注】〈鶛〉，音介。

⑦ 诸本"鶛"皆误"鸱"，音作分。段云："《汉书·黄霸传》：鹖雀，师古以为鶛雀。今本《汉书》注亦误'鸱'，宋祁据徐锴本曾辩之。"【案】段说是也，今从改正。【案】下当分段。

梁世有蔡朗者讳纯，①既不涉学，遂呼莼为露葵。②面墙之徒，递相仿效。③承圣中，④遣一士大夫聘齐，齐主客郎李恕问梁使曰："江南有露葵否?"答曰："露葵是蓴,水乡所出。卿今食者绿葵菜耳。"李亦学问,但不测彼之深浅,乍闻无以覈究。⑤

① 诸本多脱"父"字。

② 宋本有一"菜"字,衍。【案】露葵乃人家园中所种者。《列女传》:"鲁漆室女谓:'昔晋客马佚践吾园葵,使吾终岁不厌葵味。'"《古诗》:"青青园中葵,朝露待日晞。"潘岳《闲居赋》:"绿葵含露。"唐王维诗:"松下清斋折露葵。"其非水中之蓴明甚。

③ 宋本作"敩",非。

④〈承圣〉,元帝年号。

⑤〈覈究〉,俗本作"覆究",今从宋本。【案】下当分段。

思鲁等姨夫彭城刘灵,尝与吾坐,诸子侍焉。吾问儒行、敏行曰:"凡字与咨议名同音者,其数多少,能尽识乎?"① 答曰:"未之究也,请导示之。"吾曰:"凡如此例,不预研检,忽见不识,误以问人,反为无赖所欺,不容易也。"② 因为说之,得五十许字。诸刘叹曰:"不意乃尔!"若遂不知,亦为异事。③

①【补】《隋书·百官志》:"皇弟、皇子府置咨议参军。"

②【补】《史记·高祖纪·集解》:"江湖之间,谓小儿多诈狡猾者为无赖。"

③【案】下当分段。

校定书籍,亦何容易,自扬雄、刘向,方称此职耳。① 观天下书未遍，不得妄下雌黄。^②或彼以为非，此以为是，或本同末异，或两文皆欠，不可偏信一隅也。

①【补】《汉书·扬雄传》："雄字子云，蜀郡成都人，少好学博览，无所不见，校书天禄阁上。"又《艺文志》："成帝时，以书颇散亡，使谒者陈农求遗书于天下，诏光禄大夫刘向校经传、诸子、诗赋，每一书已，向辄条其篇目，撮其指意，录而奏之。"称，尺证切。

②【补】《梦溪笔谈》："改字之法，粉涂则字不没，惟雌黄漫则灭，仍久而不脱。"

卷第四

文章第九

夫文章者,原出《五经》:诏命策檄,生于《书》者也;序述论议,生于《易》者也;歌咏赋颂,①生于《诗》者也;祭祀哀诔,生于《礼》者也;书奏箴铭,生于《春秋》者也。朝廷宪章,军旅誓诰,敷显仁义,发明功德,牧民建国,施用多途。②至于陶冶性灵,从容讽谏,③入其滋味,亦乐事也。④行有余力,则可习之。然而自古文人,多陷轻薄:屈原露才扬己,显暴君过;⑤宋玉体貌容冶,见遇俳优;⑥东方曼倩,滑稽不雅;⑦司马长卿,窃赀无操;⑧王褒过章《僮约》;⑨扬雄德败《美新》;⑩李陵降辱夷虏;⑪刘歆反复莽世;⑫傅毅党附权门;⑬班固盗窃父史;⑭赵元叔抗竦过度;⑮冯敬通浮华摈压;⑯马季长佞媚获诮;⑰蔡伯喈同恶受诛;⑱吴质诋忤乡里;⑲曹植悖慢犯法;⑳杜笃乞假无厌;㉑路粹隘狭已甚;㉒陈琳实号粗疏;㉓繁钦性无检格;㉔刘桢屈强输作;㉕王粲率躁见嫌;㉖孔融、祢衡诞傲致殒;㉗杨修、丁廙扇动取毙;㉘阮籍无礼败俗;㉙嵇康凌物㉚凶终;傅玄忿斗免官;㉛孙楚矜夸凌上;㉜陆机犯顺履险;㉝潘岳干没取危;㉞颜延年负气摧黜;㉟谢灵运空疏乱纪;㊱王元长凶贼自诒;㊲谢玄㊳晖侮慢见及。㊴凡此诸人,皆其翘秀者,㊵不能悉纪,㊶大较如此。至于帝王,亦或未免。

自昔天子而有才华者，唯汉武、魏太祖、文帝、明帝、宋孝武帝，皆负世议，非懿德之君也。㊷自子游、子夏、荀况、孟轲、枚乘、贾谊、苏武、张衡、左思之俦，有盛名而免过患者，时复闻之，但其损败居多耳。㊸每尝思之，原其所积，文章之体，标举兴会，发引性灵，使人矜伐，故忽于持操，㊹果于进取。今世文士，此患弥切，一事惬当，㊺一句清巧，神厉九霄，志凌千载，自吟自赏，不觉更有傍人。加以砂砾所伤，惨于矛戟，讽刺之祸，速乎风尘，深宜防虑，以保元吉。

①〈颂〉，宋本作"诵"，古通用。

②【补】宋本作"不可暂无"。

③【补】性灵者，天然之美也。陶冶而成之，如董仲舒所言："犹泥之在钧，唯甄者之所为；犹金之在镕，唯冶者之所铸。"则有质而有文矣。从，七恭切。《白虎通·谏诤篇》："讽谏者，智也。孔子曰：'谏有五，吾从讽之谏。'"

④【补】滋味，喻嗜学也。滋者，草木之滋。见《礼记·檀弓上》曾子之言，记者以为姜桂之谓也。乐，音洛。

⑤《史记·屈原传》："屈原者，名平，楚之同姓也。为怀王左徒，王甚任之。上官大夫与之同列，争宠而心害其能，因谗之王。王怒而疏屈平。屈平疾王听之不聪也，谗谄之蔽明也，邪曲之害公也，方正之不容也，故忧愁幽思而作《离骚》。"曦明案：三闾纯臣，此论未是。【补】屈，九勿切。暴，本作"暴"，蒲木切。

⑥宋玉《登徒子好色赋》："大夫登徒子侍于楚王，短宋玉曰：'玉为人体貌闲丽，口多微词，性又好色，王勿令出入后宫。'王以登徒子之言问玉，玉对云云。于是楚王称善，宋玉遂不退。"【补】《史记·屈原传》："屈原既死之后，楚有宋玉、唐勒、景差之徒者，皆好辞，而以赋见称，然皆祖屈原之从容辞令，终莫敢直谏。"

⑦《汉书·东方朔传》："朔字曼倩，平原厌次人。上书，高自称誉，上伟之，令待诏公车，稍得亲近。上使诸数家射覆，连中，赐帛。时有幸倡郭舍人者滑稽不穷，与朔为隐，应声即对，左右大惊。上以朔为常侍郎。尝至太中大夫，后常为郎，与枚皋、郭舍人俱在左右，诙啁而已。"【补】《严助传》："东方朔、枚皋不根持论，上颇俳优畜之。"

⑧《汉书·司马相如传》："相如，字长卿，蜀郡成都人。客游梁，梁孝王薨，归而家贫，无以自业，素与临邛令王吉相善，往舍都亭。令缪为恭敬，日往朝相如，相如初尚见之，后称病谢吉，吉愈谨肃。富人卓王孙乃与程郑谓之：'有贵客，为具召之。'并召令。长卿谢病不能临，令身自迎，相如为不得已而往。酒酣，令前奏琴，相如为鼓一再行，时王孙有女文君新寡，好音，故相如缪与令相重，而以琴心挑之。文君窃从户窥，心悦而好之，恐不得当也。既罢，相如乃令侍人重赐文君侍者通殷勤，文君夜亡奔相如，相如与驰归成都，家徒四壁立。后俱之临邛卖酒，卓王孙不得已，分与财物，乃归成都，买田宅，为富人。"

⑨【沈氏考证】褒有《僮约》一篇，自言到寡妇杨惠舍，故言"过章《僮约》"，下对"扬雄德败《美新》"。"约"字颇似"幼"字，诸本误以为"过章童幼"。【案】《僮约》全文载徐坚《初学记》。【重校】各本"僮"并作"童"，合古仆竖之义。《沈氏考证》即已作"僮"，姑仍之。

⑩ 李善《扬雄〈剧秦美新〉注》："王莽潜移龟鼎，子云进不能辟戟丹墀，亢词鲠议，退不能草玄虚室，颐性全真，而反露才以耽宠，诡情以怀禄，素餐所刺，何以加焉？抱朴子方之仲尼，斯为过矣。"

⑪《史记·李将军传》："广子当户有遗腹子名陵，为建章监。天汉二年，将步兵五千人出居延北，单于以兵八万围击陵军。陵军兵矢既尽，士死者过半，且引且战，未到居延百余里，匈奴遮狭绝道，食乏而救兵不到。虏急击，招降陵，陵曰：'无面目报陛下。'遂降匈奴。单于以女妻之，汉闻，族陵母妻子，自是之后，李氏名败，陇西之士居门下者皆用为耻焉。"

⑫《汉书·楚元王传》："向少子歆，字子骏，哀帝崩，王莽持政，少与

歆俱为黄门郎,白太后,留歆为右曹太中大夫,封红休侯。以建平元年改名秀,字颖叔,及莽篡位为国师。"《王莽传》:"甄丰、刘歆、王舜为莽腹心,倡导在位,褒扬功德,‘安汉’‘宰衡’之号皆所共谋。欲进者并作符命,莽遂据以即真。丰子寻复作符命,言平帝后为寻之妻,莽怒收寻,寻亡,岁余捕得,词连国师公歆子隆威侯棻、棻弟伐虏侯泳,及歆门人侍中丁隆等,列侯以下死者数百人。先是,卫将军王涉养养道士西门君惠。君惠好天文谶记,为涉言:‘刘氏当复兴,国师公姓名是也。’涉以语大司马董忠,与俱至国师殿中庐道语,歆因言:‘天文人事,东方必成。’涉曰:‘董公主中军,涉领宫卫,伊休侯主殿中,同心合谋,劫帝东降南阳天子,宗族可全。’歆怨莽杀其三子,遂与涉、忠谋欲发。孙伋、陈邯告之,刘歆、王涉皆自杀。"

⑬《后汉书·文苑传》:"傅毅,字武仲,扶风茂陵人,文雅显于朝廷。窦宪为大将军,以毅为司马,班固为中护军。宪府文章之盛,冠于当世。"

⑭《后汉书·班彪传》:"子固,字孟坚,以彪所续前史未详,欲就其业。有人上书告固私作国史者,收固系狱。郡上其书,显宗甚奇之,除兰台令史,使终成前所著书。永平中,始受诏,潜精积思二十余年,至建初中始成。"然则非盗窃父史也,固后亦坐窦宪免官。固不教学诸子,诸子多不遵法度,吏人苦之。及窦氏败,宾客皆逮考,因捕系固,死狱中。若以此责,固无辞矣。

⑮《后汉书·文苑传》:"赵壹,字元叔,汉阳西县人。恃才倨傲,为乡党所指,屡抵罪,有人救得免。作《穷鸟赋》,又作《刺世疾邪赋》,以纾其怨愤。举郡计吏,见司徒袁逢,长揖而已。欲见河南尹羊陟,会其尚卧,哭之。"此所谓抗竦过度也。

⑯《后汉书·冯衍传》:"衍字敬通,京兆杜陵人。更始二年,鲍永行大将军事,安集北方,以衍为立汉将军,领狼孟、长屯、太原。世祖即位,永、衍审知更始已死,乃罢兵,降于河内。帝怨永、衍不时至,永以立功任用,而衍独见黜。顷之,为曲阳令,诛斩剧贼,当封,以逸毁,故赏不行。建武末上疏自陈,犹以前过不用。显宗即位,人多短衍以文过其实,遂废

于家。"

⑰《后汉书·马融传》:"融字季长,扶风茂陵人,才高博洽,为世通儒。惩于邓氏,不敢复违忤势家,遂为梁冀草奏李固。又作《大将军西第颂》,以此颇为正直所羞。"

⑱《后汉书·蔡邕传》:"邕字伯喈,陈留圉人。董卓为司徒,举高第,三日之间,周历三台。及卓被诛,邕在司徒王允坐,殊不意,言之而叹,有动于色。允勃然叱之,收付廷尉治罪,死狱中。"

⑲忤,俗本作"迕",今从宋本。《魏志·王粲传附》:"吴质,济阴人。"裴松之注:"质字季重,始为单家,少游遨贵戚间,不与乡里相浮沉,故虽已出官,本国犹不与之士名。"

⑳《魏志·陈思王植传》:"善属文,太祖特见宠爱,几为太子者数矣。文帝即位,植与诸侯并就国。黄初二年,监国谒者灌均希指,奏:'植醉酒悖慢,劫胁使者。'有司请治罪,帝以太后故,贬爵安乡侯。"余已见前。

㉑《后汉书·文苑传》:"杜笃,字季雅,京兆杜陵人,博学不修小节,不为乡人所礼。居美阳,与令游,数从请托,不谐,颇相恨。令怨,收笃送京师。"

㉒《魏志·王粲传》:"自颍川邯郸淳、繁钦,陈留路粹,沛国丁仪、丁廙,弘农杨修,河内荀纬等,亦有文采而不在七人之列。"裴注引《典略》曰:"粹字文蔚,与陈琳、阮瑀等典记室,承指数致孔融罪。融诛之后,人睹粹所作,无不嘉其才而畏其笔也。至十九年,从大军至汉中,坐违禁贱请驴,伏法。鱼豢曰:'文蔚性颇忿鸷。'"

㉓同上:"广陵陈琳,字孔璋,为何进主簿。进谋诛宦官取祸,琳避难冀州,袁绍使典文章。袁氏败,归太祖。太祖谓曰:'卿昔为本初移书,但可罪状孤而已,何乃上及父祖?'琳谢罪,太祖爱其才而不咎。"

㉔裴注:"繁音婆。《典略》曰:'钦字休伯,以文才机辨,少得名于汝、颍,其所与太子书,记喉转意,率皆巧丽,为丞相主簿,卒。'韦仲将曰:'陈琳实自粗疏,休伯都无检格。'"

㉕《王粲传》："东平刘桢,字公干,太祖辟为丞相掾属,以不敬被刑,刑竟署吏。"裴注引《典略》曰:"太子尝请诸文学,酒酣坐欢,命夫人甄氏出拜。坐中众人咸伏而桢独平视。太祖闻之,乃收桢,减死输作。"【补】屈,衢物切。强,其两切,与倔彊同。

㉖ 本传:"王粲字仲宣,山阳高平人。以西京扰乱,乃之荆州依刘表。表以粲貌寝,而体弱通侻,不甚重也。太祖辟为丞相掾。魏国建,拜侍中。"裴注引韦仲将曰:"仲宣伤于肥戆。"

㉗《后汉书·孔融传》:"融见操雄诈渐著,数不能堪,故发辞偏宕,多致乖忤。"《文苑传》:"祢衡,字正平,平原般人。少有才辩,而气尚刚傲,好矫时慢物,惟善孔融,融亦深爱其才。衡始弱冠而融年四十,遂与为交友,称于曹操。而衡素轻操,操不能容,送与刘表。后复傲慢于表,表耻不能容,以送江夏太守黄祖。祖性急,故送衡与之。祖大会宾客而衡言不逊,祖大怒,欲加捶,而衡方大骂祖,遂令杀之。"

㉘《魏志·陈思王植传》:"植既以才见异,而丁仪、丁廙、杨修为之羽翼,几为太子者数矣。文帝御之以术,故遂定为嗣。太祖既虑终始之变,以修颇有才策,于是以罪诛修。文帝即位,诛丁仪、丁廙并其男口。"裴注:"丁仪,字正礼,沛郡人。廙字敬礼,仪之弟。"【补】廙,音异。

㉙《晋书·阮籍传》:"籍母终,正与人围棋,对者求止,籍留与决赌。既而饮酒二斗,举声一号,吐血数升。裴楷往吊之,籍散发箕踞,醉而直视。"刘孝标注《世说》引《晋阳秋》曰:"何曾于太祖坐谓阮籍曰:'卿任性放荡,伤礼败俗,若不变革,王宪岂能兼容?'谓太祖宜投之四裔,以洁王道。太祖曰:'此贤羸病,君为我恕之。'"

㉚ 已见三卷。

㉛《晋书·傅玄传》:"玄字休奕,北地泥阳人。武帝受禅,广纳直言。玄及散骑常侍皇甫陶共掌谏职,俄迁侍中。初,玄进陶,及陶入而抵元以事,玄与陶争言喧哗,为有司所奏,二人竟坐免官。"

㉜ 同上《孙楚传》:"楚字子荆,太原中都人,才藻卓绝,爽迈不群,多所陵傲。缺乡曲之誉,年四十余,始参镇东军事。后迁佐著作郎,复参石

苞骠骑将军事。楚既负其才气，颇侮易于苞，至则长揖曰：'天子命我参卿军事。'因此而嫌隙遂搆。"

㉝ 同上《陆机传》："赵王伦辅政，引为相国参军。伦将篡位，以为中书郎。伦之诛也，齐王同疑九锡文及禅诏，机必与焉，收机等九人付廷尉。成都王颖、吴王晏并救理之，得减死徙边，遇赦而止。时成都王颖推功不居，劳谦下士，机遂委身焉。太安初，颖与河间王颙起兵讨长沙王乂，假机后将军，河北大都督，战于鹿苑，机军大败。宦人孟玖谮其有异志，颖大怒，使牵秀密收机，遂遇害于军中。"

㉞ 同上《潘岳传》："岳字安仁，荣阳中牟人。性轻躁，趋世利，其母数诮之曰：'尔当知足而干没不已乎?'岳终不能改。初，父为琅邪内史，孙秀为小史给岳，岳恶其为人，数挞辱之。赵王伦辅政，秀为中书令，遂诬岳及石崇等谋奉淮南王允、齐王同为乱，诛之，夷三族，无长幼一时被害。"

㉟ 《南史·颜延之传》："延之，字延年，琅邪临沂人，读书无所不览，文章冠绝当时。疏诞不能取容，刘湛等恨之，言于义康，出为永嘉太守。延年怨愤，作《五君咏》。湛以其词旨不逊，欲黜为远郡。文帝诏曰：'宜令思愆里闾，纵复不悛，当驱往东土。乃至难恕自可，随事录之。'于是，屏居不与人间事者七年。"

㊱ 同上《谢灵运传》："少好学，文章之美与颜延之为江左第一。袭封康乐公，性豪侈，衣服多改旧形制，世共宗之，咸称谢康乐也。宋受命，降爵为侯，又为太子左卫率，多愆礼度，朝廷唯以文义处之。自谓不见知，常怀愤惋，出为永嘉太守，肆意游遨，动逾旬朔。理人听讼，不以关怀，称疾去职。文帝征为秘书监，迁侍中，自以名辈，应参时政，多称疾不朝。出郭游行，经旬不归，上不欲伤大臣，讽旨令自解，东归。因祖父之资，生业甚厚，凿山浚湖，功役无已。尝自始宁南山伐木开径，直至临海，太守王琇惊骇，谓为山贼。文帝不欲复使东归，以为临川内史。在郡游放，不异永嘉，为有司所纠。司徒遣使收之，灵运兴兵叛逸，遂有逆志。追讨禽之，廷尉论斩，降死徙广州。令人买弓刀等物要合乡里，有司奏收

之。文帝诏于广州弃市。"

　　㊲　同上《王弘传》："曾孙融，字符长，文词捷速，竟陵王子良特相友好。武帝疾笃暂绝，融戎服绛衫，于中书省阁口断东宫仗不得进。欲矫诏立子良。上重苏，朝事委西昌侯鸾。俄而帝崩，融乃处分，以子良兵禁诸门，西昌侯闻，急驰到云龙门，不得进，乃排而入，奉太孙登殿，扶出子良。郁林深怨融，即位十余日收下廷尉狱，赐死。"

　　㊳　〈玄〉，音县。

　　㊴　同上《谢裕传》："裕弟述，述孙朓，字玄晖，好学有美名，文章清丽。启王敬则反谋，迁尚书吏部郎。东昏失德，江祏欲立江夏王宝玄，末更回惑，欲立始安王遥光。遥光又遣亲人刘沨致意于朓，朓自以受恩明帝，不肯答。少日，遥光以朓兼知卫尉事，朓惧见引，即以祏等谋告左兴盛，又语刘暄。暄阳惊，驰告始安王及江祏。始安欲出朓为东阳郡，祏固执不与。先是，朓尝轻祏为人，至是构而害之，收朓下狱死。"

　　㊵　【补】翘，高貌翘秀。谓其出拔尤异者。

　　㊶　【补】较，古岳、占孝二切。

　　㊷　汉承秦敝，《礼》文多缺。孝武即位，罢黜百家，表章《六经》。兴学校，修郊祀，改正朔，定律历，号令文章，焕然可观，而穷兵黩武，致巫蛊之祸。魏之三祖，咸蓄盛藻，终难免于汉贼之讥。文则薄于兄弟，明则侈于土木。孝武于简文之崩，时年十岁，至晡不临，左右进谏，答曰：'哀至则哭，何常之有？'谢安叹其名理不减先帝，既威权已出，雅有人君之量。已而溺于酒色，为长夜之饮，见弑宠妃。所谓皆负世议者也。

　　㊸　《汉书·艺文志》："《孙卿子》三十三篇，名况，赵人，为齐稷下祭酒。"师古注："本曰荀卿，避宣帝讳，故曰孙。"案：今书三十二篇。《枚乘传》："乘字叔，淮阴人，为吴王濞郎中。王谋逆，谏不用，去游梁。梁客皆善属辞赋，乘尤高。孝王薨，归淮阴，武帝自为太子时，闻乘名，及即位，乘年老，以安车征，道死。"《贾谊传》："谊，雒阳人。以能诵《诗》《书》属文，称于郡中，文帝召以为博士。超迁，岁中至太中大夫。后为长沙王、梁怀王太傅，死年三十三。"《艺文志》："儒家《贾谊》五十八篇，又赋七

篇。"《苏建传》:"建中子武,字子卿,以栘中监使匈奴,单于欲降之,武不从,留十九岁始归。"《文选》载武五言诗四篇。《后汉书·张衡传》:"衡字平子,南阳西鄂人,作《二京赋》。"《晋书·文苑传》:"左思,字太冲,齐国临淄人,造《齐都赋》,一年乃成。复欲赋三都,构思十年,门庭藩溷,皆著笔纸,遇得一句即便疏之。"【补】复,扶又切。

㊹【补】《庄子·齐物论》:"罔两问景曰:'曩子行,今子止;曩子坐,今子起。何其无持操与?'"持,一作"特"。

㊺【补】丁浪切。

　　学问有利钝,文章有巧拙。钝学累功,不妨精熟;①拙文研思,终归蚩鄙。但成学士,自足为人。必乏天才,勿强操笔。②吾见世人,至无才思,③自谓清华,流布丑拙,亦以众矣,江南号为詅痴符。④近在并州,有一士族,好为可笑诗赋,⑤诮擎邢、魏诸公,⑥众共嘲弄,虚相赞说,便击牛酾酒,招延声誉。其妻,明鉴妇人也,泣而谏之。此人叹曰:"才华不为妻子所容,何况行路!"至死不觉。自见之谓明,⑦此诚难也。

　　①【补】累,力委切,本作"纝"。
　　②宋本有"也"字。【补】强,其两切。操,七刀切。
　　③俗本"至"下衍"于"字,宋本无。
　　④【本注】:詅,力正反。【案】《玉篇》:力丁切。《广雅》:"卫也。"《类篇》:"鬻也。"
　　⑤【本注】:上音宛,相呼诱也。下音擎。
　　⑥《北齐·邢邵传》:"邵字子才,河间鄚人。读书五行俱下,一览便记。文章典丽,既赡且速。每一文出,京师为之纸贵。与济阴温子昇为

文士之冠,世论谓之温、邢。巨鹿魏收,虽天才艳发,而年事在二人之后,故子昇死后方称邢、魏焉。有集三十卷。"《魏收传》:"收,字伯起,小字佛助,巨鹿下曲阳人,以文华显,辞藻富逸,撰《魏书》一百三十卷,有集七十卷。"

⑦《老子·道经》:"自知者明。"【补】《韩非·喻老》:"知之难,不在见人,在自见。故曰:'自见之为明。'"

　　学为文章,先谋亲友,得其评裁,①知可施行,②然后出手。慎勿师心自任,取笑旁人也。自古执笔为文者,何可胜言。③然至于宏丽精华,不过数十篇耳。但使不失体裁,辞意可观,便称才士;④要须动俗盖世,⑤亦俟河之清乎!⑥

①【补】昨代切,下同。

②【元注】一本无此四字。【案】俗间本但作"得其评论者"。

③【补】胜音升。

④时本便作"遂"。

⑤宋本无"须"字。

⑥《左氏·襄八年传》:"《周诗》有之曰:'俟河之清,人寿几何。'"

　　不屈二姓,夷、齐之节也;何事非君,伊、箕之义也。①自春秋已来,家有奔亡,国有吞灭,君臣固无常分矣。②然而君子之交绝无恶声,③一旦屈膝而事人,岂以存亡而改虑?陈孔璋居袁裁书,则呼操为豺狼;④在魏制檄,则目绍为蛇虺。⑤在时君所命,不得自专,然亦文人之巨患也,当务从容消息之。⑥

①《史记·宋世家》："纣为淫佚，箕子谏，不听。或曰：'可以去矣。'箕子曰：'为人臣，谏不听而去，是彰君之恶而自悦于民，吾不忍为也。'乃披发佯狂而为奴。"

②【补】《左氏·昭卅二年传》："史墨曰：'社稷无常奉，君臣无常位，自古以然。'"分，扶问切。

③《战国·燕策》："乐毅报燕惠王书曰：'臣闻古之君子交绝，不出恶声；忠臣去国，不洁其名。'"

④《魏志·袁绍传》裴注引《魏氏春秋》："陈琳为袁绍檄州郡文云：'操豺狼野心，潜包祸谋，乃欲挠折栋梁，孤弱汉室。'"【补】裁，昨哉切。

⑤ 琳集不传，此无考。

⑥【补】从，七恭切。

或问扬雄曰："吾子少而好赋？"雄曰："然。童子雕虫篆刻，壮夫不为也。"①余窃非之曰：虞舜歌《南风》之诗，②周公作《鸱鸮》之咏，③吉甫、史克《雅》《颂》之美者，④未闻皆在幼年累德也。⑤孔子曰："不学《诗》，无以言。""自卫返鲁，乐正，《雅》《颂》各得其所。"大明孝道，引《诗》证之。⑥扬雄安敢忽之也？若论"诗人之赋丽以则，辞人之赋丽以淫"，⑦但知变之而已，又未知雄自为壮夫何如也？著《剧秦美新》，⑧妄投于阁，周章怖慑，不达天命，⑨童子之为耳。桓谭以胜老子，⑩葛洪以方仲尼，⑪使人叹息。此人直以晓算术，解阴阳，故著《太玄经》，⑫数子为所惑耳。其遗言余行，孙卿、屈原之不及，⑬安敢望大圣之清尘？且《太玄》今竟何用乎？不啻覆酱瓿而已。⑭

① 宋本"壮夫"作"壮士"，非。案：见《法言·吾子篇》。

②《礼记·乐记》："昔者,舜作五弦之琴以歌《南风》。"《家语·辩乐解》："昔者,舜弹五弦之琴,造《南风》之诗。其诗曰:'南风之薰兮,可以解吾民之愠兮。南风之时兮,可以阜吾民之财兮。'"

③《诗序》："《鸱鸮》,周公救乱也。成王未知周公之志,公乃为诗以遗王。"

④ 同上:"《大雅·嵩高》《蒸民》《韩奕》,皆尹吉甫美宣王之诗。《駉》,颂僖公也。僖公能遵伯禽之法,鲁人尊之,于是季孙行父请命于周而史克作是颂。"

⑤【补】累,力伪切。

⑥ 谓《孝经》。

⑦ 二语亦见《吾子篇》。

⑧ 文见《文选》。

⑨《汉书·扬雄传》："王莽时,刘歆、甄丰皆为上公。莽既以符命自立,欲绝其原。丰子寻、歆子棻,复献之。诛丰父子,投棻四裔。辞所连及,便收不请。时雄校书天禄阁上,治狱事使者来,欲收雄,雄恐不免,乃从阁上自投下,几死。莽闻之曰:'雄素不与事,何故在此间?'问其故,乃棻尝从雄学作奇字,雄不知情,有诏勿问。然京师为之语曰:'惟寂寞,自投阁;爱清静,作符命。'"

⑩ 同上:"大司空王邑、纳言严尤问桓谭曰:'子尝称雄书,岂能传于后世乎?'谭曰:'必传,顾君与谭不及见也。凡人贱近而贵远,亲见子云禄位容貌不能动人,故轻其书。老聃著虚无之言两篇,薄仁义,非礼乐,然后世好之者以为过于《五经》。自汉文景之君及司马迁皆有是言。今扬子之书文义至深,而论不诡于圣人,若使遭遇时君,更阅贤知,为所称善,则必度越诸子矣。'"宋本"桓谭"作"袁亮",未详,当由避"桓"字,并下字亦讹。

⑪《晋书·葛洪传》："洪字稚川,丹杨句容人,自号抱朴子,因以名书。"其《尚博篇》云:"世俗率神贵古昔而黩贱同时。虽有盖世之书,犹谓之不及前代之遗文也。是以仲尼不见重于当时,《太玄》见蚩薄于比

肩也。"

⑫《雄传》："以为经莫大于《易》，故作《太玄》。"【补】王涯《说玄》："合而连之者《易》也，分而著之者《玄》也。四位之次：曰方，曰州，曰部，曰家。最上为方，顺而数之至于家。家一一而转，而有八十一家。部三三而转，故有二十七部。州九九而转，故有九州。一方二十七首而转，故三方而有八十一首，一首九赞，故有七百二十九赞。其外踦赢二赞以备一仪之月。"

⑬ 孙卿、屈原已见前。【补】屈，九勿切。

⑭《雄传》："刘歆谓雄曰：'空自苦。今学者有禄利，然尚不能明《易》，又如《玄》何？吾恐后人用覆酱瓿也。'雄笑而不答。"师古注："瓿，音蔀，小罂也。"【补】覆，敷救切。案：侯芭而后，若虞翻、宋衷、陆绩、范望、王涯、吴祕、司马光诸人咸重《太玄》，惜颜氏亦不及见耳。【案】下当分段。

　　齐世有席毗者，①清干之士，官至行台尚书，②嗤鄙文学，嘲刘逖云：③"君辈辞藻，譬若荣华，须臾之玩，④非宏才也；岂比吾徒千丈松树，⑤常有风霜，不可凋悴矣！"刘应之曰："既有寒木，又发春华，何如也？"席笑曰："可哉！"⑥

① 〈席毗〉，俗本误作"辛毗"，乃曹魏时人，今从宋本。

②《隋书百官志》："后齐制：官行台在令无文，其官置令、仆射，其尚书丞、郎皆随权制而置员焉，其文未详。"

③《北齐书·文苑传》："刘逖，字子长，彭城丛亭里人。魏末诣霸府，倦于羁旅，发愤读书，在游宴之中，卷不离手，亦留心文藻，颇工诗咏。"

④ 宋本"荣华"作"朝菌"。

⑤ 千丈，本多作"十丈"，今从宋本。【补】《世说·识鉴篇》："庾子嵩

目和峤,森森如千丈松,虽磊砢有节目,施之大厦,有栋梁之用。"

⑥ 哉,本皆作"矣",今从宋本。【案】下当分段。

凡为文章,犹人①乘骐骥,虽有逸气,当以衔勒制之,②勿使流乱轨躅,放意填坑岸也。③

① 宋本无"人"字。

② 宋本"衔勒"作"衔策",非。《说文》:"衔,马勒口中衔行马者也。勒,马头络衔也。"《家语·执辔篇》:"夫德法者,御民之具,犹御马之有衔勒也。"此言行文贵有节制,自当用衔勒若策者,所以鞭马而使之疾行,非本意矣。

③【补】坑,客庚切。坑岸,犹言坑壏。【案】下当分段。

文章当以理致为心肾,气调为筋骨,①事义为皮肤,华丽为冠冕。今世相承,趋本弃末,率多浮艳。辞与理竞,辞胜而理伏;事与才争,事繁而才损。放逸者流宕而忘归,穿凿者补缀而不足。时俗如此,安能独违? 但务去泰去甚耳。必有盛才重誉,改革体裁者,实吾所希。②

①【补】调,徒吊切。

②【补】裁,昨代切,下同,希望也。本当作"睎"。【案】下当分段。

古人之文,宏材逸气,体度风格,去今实远;但缉缀疏朴,未为密致耳。今世音律谐靡,①章句偶对,讳避精详,贤于往昔多矣。宜以古之制裁为本,今之辞调为末,②并须两存,不可偏弃也。

①【补】〈靡〉,文彼切。

②【补】调,徒吊切。

　　吾家世文章,甚为典正,不从流俗。梁孝元在蕃邸时,撰《西府新文》,(纪)[迄]无一篇见录者,①亦以不偶于世,无郑、卫之音故也。有诗赋铭诔书表启疏二十卷,吾兄弟始在草土,并未得编次,②便遭火荡尽,竟不传于世。衔酷茹恨,彻于心髓! 操行见于《梁史·文士传》③及孝元《怀旧志》。④

　　① 俗本"纪"作"史记"二字,今从宋本。【补】《隋书·经籍志》:"《西府新文》十一卷,并录梁萧淑撰。"【案】《金楼子·著书篇》所载诸书,有自撰者,有使颜协、刘缓、萧贲诸人撰者,此书当亦元帝所使为之。

　　②【补】草土谓在苫凷之中也。

　　③《梁书·文学传》:"颜协,字子和。七代祖含,晋侍中、国子监祭酒、西平靖侯。父见远,博学有志行,齐治书侍御史兼中丞,高祖受禅,不食卒。协幼孤,养于舅氏,博涉群书,工草隶。释褐,湘东王国常侍兼记室。世祖镇荆州,转正记室。时吴郡顾协亦在蕃邸,才学相亚,府中称为二协。舅谢暕卒,协居丧,如伯叔之礼,议者重焉。又感家门事义,不求显达,恒辞征辟。大同五年卒,所撰《晋仙传》五篇、《日月灾异图》两卷,遇火湮灭。二子之仪、之推。"【补】操,七到切。行,下孟切。

　　④《隋书·经籍志》:"《怀旧志》九卷,梁元帝撰。"

　　沈隐侯曰:①"文章当从三易:易见事,一也;易识字,二也;易读诵,三也。"邢子才常曰:"沈侯文章,用事不使人觉,若胸忆语也。"深以此服之。祖孝徵亦尝谓吾曰:"沈诗云:'崖倾护石髓。'此岂似用事邪?"②

①《梁书·沈约传》："约字休文，吴兴武康人。高祖受禅，封建昌县侯，卒谥隐。"

②《晋书·嵇康传》："康遇王烈，共入山，尝得石髓如饴，即自服半，余半与康，皆凝而为石。"【补】子才，邢邵字。孝徵，祖珽字。

邢子才、魏收俱有重名，时俗准的，以为师匠。邢赏服沈约而轻任昉，①魏爱慕任昉而毁沈约，每于谈燕，辞色以之。邺下纷纭，各有朋党。祖孝徵尝谓吾曰："任、沈之是非，乃邢、魏之优劣也。"

①《梁书·任昉传》："昉字彦升，乐安博昌人。雅善属文，尤长载笔，才思无穷，起草即成，不加点窜。沈约一代词宗，深所推挹。"

《吴均集》①有《破镜赋》。②昔者，邑号朝歌，颜渊不舍；里名胜母，曾子敛襟。③盖忌夫恶名之伤实也。破镜乃凶逆之兽，事见《汉书》，④为文幸避此名也。比世往往见有和人诗者，题云敬同。⑤《孝经》云："资于事父以事君而敬同。"不可轻言也。梁世费旭诗云："不知是耶非。"殷沄诗云："飘扬云母舟。"简文曰："旭既不识其父，沄又飘扬其母。"此虽悉古事，不可用也。⑥世人或有文章引诗"伐鼓渊渊"者，宋书已有屡游之诮；⑦如此流比，幸须避之。北面事亲，别舅擿渭阳之咏；⑧堂上养老，送兄赋桓山之悲。⑨皆大失也。举此一隅，触涂宜慎。⑩

①《梁书·文学传》："吴均，字叔庠，吴兴故鄣人。文体清拔，有古

气，好事者或敩之，谓为吴均体。"《隋书·经籍志》："梁奉朝请《吴均集》二十卷。"本传同。

② 今不传。

③《汉书·邹阳传》："里名胜母，曾子不入；邑号朝歌，墨子回车。"【案】此文不同，盖各有所本。

④《汉书·郊祀志》："有言古天子尝以春解祠，祠黄帝用一枭破镜。"注：孟康曰："枭，鸟名，食母。破镜，兽名，食父。黄帝欲绝其类，故使百吏祠皆用之。"

⑤【补案】以"同"为"和"，初唐人如骆宾王、陈子昂诸人集中犹然。别有作"奉和同"云云者，"和"字乃后人所增入。

⑥ 汉武帝《李夫人歌》："是耶非耶，立而望之。"《晋宫阁记》："舍利池有云母舟。"见《初学记》。【补】费旭，江夏人。殷沄，疑是"殷芸"，《梁书》有传："芸字灌蔬，陈郡长平人。励精勤学，博洽群书，为昭明太子侍读。"宜与简文相接也。又有湘东王记室参军褚沄，河南阳泽人，有诗。二者姓名必有一讹。以耶为父，盖俗称也。《古木兰诗》："卷卷有耶名。"

⑦ 宋本脱"文章"二字，"屡游"未详。

⑧《诗·小序》："《渭阳》，秦康公念母也。康公之母，晋献公之女。文公遭丽姬之难未反，而秦姬卒，穆公纳文公，康公时为大子，赠送文公于渭之阳，念母之不见也，我见舅氏，如母存焉。"

⑨【沈氏考证】《家语》："颜回闻哭声，非但为死者而已，又有生离别者也。闻桓山之鸟，生四子焉，羽翼既成，将分于四海，其母悲鸣而送之，声有似于此，谓其往而不返也。孔子使人问哭者，果曰：'父死家贫，卖子以葬，与之长决。'子曰：'回也善于识音矣。'"一本作"恒山"者，非。【案】沈氏所引《家语》见《颜回篇》，《说苑·辨物篇》亦载之，"桓山"作"完山"。

⑩【重校】"比世往往见有和人诗者"起当分段，"世人"起，"北面"起，并同。

江南文制，①欲人弹射，②知有病累，随即改之，陈王得之于丁廙也。③山东风俗，不通击难。④吾初入邺，遂尝以此⑤忤人，至今为悔。汝曹必无轻议也。

① 文制，犹言制文。

②【补】〈射〉，食亦切。

③《文选·曹子建与杨德祖书》："仆尝好人讥弹其文，有不善者，应时改定。昔丁敬礼尝作小文，使仆润饰之。仆自以才不能过若人，辞不为也。敬礼谓仆：'卿何所疑难？文之佳恶，吾自得之，后世谁相知定吾文者邪？'吾尝叹此达言，以为美谈。"

④【补】〈难〉，乃旦切。

⑤ 宋本无"此"字。

凡代人为文，皆作彼语，理宜然矣。至于哀伤凶祸之辞，不可辄代。蔡邕为胡金盈作《母灵表颂》曰："悲母氏之不永，然委我而夙丧。"①又为胡颢作其父铭曰："葬我考议郎君。"②《袁三公颂》曰："猗欤我祖，出自有妫。"王粲为潘文则《思亲诗》云："躬此劳悴，鞠予小人。庶我显妣，克保遐年。"而并载乎邕、粲之集，③此例甚众。古人之所行，今世以为讳。④陈思王《武帝诔》，遂深永蛰之思；潘岳《悼亡赋》，乃怆手泽之遗。⑤是方父于虫，⑥匹妇于考也。⑦蔡邕《杨秉碑》云："统大麓之重。"⑧潘尼《赠卢景宣诗》云："九五思龙飞。"⑨孙楚王《骠骑诔》云："奄忽登遐。"⑩陆机《父诔》云："亿兆宅心，敦叙百揆。"⑪《姊诔》云："倪天之和。"⑫今为此言，则朝廷之罪人也。王粲《赠杨德祖诗》云："我君饯之，其乐洩洩。"⑬不可妄施人子，况储君乎？

①【补】此文今蔡集有之,胡金盈,胡广之女。此句作"胡委我以夙丧"。

②【补】胡颢,广之孙。议郎,名宁。今蔡集无此篇,与下《袁三公颂》同逸。

③《思亲诗》,今见粲集中。

④ 宋本下有"也"字。

⑤ 岳集中载《悼亡赋》无此句。

⑥《礼记·月令》:"季秋之月,蛰虫咸俯。"

⑦ 宋本作"譬妇为考"也。《礼记·玉藻》:"父没而不能读父之书,手泽存焉尔。"

⑧ 案:今蔡集所载《秉碑》一篇无此语。《书·舜典》:"纳于大麓,烈风雷雨弗迷。"【补】郑康成注《尚书大传》云:"山足曰麓。麓者,录也。古者天子命大事,命诸侯,则为坛国之外。尧聚诸侯,命舜陟位居摄,致天下之事,使大录之。"

⑨ 今集中有《送卢景宣诗》一首,无此句。《易·乾卦》:"九五,飞龙在天,利见大人。"【案】九五,君位。飞龙是圣人起而为天子,故不可泛用。

⑩ 此篇今已亡。《礼记·曲礼下》:"告丧曰天王登假。"假,读为遐。

⑪ 此语未见。《左氏·闵元年传》:"天子曰兆民。"《书·泰誓中》:"纣有亿兆夷人。"又《康诰》:"汝丕远,惟商耇成人,宅心知训。"《文选·刘越石劝进表》:"纯化既敷,则率土宅心。"《书·益稷》:"惇叙九族。"《舜典》:"纳于百揆,百揆时叙。"

⑫《诗·大雅·大明》:"大邦有子,倪天之妹。"《传》:"倪,磬也。"《说文》:"倪,谕也。"谓譬喻也,牵遍切。

⑬ 此篇已亡。杨修,字德祖,太尉彪之子。《左氏·隐元年传》:"郑庄公入而赋:'大隧之中,其乐也融融。'姜出而赋:'大隧之外,其乐也洩洩。'"

挽歌辞者,或云古者《虞殡》之歌,①或云出自田横之客,②皆为生者悼往告③哀之意。陆平原④多为死人自叹之言,诗格既无此例,又乖制作本意。⑤

①《左氏·哀十一年传》:"公孙夏命其徒歌虞殡。"注:"虞殡,送葬歌曲。"

②崔豹《古今注》:"《薤露》《蒿里》,并丧歌也。田横自杀,门人伤之,为作悲歌。言人命如薤上之露,易晞灭也;亦谓人死魂魄归乎蒿里,故有二章。至李延年乃分为二曲,《薤露》送王公贵人,《蒿里》送士大夫庶人,使挽枢者歌之,世亦呼为挽歌。"

③〈告〉,俗本作"苦",今从宋本。

④陆机为平原内史。

⑤宋本作"大意",陆机《挽歌诗》三首,不全为死人自叹之言,唯中一首云:"广宵何寥廓,大暮安可晨。人往有反岁,我行无归年。"乃自叹之辞。

凡诗人之作,刺箴美颂,各有源流,未尝混杂,善恶同篇也。陆机为《齐讴篇》,前叙山川物产风教之盛,后章忽鄙山川之情,殊失厥体。①其为《吴趋行》,何不陈子光、夫差乎?②《京洛行》,胡不述赧王、灵帝乎?③

①非也。案:本诗"惟师"以下,刺景公据形胜之地,不能修尚父、桓公之业,而但知恋牛山之乐,思及古而无死也。

②非也。吴趋乃平原桑梓之邦,以释回增美为礼,何为而陈子光、夫差乎?

③非也。京洛为天子之居,当以可法可戒为体,何为而述赧王、灵

帝乎?【沈氏考证】乐府:"陆机《齐讴行》,备言齐地之美,亦欲使人推分直进,不可妄有所营也。又云:崔豹《古今注》曰:"《吴趋行》,吴人以歌其地。"陆机《吴趋行》曰:"乐我歌吴趋。"趋,步也,一本作"吴越行"者,非。

自古宏才博学,用事误者有矣;百家杂说,或有不同。书帙湮灭,后人不见,故未敢轻议之。今指知决纰缪者,略举一两端以为诫。①《诗》云:"有鷕雉鸣。"②又云:"雉鸣求其牡。"③《毛传》亦曰:"鷕,雌雉声。"又云:"雉之朝雊,尚求其雌。"④郑玄注《月令》亦云:"雊,雄雉鸣。"潘岳赋曰:⑤"雉鷕鷕以朝雊。"是则混杂其雄雌矣。⑥《诗》云:"孔怀兄弟。"⑦孔,甚也;怀,思也。言甚可思也。陆机《与长沙顾母书》,⑧述从祖弟士璜死,乃言:"痛心拔脑,⑨有如孔怀。"心既痛矣,即为甚思,何故方言有如也?观其此意,当谓亲兄弟为孔怀。《诗》云:"父母孔迩。"而呼二亲为孔迩,于义通乎?《异物志》云:⑩"拥剑状如蟹,但一螯偏大尔。"⑪何逊诗云:"跃鱼如拥剑。"是不分鱼蟹也。⑫《汉书》:"御史府中列柏树,常有野乌数千,栖宿其上,晨去暮来,号朝夕乌。"而文士往往误作乌鸢用之。⑬《抱朴子》说项曼都诈称得仙,自云:"仙人以流霞一杯与我饮之,辄不饥渴。"⑭而简文诗云:"霞流抱朴碗。"亦犹郭象以惠施之辨为庄周言也。⑮《后汉书》:"囚司徒崔烈以银铛锒。"⑯银铛,大锁也。世间多误作金银字。⑰武烈太子亦是数千卷学士,⑱尝作诗云:"银锁三公脚,刀撞仆射头。"为俗所误。⑲

①【补】《礼记·大传》："五者，一物纰缪。"注："纰犹，错也。"《释文》："纰，匹弥切。缪，本或作缪。"

②【补】鹥，《说文》以水切，今读户小切。

③《诗·邶风·匏有苦叶》篇。

④《诗·小雅·小弁》篇。

⑤岳有《射雉赋》。

⑥徐爰注此赋云："延年以潘为误用。案《诗》'有鹥雉鸣'，则云'求牡'，及其'朝雊'，则云'求雌'。今云'鹥鹥朝雊'者，互文以举雄雌皆鸣也。"【案】徐说甚是，古人行文，多有似此者。

⑦《诗·小雅·常棣》作"兄弟孔怀。"

⑧《通典》："秦长沙郡，汉为国，后汉复为郡，晋因之。"

⑨脑，本多作"恼"，讹。

⑩《隋书·经籍志》："《异物志》一卷，汉议郎杨孚撰。"

⑪【补】螫，五劳切，亦作"螯"。

⑫《梁书·文学传》："何逊字仲言，东海郯人。八岁能赋诗，文章与刘孝绰并见重当世。"

⑬【补】此见《朱博传》。本皆作"乌"，宋祁因颜此言谓当作鸟。

⑭【补】见《祛惑篇》。

⑮【案】《庄子·天下篇》，自"惠施多方"而下，因述施之言而辨正之。郭象注云："昔吾未览《庄子》，尝闻论者争夫尺捶、连环之意，而皆云庄生之言。案此篇较评诸子，至于此章则曰其道舛驳，其言不中，乃知道听涂说之伤实也。"则郭注本分明，颜氏讥之，误也。

⑯【元注】上音狼，下音当。

⑰《后汉书·崔骃传》："孙寔从弟烈，因傅母入钱五百万得为司徒。献帝时，子钧与袁绍俱起兵山东，董卓以是收烈付郿狱，锢之锒铛铁鑕。卓既诛，拜城门校尉。"

⑱【补】《南史·忠壮世子方等传》："字实相，元帝长子。少聪敏有俊才，南讨军败，溺死，谥忠壮。元帝即位，改谥武烈世子。"

⑲【补】撞，宅江切。射，音夜。

文章地理，必须惬当。①梁简文《雁门太守行》乃云：②
"鹅军攻日逐，燕骑荡康居。大宛归善马，小月送降书。"③萧
子晖《陇头水》云："天寒陇水急，散漫俱分泻。北注徂黄龙，
东流会白马。"④此亦明珠之颣，美玉之瑕，⑤宜慎之。

①【补】〈当〉，丁浪切。

②《梁书·简文帝纪》："讳纲，字世缵，小字六通，高祖第三子。大
宝二年，侯景使王伟等弑之。帝雅好题诗，其序云：'余七岁有诗癖，长而
不倦。然伤于轻艳，当时号曰宫体。'"《汉书·匈奴传》："赵武灵王自代
并阴山下至高阙为塞。置云中、雁门、代郡。"《汉书·地理志》："雁门郡，
秦置，属并州。"

③《左氏·昭廿一年传》："宋公子城与华氏战于赭丘，郑翩愿为鹳，
其御愿为鹅。"《汉书·匈奴传》："狐鹿孤单于立，以左大将为左贤王，数
年病死，其子先贤掸不得代，更以为日逐王。日逐王者，贱于左贤王。"
《战国·燕策》："苏秦说燕文侯曰：'燕车七百乘，骑六千匹。'"《汉书·西
域传》："康居国与大月氏同俗，东羁事匈奴。大宛国治贵山城，多善马，
马汗血，武帝遣使者持千金及金马，以请宛善马，不肯与。汉使妄言，宛
遂攻杀汉使，于是天子遣贰师将军伐宛，宛人斩其王毋寡首，献马三千
匹。宛王蝉封与汉约，岁献天马二匹。大月氏为单于攻破，乃远去，不能
去者保南山羌，号小月氏，(其)[共]禀汉使者有五翎侯，皆属大月氏。"
【补】宛，於袁切。氏，音支。降，下江切。翎，与"翕"同。此殆言燕宋之
军，其与此诸国皆不相及也。

④《梁书·萧子恪传》："弟子晖，字景光，少涉书史，亦有文才。"《后
汉·郡国志》："汉阳郡陇县，州刺史治，有大坂名陇坻。"注：《三秦记》：
'其坂九回，不知高几许，欲上者七日乃越。高处可容百余家，清水四注

下。'"郭仲产《秦州记》:"陇山东西百八十里,登山岭东望秦川四五百里,极目泯然。山东人行役升此而顾瞻者,莫不悲思,故歌曰:'陇头流水,分离四下。念我行役,飘然旷野。登高望远,涕零双堕。'"《宋书·朱修之传》:"鲜卑冯弘称燕王,治黄龙城。"《汉书·西南夷传》:"自冉駹以东北,君长以十数,白马最大,皆氏类也。"【补案】陇在西北,黄龙在北,白马在西南,地皆隔远,水焉得相及。

⑤《淮南子·氾论训》:"夏后氏之璜,不能无考。明月之珠,不能无类。"【补】考,瑕衅也。纇,若丝之结纇也,卢对切。

王籍《入若耶溪诗》云:"蝉噪林逾静,鸟鸣山更幽。"江南以为文外断绝,物无异议。①简文吟咏,不能忘之。孝元讽味,以为不可复得。②至《怀旧志》载于《籍传》。范阳卢询祖,邺下才俊,乃言:"此不成语,何事于能?"③魏收亦然其论。《诗》云:"萧萧马鸣,悠悠斾旌。"《毛传》云:"言不喧哗也。"吾每叹此解有情致,籍诗生于此意耳。

①《梁书·文学传下》:"王籍字文海,琅邪临沂人。七岁能属文,及长,好学博涉,有才气。除轻车,湘东王谘议参军,随府会稽。郡境有云门天柱山,籍尝游之,累月不反,至若邪溪赋诗云云,当时以为文外独绝。"【案】此书作"断绝",疑误。

②【补】复,扶又切。

③【补】《魏书·卢观传》:"观从子文伟,文伟孙询祖,袭祖爵大夏男。有术学,文辞华美,为后生之俊。举秀才至邺。"

兰陵萧悫,梁室上黄侯之子,工于篇什。尝有《秋诗》云:"芙蓉露下落,杨柳月中疏。"时人未之赏也。吾爱其萧

散,宛然在目。①颍川荀仲举、②琅邪诸葛汉,亦以为尔。而
卢思道之徒,雅所不惬。③

①《北齐书·文苑传》:"萧悫,字仁祖,梁上黄侯晔之子。天保中入
国,武平[中],太子洗马。"曾秋夜赋诗云云,为知音所赏。

② 同上:"荀仲举,字士高,颍川人。仕梁为南沙令,从萧明于寒山,
被执。长乐王尉粲甚礼之,与粲剧饮,啮粲指至骨。显祖知之,杖仲举一
百。或问其故,答云:'我那知许,当时正疑是麈尾耳。'"

③《北史·卢子真传》:"玄孙思道字子行,才学兼著,然不持细行,
好轻侮人物。文宣帝崩,当朝文士各作挽歌十首,择其善者而用之。魏
收等不过得一二首,惟思道独有八篇,故时人称为八米卢郎。"

何逊诗实为清巧,多形似之言。扬都论者,恨其每病苦
辛,饶贫寒气,不及刘孝绰之雍容也。①虽然,刘甚忌之,平生
诵何诗,常②云:"'蓬车响北阙',懵懵③不道车。"又撰《诗
苑》,止取何两篇,时人讥其不广。④刘孝绰当时既有重名,无
所与让;唯服谢朓,常以谢诗置几案间,动静辄讽味。简文
爱陶渊明文,亦复如此。⑤江南语曰:"梁有三何,子朗最多。"
三何者,逊及思澄、子朗也。子朗信饶清巧。思澄游庐山,
每有佳篇,亦⑥为冠绝。⑦

①《梁书·刘孝绰传》:"孝绰,字孝绰,彭城人。七岁能属文,舅齐
中书郎王融深赏异之,每言曰:'天下文章,若无我,当属阿士。'阿士,孝
绰小字也。"

② 俗本无"常",今从宋本补。

③【元注】呼麦反。【补】《玉篇》:"乖戾也。"

④《梁书·何逊传》："范云见其对策，大相称赏，因结忘年交好，自是一文一咏，云辄嗟赏。沈约亦爱其文。"余已见上注。

⑤ 陶潜，字渊明，一字元亮，《晋》《宋》《南史》并有传。【补】复，扶又切。

⑥〈亦〉，俗间本作"竝"。

⑦《梁书·文苑传》："何思澄，字符静，东海郯人。少勤学，工文辞，起家为南康王侍郎，累迁平南、安成王行参军兼记室。随府江州，为《游庐山诗》，沈约见之，自以为弗逮。除廷尉正。天监十五年，敕太子詹事。徐勉举学士，入华林，撰《徧略》，勉举思澄等五人应选，迁治书侍御史，出为秣陵令，入兼东宫通事舍人，除安西湘东王录事参军，舍人如故。时徐勉、周舍以才具当朝，并好思澄学，常递日招致之。卒，有文集十五卷。初，思澄与宗人逊及子朗俱擅文名，时人语曰：'东海三何，子朗最多。'思澄闻之曰：'此言误耳。如其不然，故当归逊。'意谓宜在己也。子朗字世明，早有才思，工清言。周捨每与共谈，服其精理。世人语曰：'人中爽爽何子朗。'为固山令，卒年二十四，文集行于世。"【补】冠，古玩切。

名实第十

　　名之与实，犹形之与影也。德艺周厚，则名必善焉；容色姝丽，则影必美焉。今不修身而求令名于世者，犹貌甚恶而责妍影于镜也。^①上士忘名，中士立名，下士窃名。^②忘名者，体道合德，享鬼神之福佑，非所以求名也；立名者，修身慎行，惧荣观之不显，非所以让名也；^③窃名者，厚貌深奸，干浮华之虚构，非所以得名也。

　　①【补】《左氏·襄廿四年传》：“夫令名，德之舆也。恕思以明德，则令名载而行之。”

　　②【补】《庄子·逍遥游》：“圣人无名。”又《天运篇》：“老子曰：‘名，公器也，不可多取。’”《后汉书·逸民传》：“法真逃名而名我随，避名而名我追。”《离骚》：“老冉冉其将至兮，惧修名之不立。”《逸周书·官人解》：“规谏而不类，道行而不平，曰窃名者也。”

　　③【补】《老子·道经》：“虽有荣观，宴处超然。”

　　人足所履，不过数寸，然而咫尺之途，必颠蹶于崖岸，拱把之梁，每沈溺于川谷者，何哉？^①为其旁无余地故也。^②君子之立己，抑亦如之。至诚之言，人未能信；至洁之行，物或致疑。皆由言行声名，无余地也。吾每为人所毁，常以此自责。若能开方轨之路，^③广造舟之航，^④则仲由之言信，^⑤重于登坛之盟；^⑥赵熹之降城，贤于折冲之将矣。^⑦

① 拱把,俗本作"拱抱",今从宋本。【补】梁,桥也。沈,直深切。

②【补】为,于伪切。

③《战国·齐策》:"苏秦说齐宣王曰:'秦攻齐,径亢父之险,车不得方轨,马不得并行。百人守险,千人不能过也。'"【补】亢父,音刚甫。

④《诗·大雅·大明》:"造舟为梁。"《传》:"天子造舟,诸侯维舟,大夫方舟,士特舟。"《正义》:"皆《释水》文。李巡曰:'比其舟而渡曰造舟。'然则造舟者,比船于水,加板于上,如今之浮桥。杜预云:'则河桥之谓也。'"《方言》九:"舟自关而东或谓之航。"

⑤〈信〉,宋本作"证"。

⑥《左·哀十四年传》:"小邾射以句绎来奔,曰:'使季路要我,吾无盟矣。'使子路,子路辞,季康子使冉有谓之曰:'千乘之国,不信其盟而信子之言,子何辱焉?'对曰:'鲁有事于小邾,不敢问故,死其城下可也,彼不臣而济其言,是义之也。由弗能。'"【补】案:证鼎非子路事。《韩非子·说林下》:"齐伐鲁,索谗鼎。鲁以其雁往,齐人曰:'雁也。'鲁人曰:'真也。'齐人曰:'使乐正子春来,吾将听子。'鲁君请乐正子春,乐正子春曰:'胡不以其真往也?'君曰:'我爱之。'答曰:'臣亦爱臣之信。'""鴈"与"贗"同,疑颜氏本误用而后人改之。

⑦【沈氏考证】《后汉·赵憙传》:"舞阴大姓李氏,拥城不下,更始遣柱天大将军李宝降之,不肯,云:'闻宛之赵氏有孤孙憙,信义著名,愿得降之。'使诣舞阴而李氏遂降。"诸本误作"赵喜"。【补】降,下江切。冲,冲车也。《晏子·杂上》:"仲尼曰:'不出于尊俎之间,而知千里之外,其晏子之谓也,可谓折冲矣。'"

吾见世人,清名登而金贝入,①信誉显而然诺亏,不知后之矛戟,毁前之干橹也。虑子贱云:"诚于此者形于彼。"②人之虚实真伪在乎心,无不见乎迹,③但察之未熟耳。一为察之所鉴,巧伪不如拙诚,承之以羞大矣。④伯石让卿,⑤王莽辞政,⑥当于尔时,自以巧密;后人书之,留传万代,可为骨寒毛竖也。⑦近有大贵,以⑧孝悌著声,⑨前后居丧,哀毁逾制,亦足以高于人矣。而尝于苦块之中,以巴豆涂脸,⑩遂使成疮,表哭泣之过。左右童竖,不能掩之,⑪益使外人谓其居处饮食,皆为不信。以一伪丧百诚者,乃贪名不已故也。⑫

①【补】《汉书·食货志》:"金刀龟贝,所以通有无也。"《说文》:"贝,海介虫也,象形。古者货贝而宝龟,周而有泉,至秦废贝行钱。"

② 宓,俗本作"宓",又一本作"密"。【案】颜氏有辨,在《书证篇》。宋本作"宓",信颜氏元本,今从之。【补】《家语·屈节解》:"巫马期入单父界,见夜鱼者,得鱼辄舍之。巫马期问焉,鱼者曰:'鱼之大者,吾大夫爱之。其小者,吾大夫欲长之。是以得二者辄舍之。'巫马期返以告孔子,曰:'宓子之德至矣。使民闇行,若有严刑在旁,敢问宓子何行而得于是?'孔子曰:'吾尝与之言曰:"诚于此者刑乎彼。"宓子行此术于单父也。'"【案】"刑""形"古通用。据《家语》,乃孔子告子贱之言。

③【补】见,胡电切。

④《韩非子·说林上》:"故曰:巧诈不如拙诚。乐羊以有功见疑,秦西巴以有罪益信。"《易·恒九三》:"不恒其德,或承之羞。"

⑤《左氏·襄三十年传》:"伯有既死,使太史命伯石为卿,辞,太史退,则请命焉。复命之,又辞。如是三乃受策入拜。子产是以恶其为人也,使次己位。"

⑥《汉书》本传:"大司马王根荐莽自代,上遂擢莽为大司马。成帝崩,哀帝即位,莽上疏乞骸骨,哀帝曰:'先帝委政于君而弃群臣,朕得奉宗庙,嘉与君同心合意。今君移病求退,朕甚伤焉。已诏尚书待君奏事。'又遣丞相孔光等白太后:'大司马即不起,皇帝不敢听政。'太后复令莽视事,已因傅太后怒,复乞骸骨。"

⑦【补】竖,臣庾切。《说文》:"立也。"下亦音同。

⑧〈以〉,俗本无,宋本有。

⑨【重校】"孝"下宋本无"悌"字,俗本有,乃衍文。

⑩【补】《礼记·问丧》:"寝苫枕块,哀亲之在土也。"《本草》:"巴豆出巴郡,有大毒。"

⑪【补】竖,小使之未冠者。

⑫【补】丧,息浪切。【案】下当分段。

有一士族,读书不过二三百卷,天才钝拙,而家世殷厚,雅自矜持,多以酒犊珍玩,交诸名士,甘其饵者,递共吹嘘。①朝廷以为文华,亦尝②出境聘。东莱王韩晋明笃好文学,疑彼制作,多非机杼,③遂设谲言,面相讨试。竟日欢谐,辞人满席,属音赋韵,命笔为诗,彼造次即成,了非向韵。④众客各自沈吟,遂无觉者。⑤韩退叹曰:"果如所量!"⑥韩又尝问曰:"玉珽杼上终葵首,当作何形?"乃答云:"珽头曲圜,势如葵叶耳。"韩既有学,忍笑为吾说之。⑦

① 共,俗本作"相",今从宋本。【补】《后汉书·郑太传》:"孔公绪清谈高论,嘘枯吹生。"卢思道《孤鸿赋序》:"翦拂吹嘘,长其光价。"

②〈尝〉,宋本作"常"。

③【补】此以织喻也。《魏书·祖莹传》:"常语人云:'文章须自出机杼,成一家风骨,何能共人同生活也?'"

④【补】属,音烛。造,七到切。了非向韵,言绝非向来之体韵也。韵之为言,始自晋宋以来,有神韵、风韵、远韵、雅韵之语。

⑤【补】沈,直深切。

⑥【补】〈量〉,音良。

⑦【沈氏考证】《礼记·玉藻》注:"终葵首者,于杼上又广其首,方如

椎头。"故以此答为非。【补】杼上终葵首,本《周礼·考工记·玉人》文。杼者,杀也。于三尺圭上除六寸之下,两畔杀去之,使已上为椎头。言六寸,据上不杀者而言。谓椎为终葵,齐人语也。珽,他顶切。杼,直吕切。推,直追切,今之槌也。杀,色界切。

　　治点子弟文章,以为声价,大弊事也。①一则不可常继,终露其情;二则学者有凭,益不精励。②

　　①【补】治,直之切,理其乱也。点,谓点窜润饰之也。声,谓名声著闻;价,如市马者,得伯乐一顾而遂倍于常价也。声价,见《后汉书·姜肱传》。
　　②【案】下当分段。

　　邺下有一少年,出为襄国令,①颇自勉笃。公事经怀,每加抚恤,以求声誉。凡遣兵役,握手送离,或赍梨②枣饼饵,人人赠别,云:"上命相烦,情所不忍。道路饥渴,以此见思。"民庶称之,不容于口。及迁为泗州别驾,③此费日广,不可常周,一有伪情,触涂难继,功绩遂损败矣。④

　　①《魏书·地形志》:"北广平郡襄国,秦为信都,项羽更名。二汉属赵国,晋属广平郡。"
　　②〈梨〉,俗本作"黎",当是通用,今从宋本。
　　③《隋书·地理志》:"下邳郡,后魏置南徐州,后周改为泗州。"《通典·职官》十四:"州之佐史,汉有别驾、治中、主簿等官。别驾从刺史行部,别乘传车,故谓之别驾。"注:《庾亮集·答郭豫书》:"别驾旧与刺史别乘,其任居刺史之半。"

④ 损败,俗本作"败损"。

或问曰:"夫神灭形消,遗声余价,亦犹蝉壳蛇皮,兽远鸟迹耳,^①何预于死者,而圣人以为名教乎?"对曰:"劝也,劝其立名,则获其实。且劝一伯夷,而千万人立清风矣;劝一季札,而千万人立仁风矣;劝一柳下惠,而千万人立贞风矣;劝一史鱼,而千万人立直风矣。故圣人欲其鱼鳞凤翼,杂沓参差,^②绝于世,岂不弘哉?四海悠悠,皆慕名者,盖因其情而致其善耳。抑又论之,祖考之嘉名美誉,亦子孙之冕服墙宇也,自古及今,获其庇荫者亦众矣。夫修善立名者,亦犹筑室树果,生则获其利,死则遗其泽。世之汲汲者,不达此意,若其与魂爽俱升、松柏偕茂者,惑矣哉!"^③

①【沈氏考证】远,音航,又音冈。《唐韵》云:"兽迹。"诸本不考,以为音阒。【补】《尔雅·释兽》:"兔其跡远。"

②【补】鱼鳞,疑当作"龙鳞"。《后汉书·光武纪》:"天下士大夫固望其攀龙鳞,附凤翼,以成其所志耳。"【案】龙八十一鳞,具九九之数。凤举而百鸟随之,皆言其多也。扬雄《甘泉赋》:"骈罗列布,鳞以杂沓兮。柴虒参差,鱼颉而鸟胻。"参差,初登、初宜二切。柴虒,一本作"偨傂",初绮、初拟二切。胻,胡刚切。萧该《音义》:"诸诠:傂,音池,又音豸。苏林音解:豸冠之豸。韦昭音:疏佳反。"

③"者"字宋本有,别本无。

涉务第十一

士君子之处世，①贵能有益于物耳，不徒高谈虚论，左琴右书，以费人君禄位也。国之用材，大较不过六事：②一则朝廷之臣，取其鉴达治体，经纶博雅；二则文史之臣，取其著述宪章，不忘前古；三则军旅之臣，取其断决有谋，强干习事；③四则藩屏之臣，取其明练风俗，清白爱民；④五则使命之臣，取其识变从宜，不辱君命；⑤六则兴造之臣，取其程功节费，开略有术，⑥此则皆勤学守行者所能辨也。人性有长短，岂责具美于六涂哉？但当皆晓指趣，能守一职，便无愧耳。

① "士"字别本作"夫"，今从宋本。

② 【补】较，古岳、古孝二切。

③ 【补】断，丁贯切。

④ 【补】屏，必郢切。

⑤ 【补】使，所吏切。

⑥ 开略，宋本作"开悟"，似不切。【案】略，谓方略。兴造，则当明开方之术，亦谓有智谋也。

吾见世中文学之士，品藻古今，若指诸掌，及有试用，多无所堪。居承平之世，不知有丧乱之祸；①处庙堂②之下，不知有战陈之急；保俸禄之资，不知有耕稼之苦；肆吏民之上，不知有劳役之勤。故难可以应世经务也。晋朝南渡，优借士族,故江南冠带,有才干者,擢为令仆已下,尚书郎中书舍人已上,典掌机要。③其余文义之士,多迂诞浮华,不涉世务,纤微过失,又惜行捶楚,④所以处于清高,⑤益护其短也。⑥至于台阁令史,主书监帅,诸王签省,⑦并晓习吏用,济办时须,纵有小人之态,皆可鞭杖肃督,故多见委使,盖用其长也。人每不自量,⑧举世怨梁武帝父子爱小人而疏士大夫,此亦眼不能见其睫耳。⑨

①【补】丧,息浪切。

②〈庙堂〉,宋本作廊庙。

③【补】《晋书·职官志》:"尚书令秩千石,受拜则策命之,以在端右故也。仆射,服秩与令同。尚书本汉承秦置,晋渡江,有吏部、祠部、五兵、左民、度支五尚书。尚书郎主作文书起草,更直五日,于建礼门内。初从三省诣台,试,守尚书郎中。岁满,称尚书郎,三年称侍郎,选有吏能者为之。中书舍人,晋初置舍人、通事各十人,江左合舍人、通事谓之通事舍人,掌呈奏案。"

④【补】捶,之累切。《说文》:"以杖击也。""楚,荆也。"亦用以扑挞者。

⑤高,俗间本作"名",今从宋本。

⑥【重校】宋本"益"作"盖",以下文"盖用其长"相对。"盖"字是。

⑦【补】《宋书·百官志》:"汉东京尚书令史十八人。晋初正令史百二十人,书令史百三十人,诸公令史无定员。"【案】《续汉书·百官志》:"尚书六曹,一曹有三主书,故令史十八人。"签谓签帅,省谓省事,自主书监帅以下名位卑微,志故不载,而时见于列传中。

⑧【补】〈量〉,音良。

⑨《史记·越世家》:"齐使者曰:'幸也,越之不亡也。吾不贵其用智之如目见豪毛而不见其睫也。'"

梁世士大夫，皆尚褒衣博带，大冠高履，^①出则车舆，入则扶侍，郊郭之内，无乘马者。周弘正为宣城王所爱，给一果下马，常服御之，举朝以为放达。^②至乃尚书郎乘马，则纠劾之。^③及侯景之乱，肤脆骨柔，不堪行步，体羸气弱，不耐寒暑，坐死仓猝者，往往而然。建康令王复性既儒雅，未尝乘骑，见马嘶歕陆梁，莫不震慑，^④乃谓人曰："正是虎，何故名为马乎？"其风俗至此。^⑤

①【补】《汉书·隽不疑传》："暴胜之请与相见，不疑褒衣博带。"注："言著褒大之衣，广博之带也。"《后汉书·光武帝纪》："光武绛衣大冠。"【案】高履，犹高齿屐也。

②《魏志·东夷传》："濊国出果下马，汉桓时献之。"注："果下马高三尺，乘之可于果树下行，故谓之果下马。见《博物志》《魏都赋》。"【补】《梁书·哀太子大器传》："太宗嫡长子。中大通三年，封宣城郡王。"

③【补】劾，胡概、胡得二切。

④【补】《通典·州郡》十二："丹阳郡江宁，本名金陵，吴为建业，晋避愍帝讳改为建康。"骑，奇寄切。歕，普闷切。陆梁，跳跃也。慑，之涉切。

⑤【元注】一本无"自建康令王复"已下一段。

古人欲知稼穑之艰难，斯盖贵谷务本之道也。夫食为民天，^①民非食不生矣，三日不粒，父子不能相存。耕种之，莕鉏之，^②刈获之，载积之，打拂之，簸扬之，^③凡几涉手，而入仓廪，安可轻农事而贵末业哉？江南朝士，因晋中兴，^④南渡江，卒为羁旅，至今八九世，未有力田，悉资俸禄而食耳。假令有者，皆信僮仆为之，^⑤未尝目观起一墢土，^⑥耘一株苗。不知几月当下，几月当收，安识世间余务乎？故治官则不了，营家则不办，皆优闲之过也。⑦

①【补】《汉书·郦食其传》："王者以民为天，而民以食为天。"

②"莸"与"薅"同，呼毛切。

③【补】打，都挺切。《说文》："击也。""拂，过击也。"【案】今人读"打"为都瓦切，误。籑，补过切。

④【补】中，陟仲切。

⑤【补】令，吕贞切。信，如"信马"之"信"。

⑥【补】墢，俗本误从手旁，唯宋本从土。《国语·周语》："王耕一墢。"注："一墢，一耦之发也。耜广五寸，二耜为耦。一耦之发，广尺深尺。"墢，鉢、伐二音。

⑦ 此后宋本有"世有痴人"一段，又见下《归心篇》后。案：当削此归彼。

卷第五

省事第十二

铭金人云："无多言，多言多败；无多事，多事多患。"①至哉斯戒也！能走者夺其翼，善飞者减其指，有角者无上齿，丰后者无前足，盖天道不使物有兼焉也。②古人云："多为少善，不如执一；鼯鼠五能，不成伎术。"③近世有两人，朗悟士也，性多营综，④略无成名，经不足以待问，史不足以讨论，文章无可传于集录，书迹未堪以留爱玩，卜筮射六得三，⑤医药治十差五，⑥音乐在数十人下，弓矢在千百人中，天文、画绘、棋博、⑦鲜卑语、⑧煎胡桃油，炼锡为银，⑨如此之类，略得梗概，⑩皆不通熟。惜乎，以彼神明，若省其异端，当精妙也。⑪

①《家语·观周篇》："孔子观于周庙，见金人三缄其口而铭其背。"云云。

②【补】《大戴礼·易本命篇》："四足者无羽翼，戴角者无上齿。无角者膏而无前齿，有角者脂而无后齿。"《汉书·董仲舒传》："夫天亦有所分予，予之齿者去其角，傅其翼者两其足。"傅，读曰"附"。

③鼯，当作"鼫"。《尔雅·释兽》"鼫鼠"注："形大如鼠，颈似兔，尾有毛，青黄色，好在田中食粟豆，关西呼为鼩鼠。"《说文》："鼫，五伎鼠也，能飞不能过屋，能缘不能穷木，能游不能度谷，能穴不能掩身，能走不能先人。"【补】《尔雅·释文》："鼫，或云即蝼蛄也。鼩，郭音雀，将略反。"《诗·硕鼠·正义》引作"鼩"，音瞿。

④【补】〈营综〉，谓多所经营。综，理也。《说文》："综，机缕也，子宋切。"

⑤【补】射，食亦切。

⑥【补】差，楚懈切。

⑦【补】画，胡卦切。棋，围棋。博，六博。

⑧ 宋本有"胡书"二字，系衍文。

⑨【补】鲜卑语，已见《教子篇》。《北齐书·祖珽传》："陈元康荐珽才学，并解鲜卑语。珽善为胡桃油以涂画。"盖此数者皆当时所尚也。《神仙传》载尹轨能炼铅为银，后世亦有得其术者，然久未有不变者也。

⑩【补】梗概，大略也。薛综注张衡《东京赋》："梗概，不纤密。"

⑪【补】省，所景切。

上书陈事，起自战国，①逮于两汉，风流弥广。②原其体度：攻人主之长短，谏诤之徒也；讦群臣之得失，讼诉之类也；陈国家之利害，对策之伍也；带私情之与夺，游说之俦也。③总此四涂，贾诚以求位，④鬻言以干禄。或无丝毫之益，⑤而有不省之困，⑥幸而感悟人主，为时所纳，初获不赀之赏，⑦终陷不测之诛，则严助、朱买臣、吾丘寿王、主父偃之类甚众。良史所书，盖取其狂狷一介，论政得失耳，非士君子守法度者所为也。⑧今世所睹，怀瑾瑜而握兰桂者，悉耻为之。⑨守门诣阙，献书言计，率多空薄，高自矜夸，无经略之大体，咸秕糠之微事，⑩十条之中，一不足采，纵合时务，已漏先觉，非谓不知，但患知而不行耳。或被发奸私，面相酬证，事途回冗，⑪颡惧慹尢。⑫人主外护声教，脱加含养。⑬此乃侥幸之徒，不足与比肩也。⑭

① 案：若苏秦、苏厉、范雎、韩非、黄歇之辈皆是。

② 见下文。

③ 【补】说，舒芮切。

④ 【补】贾，音古。

⑤ 宋本"丝"作"私"，讹。

⑥ 【补】不省，不见省也。省，息井切。

⑦ 【补】不赀，亦作"不訾"。颜师古注《汉书·盖宽饶传》："不赀者，言无赀量可以比之，贵重之极也。"

⑧《汉书·严朱吾丘主父［徐］严终王贾传》："严助，会稽吴人。郡举贤良，对策百余人，武帝善助对，擢为中大夫。后得朱买臣、吾丘寿王、司马相如、主父偃、徐乐、严安、东方朔、枚皋、胶仓、终军、严葱奇等并在左右。及淮南王反，事与助相连，弃市。朱买臣，字翁子，吴人。诣阙上书，会邑子严助贵幸，荐买臣，拜为中大夫，与助俱侍中。后告张汤阴事，汤自杀，上亦诛买臣。吾丘寿王，字子赣，赵人。为侍中中郎，坐法免。上书愿击匈奴，拜东郡都尉，征入为光禄大夫、侍中，后坐事诛。主父偃，齐国临菑人。上书阙下，朝奏，暮召入见。所言九事，其八事为律令，一事谏伐匈奴。是时徐乐、严安亦俱上书言世务，上召见三人，谓曰：'公皆安在？何相见之晚也？'皆拜为郎中。偃数上疏言事，岁中四迁，大臣皆畏其口，赂遗累千金。为齐相，刺齐王阴事，王自杀，上大怒，征下吏治，公孙弘以为齐王自杀，无后，非诛偃无以谢天下，遂族偃。"【补】吾丘，音虞丘。主父，音主甫。

⑨ 【补】瑾瑜，美玉。兰桂，皆有异香。以喻怀才抱德之士，耻为若人之所为也。

⑩ 【补】秕，悲里切。宋本作"秕糠"。《庄子·逍遥游·释文》："秕糠，又作秕糠，犹烦碎。"

⑪ 【补】迂回丛冗，言所值之不能一途。冗，而陇切。

⑫ 【补】飜，与"翻"同。偬，俗"傯"字。

⑬ 【补】脱者，或然之辞。

⑭【补】言不足与之并肩事主也。

谏诤之徒，以正人君之失尔，必在得言之地，当尽匡赞之规，不容苟免偷安，垂头塞耳。至于就养有方，^①思不出位，干非其任，斯则罪人。故《表记》云："事君，远而谏，则谄也；近而不谏，则尸利也。"^②《论语》曰："未信而谏，人以为谤己也。"

①《礼记·檀弓上》："事君有犯而无隐，左右就养有方。"
②《表记》，《礼记》篇名。

君子当守道崇德，蓄价待时，爵禄不登，信由天命。须求趋竞，不顾羞惭，比较材能，斟量功伐，^①厉色扬声，东怨西怒。或有劫持宰相瑕疵，而获酬谢，或有喧聒时人视听，求见发遣。^②以此得官，谓为才力，何异盗食致饱，窃衣取温哉！世见躁竞得官者，便谓^③"弗索何获"；^④不知时运之来，不求亦至也。^⑤见静退未遇者，便谓"弗为胡成"；^⑥不知风云不与，徒求无益也。^⑦凡不求而自得，求而不得者，焉可胜算乎！^⑧

①【补】量，音良。伐，亦功也。庄廿八年《左氏传》："且旌君伐。"
②【补】犹今选人之在吏部者先求分发。
③ 旧作"为"，下同，古亦通用。
④《左氏·昭廿七年传》："吴公子光曰：'上国有言曰：不索何获？'"
【补】索，所白切。

⑤ 不求，旧作"不然"，屠本作"不索"。今案：当作"不求"。

⑥《书·太甲下》："弗虑胡获，弗为胡成。"

⑦《易·乾·文言传》："云从龙，风从虎。"《后汉书·刘圣公传·赞》："圣公靡闻，假我风云。"又《二十八将传·论》："咸能感会风云，奋其智勇。"

⑧【补】焉，於虔切。胜，音升。

齐之季世，多以财货托附外家，喧动女谒。①拜守宰者，印组光华，车骑辉赫，②荣兼九族，③取贵一时。④而为执政所患，随而伺察，既以利得，必以利殆，微染风尘，便乖肃正，⑤坑阱殊深，疮痏未复，⑥纵得免死，莫不破家，然后噬脐，亦复何及。⑦吾自南及北，未尝一言与时人论身分也，⑧不能通达，亦无尤焉。

①《北齐书·恩幸传》："穆提婆，本姓骆，汉阳人。提婆母陆令萱，尝配入掖庭，大为胡后所昵爱。令萱奸巧多机辩，取媚百端，宫掖之中，独擅威。天统初，奏引提婆入侍后主，官至录尚书事，封城阳王。令萱又媚穆昭仪，养之为母，提婆遂改姓穆氏。及穆后立，令萱号曰太姬。武平之后，令萱母子势倾中外，生杀予夺不可尽言。"【补】《说苑·君道篇》："汤之时，大旱祝曰：女谒盛邪？"

②【补】古者居官，人各一印，后世凡同曹司者共一印。组，即绶也，所以系佩者。《汉书·严助传》："方寸之印，丈二之组。"骑，其寄切。

③【补】注已见《兄弟篇》。

④【补】《北齐书·后主纪》："任陆令萱、和士开、高阿那肱、穆提婆、韩长鸾等宰制天下，陈德信、邓长颙、何洪珍参预机权，各引亲党，超居非次，官由财进，狱以贿成。帑藏空竭，乃赐诸佞幸卖官，或得郡两三，或得县六七，各分州郡，下逮乡官亦多中降者。"

⑤【补】风尘易以污人,言不能清洁也。

⑥【补】痛,荣美切。复,房六切。

⑦【补】《左氏·庄六年传》:"楚文王过邓,邓三甥请杀之,曰:'若不早图,后君噬齐。'"复,扶又切。

⑧【补】分,扶问切。

　　王子晋云:"佐饔得尝,佐斗得伤。"①此言为善则预,为恶则去,不欲党人非义之事也。凡损于物,皆无与焉。②然而穷鸟入怀,仁人所悯,③况死士归我,当弃之乎? 伍员之托渔舟,④季布之入广柳,⑤孔融之藏张俭,⑥孙嵩之匿赵岐,⑦前代之所贵,而吾之所行也,以此得罪,甘心瞑目。至如郭解之代人报雠,⑧灌夫之横怒求地,⑨游侠之徒,非君子之所为也。⑩如有逆乱之行,得罪于君亲者,又⑪不足恤焉。亲友之迫危难也,⑫家财己力,当无所吝;若横生图计,无理请谒,非吾教也。墨翟之徒,世谓热腹;杨朱之侣,世谓冷肠。肠不可冷,腹不可热,当以仁义为节文尔。⑬

　　① 王子晋,周灵王之太子也。《周语下》:"佐雝者尝焉,佐斗者伤焉。""雝"与"饔"通。

　　②【补】与,音预。

　　③《魏志·邴原传》:"原与同郡刘政,俱有勇略雄气,辽东太守公孙度畏恶,欲杀之,政窘急往投原。"裴松之注引《魏氏春秋》曰:"政投原曰:'穷鸟入怀。'原曰:'安知斯怀之可入邪?'"

　　④《史记·伍子胥传》:"伍子胥者,楚人也,名员。奔吴,追者在后,有一渔父乘船,知伍胥之急,乃渡伍胥。"【补】员,音云。

　　⑤ 同上《季布传》:"季布者,楚人也,为气任侠,有名于楚。项籍使

将兵,数窘汉王。及项羽灭,高祖购布千金,布匿濮阳周氏,周氏献计,髡钳布,衣褐衣,置广柳车中,之鲁朱家所卖之。朱家心知是季布,买而置之田,诫其子,与同食。"【补】《集解》:"服虔曰:'东郡谓广辙车为广柳车。'邓展曰:'丧车也。'李奇曰:'大隆穹也。'瓒曰:'今运转大车是也。'"《索隐》:"《礼》曰:'设柳翣。'郑康成注《周礼》云:'柳,聚也,诸饰所聚。'则是丧车称柳。"

⑥《后汉书·党锢传》:"张俭,字元节,山阳高平人。"《孔融传》:"融字文举,鲁国人,孔子二十世孙也。山阳张俭为中常侍侯览所恶,刊章捕俭。俭与融兄褒有旧,亡抵褒,不遇。时融年十六,见其有窘色,谓曰:'吾独不能为君主邪?'因留舍之。后事泄,俭得脱,兄弟争死,诏书竟坐褒焉。"

⑦同上《赵岐传》:"岐字邠卿,京兆长陵人,耻疾宦官。中常侍唐衡兄玹为京兆尹,收其家属尽杀之,岐逃难,自匿姓名,卖饼北海市中。时安丘孙嵩游市,察非常人,呼与共载,岐惧失色,嵩屏人语曰:'我北海孙宾石,阖门百口,势能相济。'遂以俱归,藏复壁中。"

⑧《史记·游侠传》:"郭解,轵人也,字翁伯,为人短小精悍,以躯借交报仇。"

⑨同上《魏其侯传》:"武安侯田蚡为丞相,使籍福请魏其城南田,不许。灌夫闻,怒骂籍福,福恶两人有郄,乃谩自好谢丞相。已而武安闻魏其、灌夫实怒不予田,亦怒曰:'蚡事魏其无所不可,何爱数顷田?且灌夫何与也?'由此大怨灌夫、魏其。"【补】横,户孟切,次下同。

⑩【补】《史记·游侠传·集解》:"荀悦曰:'尚意气,作威福,结私交,以立强于世者,谓之游侠。'"

⑪宋本作"亦"。

⑫【补】难,乃旦切。

⑬【补】仁者爱人,而施之有等;义者正己,而处之得宜。墨氏之兼爱,疑于仁而实害于仁;杨氏之为我,疑于义而实害于义。是以孟子必辞而辟之。

前在修文令曹,①有山东学士与关中太史竞历,②凡十余人,纷纭累岁,③内史牒付议官平之。④吾执论曰:"大抵诸儒所争,四分并减分两家尔。⑤历象之要,可以晷景测之。⑥今验其分至薄蚀,则四分疏而减分密。疏者则称政令有宽猛,运行致盈缩,非算之失也;密者则云日月有迟速,以术求之,预知其度,无灾祥也。用疏则藏奸而不信,用密则任数而违经。且议官所知,不能精于讼者,以浅裁深,安有肯服?既非格令所司,幸勿当也。"举曹贵贱,咸以为然。有一礼官,耻为此让,⑦苦欲留连,强加考覈。⑧机杼既薄,无以测量,⑨还复采访讼人,⑩窥望长短,朝夕聚议,寒暑烦劳,背春涉冬,⑪竟无予夺,怨诮滋生,赧然而退,终为内史所迫。此好名⑫之辱也。⑬

① 本传:"河清末,待诏文林馆,大为祖珽所重,令掌知馆事。"

②《隋书·百官志》:"秘书省领著作、太史二曹。太史曹置令、丞各二人,司历二人,监候四人。其历、天文、漏刻、视祲,各有博士及生员。"

③【补】累,力委切。

④ 同上:"内史省置令二人,侍郎四人。"【补】牒,徒叶切。《说文》:"札也。"《广韵》:"书版曰牒。"案:后世宫府移文谓之牒。平,议也。《后汉书·霍谞传》:"前者温教许为平议。"

⑤《续汉·律历志》:"元和二年,《太初》失天益远,召治历编诉、李梵等综校其状,遂下诏改行四分,以遵于尧。熹平四年,蒙公乘宗绀孙诚上书言:'受绀法术,当复改。'诚术以百三十五月二十三食为法,乘除成月,从建康以上减四十一,建康以来减三十五。"

⑥【补】晷,古委切。日,景也。景,古影字。葛洪始加三详,见本书《书证篇》。

⑦〈让〉,俗本作"议"。

⑧【补】强,其两切。覈,下革切,与"核"同。

⑨【补】机杼,言其胸中之经纬也。

⑩【补】复,扶又切。

⑪【补】背,蒲妹切。

⑫ 俗本有"好事"二字。

⑬【元注】一本"此好名好事之为也"。

止足第十三

　　《礼》云："欲不可纵，志不可满。"①宇宙可臻其极，情性不知其穷，唯在少欲知足，②为立涯限尔。先祖靖侯戒子侄曰："汝家书生门户，世无富贵，自今仕宦不可过二千石，③婚姻勿贪势家。"吾终身服膺，以为名言也。

　　① 见《礼记·曲礼上》。

　　②〈足〉，俗本作"止"。

　　③【补】案：自汉以来，官制有中二千石、二千石、比二千石。此但不至公耳，然于官品亦优矣。邴曼容为官不肯过六百石，辄自免去，岂不更冲退哉。

　　天地鬼神之道，皆恶满盈。谦虚冲损，可以免害。①人生衣趣以覆寒露，食趣以塞饥乏耳。②形骸之内，尚不得奢靡；己身之外，而欲穷骄泰邪？周穆王、秦始皇、汉武帝，③富有四海，贵为天子，不知纪极，④犹自败累，⑤况士庶乎？常以二十口家，奴婢盛多，不可出二十人，良田十顷，堂室才蔽风雨，车马仅代杖策，蓄财数万，以拟吉凶急速。不啻此者，⑥以义散之；⑦不至此者，勿非道求之。

　　①《易·谦·象传》："天道亏盈而益谦，地道变盈而流谦，鬼神害盈而福谦，人道恶盈而好谦。"

145

② 【补】趣者,仅足之意,与孟子"扬子取为我"之"取"同。覆,敷救切。

③ 昭十二年《左氏传》:"子革对楚子:'昔穆王欲肆其心,周行天下,将皆必有车辙马迹焉。'"《史记·秦本纪》:"造父以善御幸于周缪王,得骥、温骊、骅骝、騄耳之驷,巡狩乐而忘归。徐偃王作乱,造父为缪王御,一日千里以救乱。"《秦始皇纪》:"二十六年,秦初并天下,除谥法,为始皇帝。治驰道,筑长城,作阿房宫,求不死药,焚《诗》《书》,阬诸生。三十七年七月,崩于沙丘平台。"桓谭《新论》:"汉武帝材质高妙,有崇先广统之规,然多过差。既欲斥境广土,又乃贪利争物。闻大宛有名马,攻取历年,士众多死,但得数十匹耳。多征会邪僻,求不急之方,大起宫室,内竭府库,外罢天下,此可谓通而蔽矣。"

④ 【补】《左氏·文十八年传》文。

⑤ 【补】〈累〉,良伪切。

⑥ 宋本有"皆"字。

⑦ 【补】啻,与"翅"同。不啻,不但,言过之也。

仕宦称泰,不过处在中品,前望五十人,后顾五十人,足以免耻辱,无倾危也。高此者,便当罢谢,偃仰私庭。吾近为黄门郎,①已可收退。当时羁旅,惧罹谤讟,思为此计,仅未暇尔。自丧乱已来,②见因托风云,徼幸富贵,旦执机权,夜填坑谷,朝欢卓、郑,晦泣颜、原者,非十人五人也。慎之哉!③

① 《隋书·百官志上》:"门下省置侍中、给事黄门侍郎各六人。"

② 【补】丧,苏浪切。

③ 【补】《史记·货殖传》:"蜀卓氏之先,赵人也,徙临邛,富至僮千人。田池射猎之乐,拟于人君。程郑山,东迁虏也,亦冶铸,富埒卓氏。"颜、原,谓颜渊、原思。非十人五人,言如此者,其人众多也。

诫兵第十四

　　颜氏之先，本乎邹、鲁，或分入齐，世以儒雅为业，遍在书记。仲尼门徒，升堂者七十有二，颜氏居八人焉。[①]秦、汉、魏、晋，下逮齐、梁，未有用兵以取达者。春秋世，颜高、颜鸣、颜息、颜羽之徒，皆一斗夫耳。[②]齐有颜涿聚，[③]赵有颜冣，[④]汉末有颜良，[⑤]宋有颜延之，[⑥]并处将军之任，竟以颠覆。[⑦]汉郎颜驷，自称好武，[⑧]更无事迹。[⑨]颜忠以党楚王受诛，[⑩]颜俊以据武威见杀，得姓已来，无清操者，唯此二人，皆罹祸败。顷世乱离，衣冠之士，虽无身手，[⑪]或聚徒众，违弃素业，徼幸战功。吾既羸薄，[⑫]仰惟前代，故置心于此，[⑬]子孙志之。孔子力翘门关，不以力闻，[⑭]此圣证也。[⑮]吾见今世士大夫，才有气干，[⑯]便倚赖之，不能被甲执兵，以卫社稷，但微行险服，[⑰]逞弄拳腕，[⑱]大则陷危亡，小则贻耻辱，遂无免者。[⑲]

　　①《史记·仲尼弟子传》："孔子曰：'受业身通者七十有七人，皆异能之士也。'颜回，字子渊，鲁人。颜无繇，字路，回之父。颜幸，字子柳；颜高字，子骄；颜祖，字襄；颜之仆，字叔；颜哙，字子声；颜何，字冉。皆鲁人。"【案】今《家语》止七十六人，盖脱去颜何一人。《索隐》于《史记》"颜何"下引《家语》云："字称。"今《史记》字冉，盖传写脱其半耳。《索隐》明言《家语》与《史记》同，则其为误脱更明甚。今《家语》"颜高"作"颜刻"，"颜祖"作"颜相"。

②定八年《左氏传》："公侵齐，门于阳州，士皆坐列，曰：'颜高之弓六钧。'皆取而传观之。阳州人出，高夺人弱弓，籍丘子鉏击之，与一人俱毙。偃且射子鉏，中颊，殪。颜息射人中眉，退曰：'我无勇，吾志其目也。'"昭廿六年《传》："齐师围成。师及齐师战于炊鼻，扶雍羹为颜鸣右，下，苑何忌取其耳。颜鸣去之，苑子之御曰：'视下顾。'苑子刜林雍，断其足，鼙而乘于他车以归。颜鸣三入齐师，呼曰：'林雍乘。'"又哀十一年《传》："齐国书、高无㠀帅师伐我，及清，孟孺子洩帅右师，颜羽御，邴洩为右，战于郊。右师奔，孟孺子语人曰：'我不如颜羽而贤于邴洩，子羽锐敏，我不欲战而能默。'洩曰：驱之。"

③【补】《韩非·十过篇》："昔田成子游于海而乐之，颜涿聚曰：'君游海而乐之，奈人有图国者何？君虽乐之，将安得？'田成子援戈将击之，颜涿聚曰：'昔桀杀关龙逢，而纣杀王子比干，今君虽杀臣之身以三之，可也。臣言为国，非为身也。'君乃释戈，趣驾而归，闻国人有谋不内田成子者矣。"《说苑·正谏篇》以为谏齐景公，"颜涿聚"作"颜烛趋"。《左传》作"颜涿聚"。《史记·古今人表》俱作"颜浊邹"。他书讹者不具出。

④【元注】〈冣〉，或作"聚"。段云："冣，才句切，上多一点是俗'最'字。"【补】《史记·赵世家》："幽缪王迁七年，秦人攻赵，赵大将李牧、将军司马尚将，击之。李牧诛，司马尚免，赵忽及齐将颜聚代之。赵忽军破，颜聚亡去。"《冯唐传》："迁用郭开谗，卒诛李牧，令颜聚代之。"《索隐》："聚，音以喻反。"《汉书》作"最"。

⑤《三国志·袁绍传》："以颜良为将军，攻刘延于白马。太祖救延，与良战，破斩良。"

⑥【案】《宋书·颜延之传》："尝领步兵校尉，未尝为将军。"其子竣传云："竣字上逊，世祖践阼，以为侍中，迁左卫将军。丁忧，起为右将军，以所陈多不被纳，颇怀怨愤，免官。竣频启谢罪，并乞性命，上愈怒，及竟陵王诞为逆，因此陷之于狱，赐死。"

⑦【补】〈覆〉，方目切。

⑧【补】好，呼报切。

⑨《汉武故事》:"颜驷,不知何许人,文帝时为郎。武帝辇过郎署,见驷庞眉皓发,问曰:'叟何时为郎? 何其老也?'对曰:'臣文帝时为郎。文帝好文而臣好武,至景帝好美而臣貌丑,陛下即位好少而臣已老,是以三世不遇。'上感其言,擢拜会稽都尉。"

⑩《后汉书·楚王英传》:"永平十三年,男子燕广告吴与渔阳王平、颜忠等造作图书,有逆谋,事下案验,废英徙丹阳泾县,自杀,坐死徙者以千数。"

⑪ 身手,谓身勇力习武艺者,故杜少陵诗云:"朔方健儿好身手。"

⑫【补】赢,力追切。

⑬【补】惟,思也。真,犹息也。

⑭《列子·说符篇》:"孔子之劲,能招国门之关而不肯以力闻。"【案】招,与"翘"同,举也。【补】此或孔子父叔梁纥事,见《左氏·襄十年传》:"偪阳人启门,诸侯之士门焉。县门发,聊人纥抉之以出门者。"后遂移之孔子。

⑮【补】王肃有《圣证论》。此语所本。

⑯【补】气力强干。

⑰【补】微行,易为奸也。险服,如曼胡之缨,短后之衣是。

⑱【补】《说文》:"手擘也。扬雄曰:'擘,握也。'从手取声,乌贯切。"一作"腕"。

⑲【案】下当分段。【重校】"孔子力翘门关"起当分段。

国之兴亡,兵之胜败,博学所至,幸讨论之。入帷幄之中,①参庙堂之上,不能为主尽规以谋社稷,君子所耻也。然而每见文士,颇读兵书,微有经略。若居承平之世,②睥睨宫闱,③幸灾乐祸,首为逆乱,诖误善良;④如在兵革之时,构扇反复,纵横说诱,⑤不识存亡,强相扶戴。⑥此皆陷身灭族之本也。诫之哉!诫之哉!⑦

①【补】《汉书·高帝纪》："运筹帷幄之中,决胜千里之外,吾不如子房。"

② 俗本无"居"字,宋本有。

③【补】睧睨,犹言占察。《汉书·窦田列传》作"辟倪",亦作"俾睨""瞯睨",并同,匹诣、研计二切。

④【补】诖,音卦。《广雅》:"欺也。"

⑤【补】纵,即容切,亦作"从"。横,户盲切。说,始芮切。

⑥【补】强,其两切。扶戴,谓推奉以为主。

⑦【案】下当分段。

习五兵,①便乘骑,②正③可称武夫尔。今世士大夫,但不读书,即④称武夫儿,乃饭囊酒瓮也。⑤

①《周礼·夏官·司兵》:"掌五兵。"注:"郑司农曰:'戈、殳、戟、酋矛、夷矛。'此车之五兵,步卒之五兵。则无夷矛而有弓矢。"

② 宋本倒。【补】骑,其寄切。

③〈正〉俗本作"止"。

④ 宋本有"自"字。

⑤【补】《金楼子·立言篇》:"祢衡云:'荀彧强可与言,余人皆酒瓮饭囊。'"

养生第十五

　　神仙之事，未可全诬；但性命在天，或难种值。①人生居世，触途牵萦。②幼少之日，既有供养之勤；③成立之年，便增妻孥之累。衣食资须，公私驱役；而望遁迹山林，超然尘滓，千万不遇④一尔。加以金玉之费，炉器所须，益非贫士所办。⑤学如⑥牛毛，成如麟角。⑦华山之下，白骨如莽，⑧何有可遂之理？考之内教，纵使得仙，终当有死，不能出世，不愿汝曹专精于此。若其爱养神明，调护气息，慎节起卧，均适寒暄，禁忌食饮，将饵药物，遂其所禀，不为夭折者，吾无间然。⑨诸药饵法，不废世务也。庾肩吾常服槐实，年七十余，目看细字，须发犹黑。⑩邺中朝士，有单服杏仁、枸杞、黄精、术、车前⑪得益者甚多，不能一一说尔。⑫吾尝患齿，摇动欲落，饮食热冷，皆苦疼痛。见《抱朴子》牢齿之法，早朝叩⑬齿三百下为良，行之数日，即便⑭平愈，今恒持之。此辈小术，无损于事，亦可修也。凡欲⑮饵药，陶隐居《太清方》中总录甚备，但须精审，不可轻脱。⑯近有王爱州⑰在邺学服松脂，不得节度，肠塞而死。为药所误者甚多。⑱

　　①【重校】宋本作"钟值"。

　　②【补】陟立切。《诗·小雅·白驹》传："绊也"。

　　③【补】少，诗照切。供，居用切。养，余亮切。

　　④〈遇〉，俗本作"过"。

⑤《抱朴子·金丹篇》:"昔左元放神人,授之《金丹仙经》,余师郑君以授余,受之已二十余年矣。资无僧石,无以为之,但有长叹耳。"又云:"朱草喜生岩石之下,刻之,汁流如血,以玉及八石金银投其中,便可丸如泥,久则成水,以金投之名为金浆,以玉投之名为玉醴。"

⑥〈如〉,宋本作"若"。

⑦ 蒋子《万机论》:"学者如牛毛,成者如麟角。"

⑧ 华山仙人多居焉。《初学记》引《华山记》云:"山顶有千叶莲花,服之羽化。山下有集灵宫,汉武帝欲怀集仙者,故名。"今云"白骨如莽",言其不可信也。《左氏·哀元年传》:"吴日敝于兵,暴骨如莽。"杜注:"草之生于广野,莽莽然,故曰草莽。"【补注】《孔丛子·陈士义篇》:"魏王曰:'吾闻道士登华山,则长生不死,意亦愿之。'对曰:'古无是道,非所愿也。'"

⑨【补】《抱朴子·极言篇》:"养生之方,唾不及远,行不疾步,耳不极听,目不久视,坐不至久,卧不及疲,先寒而衣,先热而解。不欲极饥而食,食不过饱。不欲极渴而饮,饮不过多。不欲甚劳甚逸。冬不欲极温,夏不欲穷凉,大寒大热大风大雾,皆不欲冒之。五味入口,不欲偏多。卧起有四时之早晚,兴居有至和之常制。忍怒以全阴气,抑喜以养阳气。然后先服草木以救亏缺,后服金丹以定无穷。"

⑩《梁书·文苑传》:"庾于陵弟肩吾,字子慎,太宗在蕃,雅好文章士,与东海徐摛、吴郡陆杲、彭城刘遵、刘孝仪、孝威同被赏接。太清中,侯景陷京师,逃赴江陵,未几卒。"《名医别录》:"槐实味酸醎,久服明目益气,头不白,延年。"

⑪〈前〉,宋本作"煎者"二字。

⑫【元注】一本无此六字。【补】《晋书·地理志》:"魏郡邺,魏武受封居此。"【案】古有服杏金丹法,云出左慈。除瘕、盲、挛、跛、疝、痔、瘿、瘤、疮、肿,万病皆愈,久服通灵不死云云,其说妄诞。杏仁性热,降气,非可久服之药。《本草经》:"枸杞一名杞根,一名地骨,一名地辅,服之,坚筋骨,轻身耐老。"《博物志》:"黄帝问天老曰:'天地所生,岂有食之令人

不死者乎？'天老曰：'太阳之草，名曰黄精，饵而食之，可以长生。'"《列仙传》："涓子好饵朮节，食其精三百年。"《神仙服食经》："车前实，雷之精也，服之行化。八月采地衣。地衣者，车前实也。"

⑬〈叩〉，宋本作"建"。

⑭〈便〉，俗本脱，宋本有。

⑮〈欲〉，宋本作"诸"。

⑯〈脱〉，俗本作"服"，今从宋本。《梁书·陶弘景传》："字通明，丹阳秣陵人。止于句容之句曲山，曰：'此山下是第八洞天，名金坛华阳之天。'乃中山立馆，自号'华阳隐居'。天监四年，移居积金东涧，善辟谷导引之法，年逾八十而有壮容。大同二年卒，年八十五。"《隋书·经籍志》："《太清草木集要》二卷，陶隐居撰。"

⑰【补】《隋书·地理志》："九真郡，梁置爱州。"

⑱《本草》："松脂，一名松膏，久服，轻身，不老延年。"《文选·古诗》：服食求神仙，多为药所误。

夫养生者先须虑祸，全身保性，有此生然后养之，勿徒养其无生也。单豹养于内而丧外，张毅养于外而丧内，前贤所戒也。①嵇康著《养生》之论，而以傲物受刑；②石崇冀服饵之征，③而以贪溺取祸。④往世之所迷也。

①《庄子·达生篇》："善养者如牧羊，视其后者而鞭之。鲁有单豹者，岩居而水饮，不与民共利，行年七十而犹有婴儿之色。不幸遇饿虎，饿虎杀而食之。有张毅者，高门县薄，无不走也，行年四十，而有内热之病以死。豹养其内而虎食其外，毅养其外而病攻其内，此二子者皆不鞭其后者也。"【补】又见《吕氏春秋·必已篇》。丧，息浪切。

② 李善注《文选》引嵇喜为康《传》曰："康性好服食，常采御上药，以为神仙禀之自然，非积学所致。至于导养得理，以尽性命，若安期、彭祖

之伦，可以善求而得也，著《养生篇》。"余已见前。

③【元注】〈之征〉，一本作"延年"。

④【补】《文选·石季伦〈思归引〉序》："又好服食咽气，志在不朽，傲然有陵云之操。"《晋书·石苞传》："苞少子崇，字季伦，生于齐州，故小名齐奴。少敏惠有谋。财产丰积，后房百亩，皆曳纨绣，珥金翠，丝竹尽当时之选，庖膳穷水陆之珍。尝与王敦入太学，见颜回、原宪象叹曰：'若与之同升孔堂，去人何必有间？'敦曰：'不知余人云何？子贡去卿差近。'崇正色曰：'士当身名俱泰，何至瓮牖间哉！'崇有妓曰绿珠，孙秀使人求之，崇尽出数十人以示之曰：'任所择。'使者曰：'本受命索绿珠。'崇曰：'吾所爱不可得也。'秀怒，乃矫诏收崇，绿珠自投楼下而死。崇母兄妻子无少长皆被害。"

夫生不可不惜，不可苟惜。涉险畏之途，干祸难之事，①贪欲以伤生，谗慝而致死，此君子之所惜哉；行诚孝而见贼，履仁义而得罪，丧身以全家，②泯躯而济国，君子不咎也。自乱离已来，吾见名臣贤士，临难求生，终为不救，徒取窘辱，令人愤懑。③侯景之乱，王公将相，多被戮辱；妃主姬妾，略无全者。唯吴郡太守张嵊，建义不捷，为贼所害，辞色不挠；④及鄱阳王世子谢夫人，登屋诟怒，见射而毙。夫人，谢遵女也。⑤何贤智操行若此之难？婢妾引决若此之易？悲夫！⑥

①【补】难，乃旦切。次下同。

②【补】丧，息浪切。

③【补】难，乃旦切。令，力呈切。懑，音闷。

④《梁书·张嵊传》："嵊字四山，镇北将军稷之子也。大同中，迁吴兴太守。太清二年，侯景陷宫城，嵊收集士卒，缮筑城垒，贼遣使招降之，嵊斩其使。为刘神茂所败，乃释戎服坐听事。贼临之以刃，终不为屈，乃

执以送景，子弟同遇害者十余人。"

⑤《梁书·鄱阳王恢传》："恢子范，以晋熙为晋州，遣子嗣为刺史。嗣字长胤，性骁果，有胆略，倾身养士，能得其死力。范薨，嗣犹据晋熙，侯景遣任约来攻，嗣出垒距之。时贼势方盛，咸劝且止，嗣按剑叱之曰：'今之战，何有退乎？此萧嗣效命死节之秋也。'遂中流矢，卒于阵。"【案】《南史》但言妻子为任约所虏，盖史脱略。

⑥【补】操，七到切。行，下孟切。《汉书·司马迁传》："臧获婢妾，犹能引决。"易，以豉切。

归心第十六①

①【补】高安朱文端梓此书，深斥此篇，以其崇释而轻儒也。北平黄昆圃少宰所梓乃全文，有一学者犹以为不宜，劝当删去。余谓昔人之书，美恶皆当仍之，使后人得悉其所学之纯驳，自为审择可耳。余于释氏之书寓目者少，不能如李善之注《头陀寺碑》，览者幸无尤焉。【重校】唐终南山释道宣《广弘明集》引此文，今取以校。

　　三世之事，信而有征，①家世归心，②勿轻慢也。其间妙旨，具诸经论，③不复于此，少能赞述；但惧汝曹犹未牢固，略重劝诱尔。④原夫四尘五廕，剖析形有；⑤六舟三驾，运载群生。⑥万行归空，千门入善，辩才智惠，⑦岂徒《七经》、百氏之博哉？明非尧、舜、周、孔所及也。⑧内外两教，本为一体，渐积为异，深浅不同。内典初门，设五种⑨禁。外典仁义礼智信，皆与之符。⑩仁者，不杀之禁也；义者，不盗之禁也；礼者，不邪之禁也；智者，不酒之禁也；信者，不妄之禁也。⑪至如畋狩军旅，燕享刑罚，固民之性，⑫不可卒除，⑬就为之节，使不淫滥尔。归周、孔而背释宗，何其迷也！⑭俗之谤者，大抵有五：其一，以世界外事及神化无方为迂诞也；其二，以吉凶祸福或未报应为欺诳也；其三，以僧尼行业多不精纯为奸慝也；其四，以糜费金宝减耗课役为损国也；其五，以纵有因缘如⑮报善恶，安能辛苦今日之甲，利益后世之乙乎？为异人也。今并释之于下云。

① 三世,过去、未来、现在也。

② 〈归心〉,宋本作"业此"。

③ 内典经、律、论各一藏,谓之三藏。

④ 【补】复,扶又切。重,直用切,宋本作"动",非。

⑤ 【补】《楞严经》:"我今观此浮根四尘,只在我面,如是识心,实居身内。"注:"四尘,色、香、味、触也。五廕,即五阴,亦名五蕴。"《心经》:"照见五蕴皆空。"注:"五蕴者,色与受、想、行、识也。五者皆能盖覆真性,封蔀妙明,故总谓之蕴,亦名五阴,亦名五众。"【重校】《广弘明集》作"阴"。

⑥ 【补】梁简文帝《唱导文》:"帝释渊广,泛般若之舟;净居深沈,驾牛车之美。"王勃《龙华寺碑》:"四门幽辟,顾非相而迟迴;三驾晨严,临有为而出顿。"【案】三驾,即三乘,见《法华经》。羊车喻声闻乘。鹿车喻缘觉乘。牛车喻菩萨乘。六舟未详。

⑦ 【补】行,下孟切。惠,与"慧"同。

⑧ 《后汉书·张纯传》注:"《七经》谓《诗》《书》《礼》《乐》《易》《春秋》及《论语》也。"【补】之推此言,得罪名教矣。

⑨ 【重校】《〈广弘明〉集》有"之"字。

⑩ 【重校】《〈广弘明〉集》作"与外书仁义五常符同"。

⑪ 《宋书》沈约之言政如此。

⑫ 【重校】《〈广弘明〉集》作"因"。

⑬ 【补】卒,仓没切。

⑭ 【补】背,蒲昧切。

⑮ 【重校】《〈广弘明〉集》作"而"。

释一曰:夫遥大之物,①宁可度量?②今人所知,莫若③天地。天为积气,地为积块。日为阳精,月为阴精,星为万物之精,儒家所安也。星有坠落,乃为石矣。④精若是石,不得有光,性又质重,何所系属? 一星之径,大者百里;⑤一宿首尾,⑥相去数万。百里之物,数万相连,阔狭从斜,常不盈缩。⑦又星与日月,形色同尔,但以大小为其等差。然而日月又当石也,⑧石既牢密,乌兔焉容?⑨石在气中,岂能独运?日月星辰,若皆是气,气体轻浮,当与天合,往来环转,不得错⑩违,其间迟疾,⑪理宜⑫一等,何故日月五星二十八宿,各有度数,移动不均? 宁当气坠,忽变为石?⑬地既滓浊,法应沈厚,凿土得泉,乃浮水上。⑭积水之下,复有何物?⑮江河百谷,从何处生?⑯东流到海,何为不溢? 归塘尾闾,渫何所到?⑰沃焦之石,何气所然?⑱潮汐去还,谁所节度?⑲天汉悬指,那不散落?⑳水性就下,何故上腾?㉑天地初开,便有星宿;九州未划,㉒列国未分。翦疆区野,若为躔次?㉓封建已来,谁所制割? 国有增减,星无进退,灾祥祸福,就中不差;乾㉔象之大,列星之伙,何为分野,止系中国?㉕昴为旄头,匈奴之次。㉖西胡、东越,雕题交址,独弃之乎?㉗以此而求,迄无了者,岂得以人事寻常,抑必宇宙㉘外也?㉙凡人之信,唯耳与目;耳目之外,咸致疑焉。儒家说天,自有数义:或浑或盖,乍宣乍安。㉚斗极所周,管㉛维所属,若所亲见,㉜不容不同;若所测量,宁足依据? 何故信凡人之臆说,迷大圣之妙旨,而欲必无恒沙世界、微尘数劫也?㉝而邹衍亦有九州之谈。㉞山中人不信有鱼大如木,海上人不信有木大如鱼;汉武不信弦胶,㉟魏文不信火布;㊱胡人见锦,不信有虫食树吐丝所成;昔在江南,不信有千人毡帐;及来河北,不信有二万斛㊲船。皆实验也。世有祝师及诸幻术,㊳犹能履火蹈刃,种瓜移井，倏忽之间，十变五化。㊴人力所为，尚能如此，㊵何况神通感应，不可思量，千里宝幢，百由旬座，化成净土，踊出妙塔乎？㊶

① 【重校】《〈广弘明〉集》作"天之物"。

② 【补】度，徒落切。量，吕张切。

③ 〈若〉，宋本作著。

④ 《列子·天瑞篇》："杞国有人忧天崩坠，身亡所寄，废寝食者。又有忧彼之所忧者，晓之曰：'天积气耳，亡处亡气，奈何忧崩坠乎？'其人曰：'天果积气，日月星宿不当坠邪？'晓之者曰：'日月星宿，亦积气中之有光耀者，正使坠，亦不能有所中伤。'其人曰：'奈地坏何？'晓者曰：'地积块耳，充塞四虚，亡处亡块。奈何忧其坏？'"《说文》："日，实也，太阳之精。月，阙也，太阴之精。星，万物之精，上为列星。"《左·僖十六年传》："陨石于宋五，陨星也。"

⑤ 此非确有所见之言也。【案】《历体略》云："经星之体，凡有六等，安得云一星之径大者百里乎？"【补】徐整《长历》："大星径百里，中星五十，小星三十。北斗七星，间相去九千里，皆在日月下。"属，之欲切。

⑥ 天上一度，在地二百五十里。【补】宿，息救切。又音夙，下同。

⑦ 【补】从，子容切。

⑧ 【补】差，楚宜切。也，与"邪"通。

⑨ 《春秋元命包》："阳数起于一，成于三，故日中有三足乌。月两设以蟾蜍与兔者，阴阳双居，明阳之制阴，阴之制阳。"【补】焉，於虔切。

⑩ 【重校】《〈广弘明〉集》作"偕"。

⑪ 【重校】《〈广弘明〉集》作"速"。

⑫ 【重校】《〈广弘明〉集》作"宁"。

⑬ 《尚书·尧典·正义》："《六历》诸纬与《周髀》皆云：'日行一度，月行十三度十九分度之七。'"《汉书·律历志》："金、水皆日行一度，木日

行千七百二十八分度之百四十五,土日行四千三百二十分度之百四十五,火日行万三千八百二十四分度之七千三百五十五。又二十八宿所载黄赤道度各不同。"

⑭《晋书·天文志》:"天在地外,水在天外,水浮天而载地者也。"【补】沈,直深切,俗作"沉"。

⑮【补】复,扶又切。

⑯【补】《尚书·洪范》:"一五行一曰水。"《正义》:"《易·系辞》曰:'天一地二,天三地四,天五地六,天七地八,天九地十。'此即是五行生成之数。天一生水,地六成水。阴阳各有匹偶而物得成焉。"

⑰【补】《楚辞·天问》:"东流不溢,孰知其故?"《列子·汤问篇》:"夏革曰:'渤海之东,不知几亿万里有大壑焉,实惟无底之谷,其下无底,名曰归墟,八纮九野之水,天汉之流,莫不注之,而无增无减焉。'"张湛注:"归墟,或作归塘。"【赵注】《庄子·秋水篇》:"天下之水,莫大于海,万川归之,不知何时止而不盈。尾闾泄之,不知何时已而不虚。"【案】"渫"与"泄"同。

⑱《玄中记》:"天下之强者,东海之沃焦焉。沃焦者,山名也,在东海南三万里,海水灌之而即消。"

⑲《抱朴子》:"糜氏曰:'潮者,据朝来也;汐者,言夕至也。一月之中,天再东再西,故潮水再大再小也。又夏时日居南宿,阴消阳盛,而天高一万五千里,故夏潮大也。冬时日居北宿,阴盛阳消,而天卑一万五千里,故冬潮小也。又春日日居东宿,天高一万五千里,故春潮渐起也。秋日日居西宿,天卑一万五千里,故秋潮渐减也。'"【补】案:此段见《御览》所引,今《抱朴子》无之。

⑳《尔雅·释天》:"析木谓之津,箕斗之间汉津也。"《汉书·天文志》:"汉者亦金散气,其本曰水。"《晋书·天文志》:"天汉起东方,经尾箕之间,谓之天河,亦谓之汉津,分为二道,在七星南而没。"

㉑《淮南子·原道训》:"天下之物,莫柔弱于水。上天则为雨露,下地则为润泽。"

㉒【重校】《〈广弘明〉集》作"画"。

㉓《方言》十二："躔，历行也。日运为躔，月运为逡。"《礼记·月令》："季冬，日穷于次。"郑《注》："次，舍也。"【补】《史记·天官书》："角、亢、氐，兖州。房、心，豫州。尾、箕，幽州。斗，江、湖。牵牛、婺女，扬州。虚、危，青州。营室、东壁，并州。奎、娄、胃，徐州。昴、毕，冀州。觜觽、参，益州。东井、舆鬼，雍州。柳、七星、张，三河。翼、轸，荆州。"《晋书·天文志》载魏太史令陈卓言郡国所入宿度尤详。

㉔【重校】《〈广弘明〉集》作"悬"。

㉕《周礼·春官·保章氏》："掌天星以志星辰日月之变动，以观天下之迁，辨其吉凶，以星土辨九州之地所封，封域皆有分星，以观妖祥。"《汉书·地理志》："秦地于天官，东井、舆鬼之分野。魏地，觜觽、参之分野。周地，柳、七星、张之分野。韩地，角、亢、氐之分野。赵地，昴、毕之分野。燕地，尾、箕之分野。齐地，虚、危之分野。鲁地，奎、娄之分野。宋地，房、心之分野。卫地，营室、东壁之分野。楚地，翼、轸之分野。吴地，斗分野。粤地，牵牛、婺女之分野也。"【补】伙，胡火切。分，扶问切。

㉖《史记·天官书》："昴曰旄头胡星也。"

㉗《史记·东越传》："闽越王无诸及越东海王摇者，其先皆越王句践之后也。"《后汉书·南蛮传》："《礼记》称南方曰蛮，雕题交阯。其俗男女同川而浴，故曰交阯。"【补】雕题交阯，《礼记·王制》文。雕，谓刻也。题，谓额也。非惟雕额，亦文身也。雕、彫、阯、趾，俱通用。

㉘【重校】《〈广弘明〉集》有"之"字。

㉙【重校】《〈广弘明〉集》作"乎"。

㉚《晋书·天文志》："古言天者有三家：一曰盖天，二曰宣夜，三曰浑天。汉灵帝时，蔡邕于朔方上书言：'宣夜之学，绝无师法。《周髀》术数具存，考验天状，多所违失，惟浑天近得其情。'蔡邕所谓《周髀》者，即盖天之说也，其所传则周公受于殷高，其言天似盖笠，地似覆槃，天地各中高外下。宣夜之书，汉秘书郎郗萌记先师相传，云日月众星，自然浮生，虚空之中，无所根系。成帝咸康中，会稽虞喜因宣夜之说作《安天

论》,至于浑天理妙,学者多疑,张平子、陆公纪之徒咸以为莫密于浑象者也。"

㉛【重校】《〈广弘明〉集》作"苑"。

㉜《史记·天官书》:"北斗七星,所谓璇玑玉衡,以齐七政。杓携龙角,衡殷南斗,魁枕参首。用昏建者杓,杓自华以西南。夜半建者衡,衡殷中州河、济之间。平旦建者魁,魁海岱以东北也。斗为帝车,运乎中央,临制四乡。分阴阳,建四时,均五行,移节度,定诸纪,皆系于斗。"【补】《楚辞·天问》:"筳维焉系?天极焉加?"筳,一作"幹"。颜师古《匡谬正俗》:"幹、管二音不殊。近代流俗音幹,乌活切,非也。"《淮南·天文训》:"东北为报德之维,西南为背阳之维,东南为常羊之维,西北为蹄通之维。"张衡《灵宪》:"八极之维,径二亿三万二千三百里。"

㉝《金刚经》:"诸恒河所有沙数,佛世界如是,宁为多不?"《法华经》:"如人以力摩三千大千土,复尽末为尘,一尘一劫,如此诸微尘数,其劫复过是。"【重校】〈也〉,《〈广弘明〉集》作"乎"。

㉞《史记·孟子荀卿传》:"驺衍著书十余万言,以为儒者所谓中国者,于天下乃八十一分居其一分耳。中国名曰赤县神州,赤县神州内自有九州,禹之序九州是也,不得为州数。中国外如赤县神州者九,乃所谓九州也。于是有裨海环之人民禽兽莫能相通者,如一区中者,乃为一州;如此者九,乃有大瀛海环其外,天地之际焉。""驺""邹"同。

㉟东方朔《十洲记》:"凤麟洲在西海中央,仙家煮凤喙及麟角合煎作膏,名之为续弦胶,能续弓弩断弦。刀剑断折之金,以胶连续之,使力士掣之,他处乃断,所续之际,终无断也。"汉武不信未详。

㊱《魏志·三少帝纪》:"景初三年,西域重译献火浣布,语大将军、太尉临试,以示百寮。"《搜神记》:"汉世西域旧献此布,中间久绝,至魏初时,人疑其无有。文帝以为火性酷烈,无含生之气,著之《典论》,明其不然。及明帝立,诏刊石庙门之外及太学,永示来世。至是西域献之,于是刊灭此论,天下笑之。"

㊲【重校】《〈广弘明〉集》作"石"。

㊳【补】祝,之又切。幻,音患。

㊴【重校】〈十变五化〉,《〈广弘明〉集》作"千变万化"。

㊵《列子·周穆王篇》:"穆王时,西极之国有化人来,入水火,贯金石,反山川,移城邑,乘虚不坠,触石不碍。"张湛注:"化人,幻人也。"张衡《西京赋》:"奇幻儵忽,易貌分形;吞刀吐火,云雾杳冥;画地成川,流渭通泾。"【补】《御览》载孔伟《七引》云:"弄幻之术,因时而作,粿瓜种菜,立起寻尺。投芳送臭,卖黄售白。"碍,音碍。儵,与"倏"同。粿,"耘"本字。

㊶【重校】〈出妙塔乎〉,《〈广弘明〉集》作"生妙塔乎。"【补】《法苑珠林》:"神通感应,不可思量,宝幢百由旬,化成净坐,涌生妙塔。"释玄应注《放光般若经》:"由旬,正言逾缮那,此译云合也应也,计合应尔许度量,同此方驿逻也。案:五百弓为一拘卢舍,八拘卢舍为一逾缮那,即此方三十里也,言古者圣王一日所行之里数也。"又注《涅槃经》云:"缮那亦有大小,或八俱卢舍,或四俱卢舍。一俱卢舍谓大牛鸣音,其声五里。昔来俱取八俱卢舍,即四十里也。"【案】两说不同,又古者天子吉行五十里,师行乃三十里耳。颜氏以幻术相比况,然则释氏之说亦尽皆幻术耳,而乃笃信之,何哉?量,吕张切。幢,宅江切。塔,亦作墖,西域浮屠也。

释二曰:夫信谤之征,①有如影响;耳闻目见,其事已多。或乃精诚不深,业缘未感,②时傥差阑,③终当获报耳。善恶之行,祸福所归。④九流百氏,皆同此论,岂独释典为虚妄乎?⑤项橐⑥、颜回之短折,⑦伯夷、原宪⑧之冻馁,⑨盗跖、庄蹻之福寿,⑩齐景、桓魋之富强,⑪若引之先业,冀以后生,更为通⑫耳。如以行善而偶钟祸报,为恶而傥值福征,便生怨尤,即为欺诡,则亦尧、舜之云虚,周、孔之不实也,又欲安所依信而立身乎?⑬

①【重校】〈徵〉，《〈广弘明〉集》作"兴"。

② 王巾《头陀寺碑》："宅生者缘，业空则缘废。"李善注引《维摩经》："如影从身，业缘生见。"僧肇曰："身，众缘所成，缘合则起，缘散则离。"《金光明经》："所谓无明缘行，行缘识，识缘名，名缘色，色缘受，受缘触，触缘爱，爱缘取，取缘有，有缘生，生缘老死忧悲苦恼灭聚。"

③【补】恍，本亦作"党"，古同"恍"。差，初牙切。阑，犹晚也，谓报应或有差互而迟晚也。【重校】〈阑〉，《〈广弘明〉集》作"闲"。

④【补】行，下孟切。

⑤《汉书·艺文志》："一儒家流，二道家流，三阴阳家流，四法家流，五名家流，六墨家流，七纵横家流，八杂家流，九农家流，十小说家流。其可观者九家而已"范宁《穀梁传序》："九流分而微言隐。"疏不数小说家。《汉书·叙传》："总百氏赞篇章。"

⑥【重校】《〈广弘明〉集》作"托"。

⑦《战国·秦策》："甘罗曰：'项橐生七岁而为孔子师。'"【补】《淮南·修务训》作"项托"，其短折未详。《家语·弟子解》："颜回二十九而发白，三十一早死。"

⑧【重校】《〈广弘明〉集》互易，是。

⑨【补】《韩诗外传》一："原宪居鲁，环堵之室，茨以蒿莱，蓬户瓮牖，桷桑而无枢。上漏下湿，匡坐而弦歌。子贡往见之，原宪楮冠黎杖而应门，正冠则缨绝，振襟则肘见，纳履则踵决。子贡曰：'嘻！先生何病也？'原宪仰而应之曰：'宪贫也，非病也。'"《史记·伯夷传》："义不食周粟，隐于首阳山，采薇而食之，遂饿死。"

⑩《伯夷传》："盗跖日杀不辜，肝人之肉，暴戾恣睢，聚党数千人，横行天下，竟以寿终。"跖，亦作"蹠"，并之石切。《正义》："跖者，黄帝时大盗之名，以柳下惠弟为天下大盗，故世仿古号之盗跖。"【案】《庄子》有《盗跖篇》。《华阳国志·南中志》："南中在昔夷越之地。周之季世，楚威王遣将军庄蹻溯沅水，出且兰，以伐夜郎。既降，而秦夺楚黔中地，无路得反，留王滇池。蹻，楚庄王苗裔也。"【补】高诱注《淮南·主术训》云："庄

蹻，楚威王之将军，能大为盗也。"蹻，其虐切，又去遥切。

⑪【补】齐景公有马千驷，见《论语》。桓魋，宋司马向魋也，司马牛之兄，宋景公嬖之，后欲害公，不能而出奔。《礼记·檀弓上》："桓司马自为石椁三年而不成。"此足以见其富强矣。魋，杜回切。

⑫【重校】《〈广弘明〉集》作"实"。

⑬【补】《淮南·诠言训》："君子为善，不能使福必来；不为非，而不能使祸无至。福之至也，非其所求，故不伐其功；祸之来也，非其所生，故不悔其行。"《论衡·幸偶篇》："孔子曰：'君子有不幸而无有幸，小人有幸而无不幸。'"今为释氏之学者，大率以利诳诱人，以祸恐喝人者也，知道之君子，庶不为所惑焉。

释三曰：开辟已来，不善人多而善人少，①何由悉责其精絜乎？②见有名僧高行，弃而不说；③若睹凡僧④流俗，便生非⑤毁。且学者之不勤，岂教者之为过？俗僧之学经律，何异世人之学《诗》《礼》？以⑥《诗》《礼》之教，格朝廷之人，略无全行者；以经律之禁，格出家之辈，而独责无犯哉？⑦且阙行之臣，犹求禄位；毁禁之侣，何惭供养乎？其于戒行，自当有犯。一披⑧法服，已堕僧数，岁中所计，斋讲诵持，比诸白衣，犹不啻山海也。⑨

①【补】见《庄子·胠箧篇》。

②【补】絜，古"洁"字，俗本即作"洁"。

③【补】行，下孟切，下同。

④【重校】《〈广弘明〉集》作"猥"。

⑤【重校】《〈广弘明〉集》作"诽"。

⑥【重校】《〈广弘明〉集》无此字，下句同。

⑦【补】格，犹裁也。

⑧【重校】《〈广弘明〉集》作"被"，是。

⑨【补】僧衣缁，故谓世人为白衣。山海以喻比流辈为高深也。颜氏此言又显为犯戒者解脱矣。

释四曰：内教多途，出家自是其一法耳。若能诚孝在心，仁惠为本，须达、流水，不必剃落须①发，②岂令罄井田而起塔庙，穷编户以为僧尼也？皆由为政不能节之，遂使非法之寺妨民稼穑，无业之僧空③国赋算，④非大觉之本旨也。⑤抑又论之：求道者，身计也；惜费者，国谋也。身计国谋，不可两遂。诚臣徇主而弃亲，孝子安家而忘国，各有行也。儒有不屈王侯，高尚其事；⑥隐有让王辞相，避世山林。⑦安可计其赋役，以为罪人？若能偕化黔首，悉入道场，⑧如妙乐之世，禳⑨佉之国，⑩则有自然稻米，无尽宝藏，安求田蚕之利乎？⑪

①【重校】《〈广弘明〉集》作"髦"。

② 未详。

③ 宋本作"失"。

④【补】《汉书·高帝纪》："四年八月，初为算赋。"如淳曰："《汉仪注》：民年十五以上至五十六出赋钱，人百二十为一算，为治库兵车马。"

⑤ 僧肇曰："佛者何也？盖穷理尽性，大觉之称也。"【补】《阿育王经》："如来大觉于菩提树下觉诸法。"《佛地论》："佛者，觉也。觉一切种智，复能开觉有情。"

⑥【补】《易·蛊·上九爻辞》"不屈"作"不事"。

⑦【补】《庄子》有《让王篇辞》："相如、颜阖、庄周之辈皆是。"

⑧【补】《史记·秦始皇本纪》："二十六年更名民曰黔首。"《集解》："应劭曰：'黔，亦黎黑也。'"《梁书·处士传》："庾诜，字彦宝，晚年尤遵释教，宅内立道场，环绕礼忏。"

⑨【重校】《〈广弘明〉集》作"儴"，是。

⑩《佛说弥勒成佛经》："其先转轮圣王名儴佉，有四种兵，不以威武治，四天下。"【补】佉，邱於切。【重校】各本"穰"并从禾。案：当作"儴"。

⑪【补】今之缁徒，每艳称极乐国世界，思衣得衣，思食得食，此理之所必无者，只可以诳诱贪痴惰窳之庸夫耳。夫非勤身苦力而坐获美利，君子方以为惧，辞而不居，即信如斯言，亦必非意之所乐也。

释五曰：形体虽死，精神犹存。人生在世，望于后身似不相①属；②及其殁后，则与前身似犹老少朝夕耳。世有魂神，示现③梦想，或降童妾，或感妻孥，求索饮食，④征须福佑，亦为不少矣。⑤今人贫贱疾苦，莫不怨尤前世不修功业，以此而论，安可不为之作⑥地乎？⑦夫有子孙，自是天地间一苍生耳，何预⑧身事？而乃爱护，遗其基址，况于己之神爽，顿欲弃之哉？⑨凡夫蒙⑩蔽，不见未来，故言彼生与今⑪非一体耳；若有天眼，鉴其念念随灭，生生不断，岂可不怖畏邪？⑫又君子处世，贵能克己复礼，⑬济时益物。治家者欲一家之庆，治国者欲一国之良。仆妾臣民，与身竟何亲也，而为勤苦修德乎？亦是尧、舜、周、孔虚失愉乐耳。⑭一人修道，济度几许苍生？免脱几身罪累？幸熟思之！汝曹若观俗计，⑮树立门户，不弃妻子，未能出家，但当兼修戒行，⑯留心诵读，以为来世津梁。人生难得，无虚过也。⑰

167

①【重校】《〈广弘明〉集》作"连"。

②【补】之欲切。

③【重校】《〈广弘明〉集》作"亦见"。

④【补】索,所戟切。

⑤【补】世亦有黠鬼,能效人语言。有久客在外者,其家思之,鬼即为若人语其家,言客死之苦,求索征须,无所不至。未几而其人归矣,此焉可尽信为真实哉?

⑥【重校】《〈广弘明〉集》有"福"字,是。

⑦【补】为,于伪切,下同。

⑧【重校】《〈广弘明〉集》作"以"。

⑨【补】昭七年《左氏传》:"子产曰:'人生始化曰魄,既生魄,阳曰魂,用物精多,则魂魄强。是以有精爽至于神明。'"此神爽即精爽也。【重校】《〈广弘明〉集》"哉"作"乎",下有"故两疏得其一隅,累代咏而弥光矣"十四字,当补入。【案】疎,与"疏"同。《汉书·疏广传》:"广字仲翁,东海兰陵人也。地节三年,立皇太子,广为太傅。兄子受,字公子,为少傅。在位五岁,乞骸骨,赐黄金二十斤,皇太子赠以五十斤。既归,日令家共具设酒食,请族人故旧宾客,相与娱乐,子孙几立产业基阯。广曰:'自有旧田庐,足以共衣食,此金圣主所以惠养老臣也,故乐与乡党宗族共飨其赐。'"此云得其一隅者,盖子孙固当爱护,而己为尤重,两疏则知重己矣,是得其一隅也。此两句正与上文意相足。

⑩【重校】《〈广弘明〉集》作"矇"。

⑪【重校】《〈广弘明〉集》有"生"字,是。

⑫《金刚经》:"如来有天眼者。"《涅槃经》:"天眼通非碍,肉眼碍非通。"

⑬【补】见《左氏·昭十二年传》。

⑭【补】为,于伪切。乐,音洛。

⑮【补】观,疑"规"字之误。【重校】《〈广弘明〉集》作"人生居世,须顾俗计。"

⑯【补】下孟切。

⑰【案】下当分段。

儒家君子,尚离庖厨,见其生不忍其死,闻其声不食其肉。①高柴、折像,未知内教,皆能不杀,②此乃仁者自然用心。③含生之徒,莫不爱命;去杀之事,必勉行之。④好杀之人,临死报验,⑤子孙殃祸,其数甚多,不能悉⑥录耳,且示数条于末。

① 见《孟子》。

②【沈氏考证】《家语·弟子行》:"高柴启蛰不杀,方长不折。"《后汉·方术传》:"折像幼有仁心,不杀昆虫,不折萌芽。"【案】今《家语》本"弟子行"作"弟子解"。赵注:《后汉书》:"折象,字伯武,广汉雒川人。"

③【重校】《〈广弘明〉集》有"也"字。

④【补】去,羌举切。

⑤【补】好,呼到切。

⑥【重校】《〈广弘明〉集》作"具"。

梁世①有人,常以鸡卵白和沐,云使发光,每沐辄二三十枚。临死,发中但闻②啾啾数千鸡雏③声。

①【重校】《〈广弘明〉集》作"时"。

②【重校】《〈广弘明〉集》作"临终但闻发中"。

③【重校】《〈广弘明〉集》有"之"字。

江陵刘氏,以卖鳝羹为业。后生一儿,头①是鳝,自颈②

以③下方为人耳。④

> ① 宋本有"俱"字,衍。【重校】《〈广弘明〉集》有"具"字,是。
> ② 宋本作"胫",讹。
> ③【重校】《〈广弘明〉集》作"已"。
> ④【补】鳝,常演切。《后汉书·杨震传》作"鳣",即鳝也,黄质而黑文,似蛇。宋本作"鳝",乃俗字。

王克为永嘉郡守,①有人饷羊,集宾欲燕。而羊绳解,来投一客,先跪两拜,便入衣中。此客竟不言之,固无救请。须臾,宰羊为羹,先行至客。一脔入口,便下皮内,周行遍体,痛楚号叫,方复说之。遂作羊鸣而死。②

> ①《宋书·州郡志》:"永嘉太守,晋明帝太宁元年分临海立。"【重校】《〈广弘明〉集》无"守"字。
> ②【补】号,户刀切。复,扶又切。

梁孝元在江州时,有人为望蔡县令,①经刘敬躬乱,②县廨被焚,③寄寺而住。民将牛酒作礼,县令以牛系刹柱,④屏除形像,⑤铺设床坐,于堂上接宾。未杀之顷,牛解,径来至阶而拜,县令大笑,命左右宰之。饮噉醉饱,⑥便卧檐下。稍⑦醒而⑧觉体痒,爬搔隐⑨疹,因尔成癞,十许⑩年死。⑪

> ①《宋书·州郡志》:"豫章太守下有望蔡县。汉灵帝中平中,汝南上蔡民分徙此地,立县名曰上蔡。晋武帝太康元年更名。"
> ②【补】《梁书·武帝纪下》:"大同八年春正月,安城郡民刘敬躬挟

左道以反,内史萧诜委郡东奔,敬躬据郡进攻庐陵,取豫章,妖党遂至数万,前逼新淦、柴桑。二月,江州刺史湘东王遣中兵曹子郢讨之,擒敬躬,送京师,斩于建康市。"

③【补】《广韵》:"廲,古隘切,公廲也。"

④【补】刹,初鎋切,旛柱也。释玄应《众经音义》:"刹,字书无此,即刹字略也。"【案】《开元尊胜幢》作"刹"字。【重校】《〈广弘明〉集》无"柱"字。

⑤【补】屏,昪政切。

⑥【补】啖,徒滥切,亦作"啗"。"餤"同。

⑦ 宋本作"投"。【重校】《〈广弘明〉集》作"投"。

⑧【重校】《〈广弘明〉集》作"即",是。

⑨【重校】《〈广弘明〉集》作"癊"。

⑩【重校】《〈广弘明〉集》作"余"。

⑪【补】《玉篇》:"痒,余两切。痛,痒也,又作癢,同。""疹,皮外小起也。"癩,《说文》作"疠",恶疾也。

杨思达为西阳郡守,①值侯景乱,时复旱俭,饥民盗田中麦。思达遣一部曲守视,②所得盗者,辄截手腕,③凡戮十余人。部曲后生一男,自然无手。

①《晋书·地理志》:"弋阳郡统西阳县,故弦子国。"《宋书·孝武帝纪》:"大明二年复西阳。"

②【补】《续汉书·百官志》:"大将军营五部,部校尉一人,部下有曲,曲有军侯一人。"

③〈腕〉,宋作"掔"。

齐有一奉朝请,①家甚豪侈,非手杀牛,②啖之不美。年三十许,病笃,大见牛来,举体如被刀刺,叫呼而终。

①【补】《宋书·百官志下》:"奉朝请,无员,亦不为官。汉东京罢省三公、外戚、宗室、诸侯多奉朝请。奉朝请者,奉朝会请召而已。"朝,陟遥切。请,疾政切。

②【重校】《〈广弘明〉集》有"则"。

江陵高伟,随吾入齐,凡数年,向幽州淀中捕鱼。①后病,每见群鱼啮之而死。

① 淀,堂练切。《玉篇》:"浅水也。"【案】今北方亭水之地皆谓之淀,此幽州淀,疑即今赵北口地。

世有痴人,不识仁义,不知富贵并由天命。为子娶妇,①恨其生资不足,倚作舅姑之尊②,蛇虺其性,毒口加诬,不识忌讳,骂辱妇之父母,却成教妇不孝己身,③不顾他恨。但怜己之子女,不爱己之儿妇。④如此之人,阴纪其过,鬼夺其算。慎不可与为邻,何况交结乎?避之哉!⑤

①【补】为,于伪切。

②〈尊〉,宋本作"大"。

③ 俗本作"却云教以妇道,不孝己身",为今从宋本。

④ 宋本作"不爱其妇"。

⑤ 俗本作"仍不可与为援,宜远之哉",今从宋本。宋本在《涉务篇》末,俗本在此。今案:此段亦言因果,附此为是。【重校】末"痴人"一条,《弘明集》无。

卷第六

书证第十七

《诗》云："参差荇菜。"《尔雅》云："荇，接余也。"字或为莕。^①先儒解释皆云：水草，圆叶细茎，随水浅深。今是水悉有之，黄花似莼，^②江南俗亦呼为猪莼，^③或呼为荇菜。刘芳具有注释。^④而河北俗人多不识之，博士皆以参差者是苋菜，呼人苋为人荇，^⑤亦可笑之甚。

①《尔雅》："莕，接余，其叶苻。"《释文》："莕音杏，本亦作荇。接，如字，《说文》作菨，音同。"【案】今此书俗间本作"菨"，宋本作"接"。

②【补】莼，亦作"莼"。《广韵》："莼，蒲秀。"又："莼，水葵也。"

③【补】《政和本草》："凫葵，即莕菜也，一名接余。"唐本注云："南人名猪莼，堪食。"别本注云："叶似莼，茎涩，根极长，江南人多食，云是猪莼，全为误也。猪莼与丝莼同一种，以春夏细长肥滑为丝莼，至冬短为猪莼，亦呼为龟莼，此与凫葵殊不相似也。"

④《隋书·经藉志》："《毛诗笺音证》十卷，后魏太常卿刘芳撰。"【补】《魏书·刘芳传》："芳字伯文，彭城人。"《传》内"音证"作"音义证"，本卷后亦云"刘芳义证"。

⑤《尔雅》："蒉，赤苋。"注："今苋菜之有赤茎者。"【补】《本草图经》："苋有六种，有人苋、赤苋、白苋、紫苋、马苋、五色苋。入药者，人、白二苋，其实一也，但人苋小而白苋大耳。"

《诗》云："谁谓荼苦?"①《尔雅》《毛诗传》并以荼，苦菜也。②又《礼》云："苦菜秀。"③案：《易统通卦验玄图》曰："苦菜生于寒秋，更冬历春，得夏乃成。"④今中原苦菜则如此也。一名游冬，叶似苦苣而细，摘断⑤有白汁，花黄似菊。⑥江南别有苦菜，叶似酸浆，⑦其花或紫或白，子大如珠，熟时或赤或黑，此菜可以释劳。案：郭璞注《尔雅》，⑧此乃蘵黄蒢也，⑨今河北谓之龙葵。⑩梁世讲《礼》者，以此当苦菜；既无宿根，至春方生耳，亦大误也。又高诱注《吕氏春秋》曰："荣而不实曰英。"苦菜当言英，⑪益知非龙葵也。

①【补】宋本即接"《礼》云苦菜秀"，在此句下。今案文不顺，故不从宋本。

②【补】《经典序录》："河间人大毛公为《诗故训传》，一云鲁人，失其名。"《初学记》："荀卿授鲁国毛亨，作《诂训传》以授赵国毛苌。"【案】"故"与"诂"同。传，张恋切。

③《月令·孟夏》文。

④【补】《隋书·经籍志》："《易统通卦验玄图》一卷，不著撰人。"更，工衡切。

⑤【补】《唐本草》注引此"摘断"作"断之"，吴仁杰《离骚草木疏》引此亦有"之"字。

⑥《本草》："白苣，似莴苣，叶有白毛，气味苦寒。又，苦菜，一名苦苣。"【补案】：苦苣，即苦蘵，江东呼为苦荬。《广雅》："荬，蘵也。"【案】蘵、苣、蘵同。《唐本草注》："颜说与桐君略同。"

⑦【补】《尔雅》："蔵，寒浆。"注："今酸浆草，江东呼曰苦蔵。"

⑧《隋书·经籍志》："《尔雅》五卷，郭璞注。《图》十卷，郭璞撰。"

⑨《尔雅》"蘵黄蒢"注："蘵草叶似酸浆，花小而白，中心黄，江东以

作葅食。"

　　⑩《古今注》："苦蔵，一名苦藏，子有裹形，如皮弁。始生青，熟则赤，裹有实，正圆如珠，亦随裹青赤。"《唐本草》注："苦藏，叶极似龙葵，但龙葵子无壳，苦藏子有壳。"

　　⑪《隋书·经籍志》："《吕氏春秋》二十六卷，秦相吕不韦撰，高诱注。"【补】此注见《孟夏纪》。荣而不实者谓之英，本《尔雅》文。

　　《诗》云："有杕之杜。"江南本并"木"傍施"大"，《传》曰："杕，独皃也。"① 徐仙民音徒计反。②《说文》曰："杕，树貌也。"在木部。③《韵集》音"次第"之"第"，④ 而河北本皆为"夷狄"之"狄"，读亦如字，此大误也。

　　①【补】皃，古"貌"字，宋本即作"貌"，下并同。
　　② 徐仙民名邈，《晋书》在《儒林传》。《隋书·经籍志》："《毛诗音》十六卷，徐邈等撰。《毛诗音》二卷，徐邈撰。"
　　③ 同上："《说文》十五卷，许慎撰。"
　　④ 同上："《韵集》六卷，晋安复令吕静撰。"

　　《诗》云："骊骊牡马。"江南书皆作"牝牡"之"牡"，河北本悉为"放牧"之"牧"。邺下博士见难①云："《駉》颂既美僖公牧于坰野之事，何限骘骘乎？"② 余答曰："案：《毛传》云：'骊骊，良马腹干肥张也。'其下又云：'诸侯六闲四种：有良马，戎马，田马，驽马。'若作放牧之意，通于牝牡，则不容限在良马独得"骊骊"之称。③ 良马，天子以驾玉辂，诸侯以充朝聘郊祀，必无骘也。《周礼·圉人职》：'良马，匹一人。驽马，丽一人。'圉人所养，④ 亦非骘也；颂人举其强骏者言之，于义为得也。《易》曰：'良马逐逐。'⑤《左传》云：'以其良马二。'⑥亦精骏之称，非通语也。今以《诗》传良马，通于牧騳，恐失毛生之意，且不见刘芳《义证》乎？"⑦

①【补】〈难〉，乃旦切。

②《诗序》："《駉》，颂僖公也。公能遵伯禽之法，俭以足用，宽以爱民，务农重谷，牧于坰野，鲁人尊之。于是季孙行父请命于周，而史克作是颂。"【案】《唐石经》初刻"牝牡"之"牡"，后改"放牧"之"牧"，陆德明《释文》作"牡"，云《说文》同，《正义》改作"牧"。【沈氏考证】騳騀，诸本皆作"驲骆"，独谢本作"騳騀"。考之字书：騳，牝马也；騀，牡马也。颜氏方辩"駉駉牡马"，故博士难以"何限于騳騀"？后又言"必无騳也"，"亦非騳也"，义益明白。"驲骆"二字虽见《駉》颂施之于此，全无意义，故当从谢本。

③【补】〈称〉，昌孕切，下同。

④【补】案此下当有"良马"二字。

⑤《易·大畜》："九三，良马逐，利艰贞。"【案】《释文》："郑康成本作'逐逐'，云两马走也。"是此书所本。

⑥ 见宣公十二年。

⑦《周礼·夏官·校人》："天子十有二闲，马六种；邦国六闲，马四种；家四闲，马二种。凡马特居四之一。"注："郑司农云四之一者，三牝一牡。"段云："以周官考之，则有牡无牝之说全非。"【补】案《校人职》又云："驽马三良马之数。"康成注："良，善也。"则《毛传》所云良马，亦只言善马耳。凡执驹攻特之政，皆因其牝牡相杂处耳。坰野放牧之地，亦非驾辂朝聘祭祀可比，自当不限騳騀。《鄘风·干旄》亦言良马，何必定指为牡？况《毛传》以良马、戎马、田马、驽马四种为言者，意在分配。《駉》之四章，统言之则皆得良马之名，析言之则良马乃四种之一。《左传》云："赵旃以其良马二济其兄与叔父，以他马反，遇敌不能去。"此正善与驽之

别也。作《传》者岂屑屑致辨于牝牡之间乎？颜氏引证亦殊未确。

　　《月令》云："荔挺出。"郑玄注云："荔挺，马薤也。"①《说文》云："荔，似蒲而小，根可为刷。"《广雅》云："马薤，荔也。"②《通俗文》亦云马蔺。③《易统通卦验玄图》云："荔挺不出，则国多火灾。"蔡邕《月令章句》云："荔似挺。"④高诱注《吕氏春秋》云："荔草挺出也。"然则《月令》注荔挺为草名，误矣。河北平泽率生之。江东颇有此物，人或种于阶庭，但呼为旱蒲，故不识马薤。讲《礼》者乃以为马苋⑤堪食，亦名豚耳，俗名马齿。江陵尝有一僧，面形上广下狭；刘缓幼子民誉，年始数岁，俊晤善体物，见此僧云："面似马苋。"其伯父⑥缓因呼为荔挺法师。缓亲讲礼名儒，尚误如此。⑦

　　①【补】薤，本作"韰"，户戒切。
　　②《隋书·经籍志》："《广雅》三卷，魏博士张揖撰。"
　　③ 同上："《通俗文》一卷，服虔撰。"
　　④ 同上："《月令章句》十二卷，汉左中郎将蔡邕撰。"【补案】荔似挺，语不明，据《本草图经》引作"荔以挺出"，当是也。
　　⑤【重校】宋本叠"马苋"二字，是。
　　⑥ 俗间本有"刘"字。
　　⑦ 刘缓、刘绍注并见卷二中。

　　《诗》云："将其来施施。"《毛传》云："施施，难进之意。"郑《笺》云："施施，舒行貌也。"《韩诗》亦重为"施施"。河北《毛诗》皆云"施施"。江南旧本，悉单为"施"，俗遂是之，恐有①少误。

①〈有〉，宋本作"为"。

《诗》云："有渰萋萋，兴云祁祁。"①《毛传》云："渰，阴云貌。萋萋，云行儿。祁祁，徐儿也。"《笺》云："古者，阴阳和，风雨时，其来祁祁然，不暴疾也。"案：渰已是阴云，何劳复云"兴云祁祁"耶？②"云"当为"雨"，俗写误耳。班固《灵台诗》云："三光宣精，五行布序。习习祥风，祁祁甘雨。"此其证也。③

①【宋本元注】《诗》"兴雨祁祁"注云："兴雨如字，本作'兴云'，非。"【案】此乃陆德明《释文》中语，非颜氏所注。

②【补】复，扶又切。

③段云："云自下而上，雨自上而下，故《素问》曰：'地气上为云，大气下为雨。'诸书皆言'兴云''作云'，无有言'兴雨'者。《韩诗外传》《吕氏春秋》《汉书》皆作'兴云祁祁'。'兴云祁祁，雨我公田'，如言'英英白云，露彼菅茅'也。"【补】案《盐铁论·水旱篇》《后汉书·左雄传》皆作"兴雨祁祁"，观《笺》"其来不暴疾"之语，自指雨言。《金石录》及《隶释》载《无极山碑》作"兴云"。洪氏谓："汉代言《诗》者自不同。"斯言得之。

《礼》云："定犹豫，决嫌疑。"①《离骚》曰："心犹豫而狐疑。"先儒未有释者。案：《尸子》曰："五尺犬为犹。"②《说文》云："陇西谓犬子为犹。"吾以为人将犬行，犬好豫在人前，待人不得，又来迎候，如此返往，至于终日，斯乃豫之所以为未定也，故称犹豫。或以《尔雅》曰："犹如麂，善登木。"犹，兽名也，既闻人声，乃豫缘木，如此上下，故称犹豫。③狐之为兽，又多猜疑，故听河冰无流水声，然后敢渡。今俗云：

"狐疑,虎卜。"则其义也。④

①【补】"决嫌疑,定犹与",《礼记·曲礼上》文。《释文》:"与,音预,本亦作豫。"

②《隋书·经籍志》:"《尸子》二十卷,秦相卫鞅上客尸佼撰。"【补】今新出《尸子·广释篇》作"大犬为豫,五尺"。

③【补】颜师古注《汉书·高后纪》"犹豫",即同此二义。《史记·吕后本纪》作"犹与",《索隐》:"犹,邹音以兽切。与,亦作豫。崔浩云:'犹,猿类也,卬鼻长尾。'又《说文》云:'犹,兽名,多疑。'故比之也。今解者又引《老子》'与兮若冬涉川,犹兮若畏四邻',故以为犹与且按狐听冰,而此云'与兮冬涉川',则与是狐类不疑。不保同类,故云'畏四邻'也。"《曲礼上·正义》:"《说文》云:'犹,兽名,玃属。'与,亦是兽名,象属。此二兽皆进退多疑,人多疑惑者似之。"

④《虎苑》:"虎知冲破,每行以爪画地,卜食观奇偶而行,今人画地卜曰虎卜。"

齐侯疥,遂痁。①《说文》云:"痎,二日一发之疟。痁,有热疟也。"案:齐侯之病,本是间日一发,②渐加重乎故,为诸侯忧也。今北方犹呼痎疟,音皆。而世间传本多以"痎"为"疥",杜征南亦无解释,③徐仙民音介,俗儒就为通云:"病疥,令人恶寒,变而成疟。"④此臆说也。疥癣小疾,何足可论,宁有患疥转作疟乎?⑤

①见《左氏·昭廿年传》。

②【补】间,纪苋切。

③《晋书·杜预传》:"预字元凯,位征南大将军,自称有《左传》癖。"

④ 令,力呈切。恶,乌路切。疟,宋作"痁"。

⑤ 段云:"改'疥'为'痎',其说非是,见陆德明《释文》,《正义》则主'痎'说居多。"

《尚书》曰:"惟景響。"①《周礼》云:"土圭测影,景朝景夕。"②《孟子》曰:"图景失形。"③《庄子》云:"罔两问景。"④如此等字,皆当为"光景"之"景"。凡阴景者,因光而生,故即谓为景。《淮南子》呼为景柱,⑤《广雅》云:"晷柱挂景。"⑥并是也。至晋世葛洪《字苑》,傍始加彡,⑦音于景反。而世间辄改治《尚书》《周礼》《庄》《孟》从葛洪字,甚为失矣。⑧

① 《大禹谟》文。

② 《地官·大司徒》:"以土圭之法测土深,正日景以求地中,日南则景短多暑,日北则景长多寒,日东则景夕多风,日西则景朝多阴。"深,尺鸩切。

③ 【补】《孟子外书·孝经第三》:"传言失指,图景失形,言治者尚覈实。"

④ 【补】见《齐物论》。郭注:"罔两,景外之微阴也。"

⑤ 【补】《俶真训》:"以鸿蒙为景柱,而浮扬乎无畔崖之际。"

⑥ 《释天》:"晷柱,景也。"无"挂"字,此疑衍。

⑦ 【元注】〈彡〉,音杉。【案】《洪传》及《隋书·经籍志》皆不载所撰《字苑》,《南史·刘杳传》尝引其书。

⑧ 段云:"惠定宇说汉《张平子碑》即有'影'字,不始于葛洪。汉末所有之字,洪亦采集而成,非自造也。"

太公《六韬》,有天陈、地陈、人陈、云鸟之陈。①《论语》

曰："卫灵公问陈于孔子。"《左传》："为鱼丽之陈。"②俗本多作阜傍车乘之车。③案诸陈队，并作陈、郑之陈。④夫行陈之义，取于陈列耳，此六书为假借也。⑤《苍》《雅》及近世字书，皆无别字；唯王羲《小学章》，独阜傍作车。⑥纵复俗行，⑦不宜追改《六韬》《论语》《左传》也。

① 《隋书·经籍志》："太公《六韬》五卷，《文韬》《武韬》《龙韬》《虎韬》《豹韬》《犬韬》。"【补】《六韬》："武王问太公曰：'凡用兵，为天阵、地阵、人阵，奈何？'太公曰：'日月星辰斗杓，一左一右，一迎一背，此谓天阵。丘陵水泉，亦有左右前后之利，此谓地阵。用马用人，用文用武，此谓人阵。'"又："武王问曰：'引兵入诸侯之地，高山磐石，其避无草木，四面受敌，士卒迷惑，为之奈何？'太公曰：'当为云鸟之阵。'"【案】此书作"阵"字，俗。【补注】注引《六韬》，见《三陈篇》。又下所引，今本在《乌云山兵篇》。下又有《乌云泽兵篇》，云："鸟散而云合，变化无穷者也。"凡"乌"皆"鸟"字之讹。案：《握奇经》："八陈，天、地、风、云为四正，飞龙、翼虎、鸟翔、蛇蟠为四奇。"杜少陵诗："共说总戎云鸟陈。"正本此，可知"乌"乃误字也。

② 见桓五年。【补】丽，力知切。

③ 【补】乘，实证切。

④ 陈队，俗本作"陈"字，今从宋本。【补】"陈郑"之"陈"，并如字，下陈列同。

⑤ 【补】行，音杭。《周礼·地官》："保氏养国子以道，教之六艺，五曰六书。"注："郑司农曰：'六书，象形、会意、转注、处事、假借、谐声也。'"许慎《说文》："假借者，本无其字，依声托事，令长是也。"【重校】此下疑当有"于"字。

⑥ 《隋书·经籍志》："《小学篇》一卷，晋下邳内史王羲撰。"诸本并作王羲之，乃妄人谬改，而《佩觿》及《唐志》皆从之，失考之甚。

⑦【补】复，扶又切。

　　《诗》云："黄鸟于飞，集于灌木。"《传》云："灌木，丛木也。"此乃《尔雅》之文，故李巡注曰："木丛生曰灌。"《尔雅》末章又云："木族生为灌。"族亦丛聚也。①所以江南《诗》古本皆为"丛聚"之"丛"，而古"丛"字似"冣"字，近世儒生，因改为"冣"，解云："木之冣高长者。"②案：众家《尔雅》及解《诗》无言此者，唯周续之《毛诗注》，音为徂会反；③刘昌宗《诗注》，音为在公反，又徂会反。④皆为穿凿，失《尔雅》训也。⑤

　　①【补】郭注："族，丛。"
　　②"丛聚"之"丛"，俗本作"藂聚"之"藂"。【案】藂，俗"丛"字，而《汉书·息夫躬传》已有之。又有"樷"字，见《东方朔传》。师古曰："古丛字也。"其下皆从取。段氏则以为《诗传》本是"冣木"，"冣"与"聚"与"丛"古通用，《说文》在冖部，才句切，积也。又月部：最，祖会切，犯而取也，俗作冣，故易与冣混。
　　③宋本有"又音祖会反"五字，似衍。《宋书·隐逸传》："周续之，字道祖，雁门广武人。年十二，诣豫章太守范宁受业，通《五经》并纬候。高祖践阼，为开馆东郊外，招集生徒，素患风痹，不复堪讲，乃移病钟山，景平元年卒。通《毛诗》六义及《礼》，论《公羊传》，皆传于世。"
　　④宋本"祖"作"狙"。
　　⑤【补】刘昌宗，《经典释文》载之于李轨、徐邈之间，当是晋人，有《周礼》《仪礼音》各一卷，《礼记音》五卷。其《毛诗音》，《匡谬正俗》引两条，一"鹊巢笺""冬至加功"，刘、周等音"加"为"架"；一"采蘩传""山夹水曰涧"，刘、周又音夹为颊。《集韵》又引其《尚书音》《左传音》，而《隋·经籍志》皆不载。

　　"也"是语已及助句之辞，文籍备有之矣。河北经传，悉略此字，其间字有不可得无者，至如"伯也执殳"，[①]"于旅也语"，[②]"回也屡空"，[③]"风，风也，教也"，[④]及《诗传》云："不戢，戢也；不傩，傩也。"[⑤]"不多，多也。"[⑥]如斯之类，傥削此文，颇成废阙。《诗》言："青青子衿。"《传》曰："青衿，青领也，学子之服。"[⑦]按：古者，斜领下连于衿，故谓领为衿。孙炎、郭璞注《尔雅》，曹大家注《列女传》，并云："衿，交领也。"[⑧]邺下《诗》本，既无"也"字，群儒因谬说，云："青衿、青领，是衣两处之名，皆以青为饰。"用释"青青"二字，其失大矣！又有俗学，闻经传中时须"也"字，辄以意加之，每不得所，益成[⑨]可笑。

　　①《诗·卫风·伯兮》文。

　　②《仪礼·乡射礼》记文。

　　③《论语》文。

　　④《诗小序》文。

　　⑤ 见《小雅·桑扈》篇。

　　⑥ 见《大雅·卷阿》篇。

　　⑦ 见《郑风》。

　　⑧ 郭注见《尔雅·释器》"衣眥谓之襟"下，曹注今已亡。

　　⑨〈成〉，本皆作"诚"，讹，今改正。

　　《易》有蜀才注，[①]江南学士，遂不知是何人。王俭《四部目录》，不言姓名，题云："王弼后人。"[②]谢炅、[③]夏侯该，[④]并读数千卷书，皆疑是谯周。[⑤]而《李蜀书》一名《汉之书》，[⑥]云："姓范名长生，自称蜀才。"南方以晋家[⑦]渡江后，北间传记，皆名为伪书，不贵省读，故不见也。

①《隋书·经籍志》："《周易》十卷，蜀才注。"

②《南齐书·王俭传》："俭字仲宝，琅邪临沂人，专心笃学，手不释卷。解褐秘书郎，太子舍人，超迁秘书丞。上表求校坟籍，依《七略》选《七志》四十卷，上表献之，又撰定《元徽四部书目》。"《隋书·经籍志》："魏氏代汉，采掇遗亡，藏在秘书中外三阁。秘书郎郑默始制《中经》，秘书监荀勖更著《新簿》，分为四部，一曰甲部，二曰乙部，三曰丙部，四曰丁部。其后中朝遗书稍流江左。宋元嘉八年，秘书监谢灵运造《四部目录》，大凡六万四千五百八十二卷。元徽元年王俭又造目录，大凡一万五千七百四卷。"

③【补】〈炅〉，古迥切。

④ 宋本注云：一本"该"字下注云："五代和宫傅凝本作'谈'、作'咏'未定。"【案】《隋书·经籍志》："《汉书音》二卷，夏侯咏撰。"作"咏"为是。

⑤《蜀志·谯周传》："周字允，巴西西充国人，耽古笃学，研精《六经》，尤善书札。丞相亮领益州牧，命为劝学从事。"

⑥《隋书·经籍志》："《汉之书》十卷，常璩撰。"

⑦ 俗本无，宋本有。

《礼·王制》云："赢股肱。"①郑《注》云："谓搴衣出其臂胫。"②今书皆作"擐甲"之"擐"。国子博士萧该云：③"擐当作搴，音宣，擐是穿著之名，非出臂之义。"④案《字林》，萧读是，徐爰音患，非也。⑤

①【补】赢，力果切。

②【补】〈胫〉，胡定切。

③【补】《隋书·儒林·何妥传附》："兰陵萧该者，梁鄱阳王恢之孙

也。少封攸侯，梁荆州陷，与何妥同至长安。性笃学，《诗》《书》《春秋》《礼记》并通大义，尤精《汉书》，甚为贵游所礼。开皇初，赐爵山阴县公，拜国子博士，奉诏书与妥正定经史，然各执所见，递相是非，久而不能就，上谴而罢之。该后撰《汉书》及《文选音义》，咸为当时所贵。”

④【补】著，张略切。

⑤《字林》已见前。段云：“捋，《说文》只作援，其云‘纕，援臂也’，纕即‘攘臂’字。”

《汉书》：“田肎贺上。”[①]江南本皆作“宵”字。沛国刘显，博览经籍，偏精班《汉》，梁代谓之《汉》圣。显子臻，不坠家业。[②]读班史，呼为田肎。梁元帝尝问之，答曰：“此无义可求，但臣家旧本，以雌黄改‘宵’为‘肎’。”元帝无以难之。[③]吾至江北，见本为“肎”。

① 俗本“肎”作“肯”，乃俗字。

②《梁书·刘显传》：“显字嗣芳，沛国相人，博涉多通。显有三子，莠、荏、臻，臻早著名。”《隋书·文学·刘臻传》：“臻字宣挚，梁元帝时迁中书舍人，江陵陷没，入周，冢宰宇文护辟为中外府记室，军书羽檄多成其手。”

③【补】难，乃旦切。

《汉书·王莽·赞》云：“紫色䵷[①]声，余分闰位。”盖谓非玄黄之色，不中律吕之音也。近有学士，名问甚高，遂云：“王莽非直鸢髆虎视，而[②]复紫色䵷声。”亦为误矣。[③]

①〈䵷〉，俗本“蛙”，下同。

② 〈而〉，俗本无，宋本有。

③ 此条已见前《勉学篇》。鸢髆虎视，彼作"鸱目虎吻"，与《汉书》合。

简策字，竹下施束，^①末代隶书，似杞、宋之宋，^②亦有竹下遂为夹者；犹如刺字之傍应为束，今亦作夹。^③徐仙民《春秋》《礼音》，^④遂以筴为正字，以策为音，殊为颠倒。《史记》又作悉字，误而为述；^⑤作妒字，误而为妬；裴、^⑥徐、邹皆以悉字音述，以妒字音妬。^⑦既尔，则亦可以亥为豕字音，以帝为虎字音乎?^⑧

① 【元注】〈束〉，七赐反。

② 《书断》："隶书，下邽人程邈所作也。邈始为县吏，得罪始皇，幽系云阳狱中，覃思十年，损益大小篆方员而为隶书三千字，奏之始皇，始皇善之，用为御史。以奏事繁多，篆字难成，乃用隶字，以为吏人佐书，务趋便捷，故曰隶书。"

③ 段云："《曲礼》挟训箸，《字林》作筴，则筴不可以代策明矣。"

④ 《隋书·经籍志》："《春秋左氏传音》三卷，《礼记音》三卷，并徐邈撰。"

⑤ 【重校】"又"字似当在"史记"上。

⑥ 〈裴〉，俗本脱，宋本作"衮"，亦误。段云："当作裴。"

⑦ 同上："《史记》八十卷，宋南中郎外兵参军裴骃注。《史记音义》十二卷，宋中散大夫徐野民撰。《史记音》三卷，梁轻车录事参军邹诞生撰。"

⑧ 《家语·弟子解》："子夏反卫，见读史志者云：'晋师伐秦，三豕渡河。'子夏曰：'非也，己亥耳。'读史志者问诸晋史，果曰己亥。"《抱朴子·遐览篇》："谚曰：书三写，鱼成鲁，帝成虎。"

张揖云：“虙，今伏羲氏也。”孟康《汉书》古文注亦云：“虙，今伏。”① 而皇甫谧云：“伏羲或谓之宓羲。”按诸经史纬候，遂无宓羲之号。虙字从虍，② 宓字从宀，③ 下俱为必，末世传写，遂误以虙为宓，而《帝王世纪》因更立名耳。④ 何以验之？ 孔子弟子虙子贱为单父宰，⑤ 即虙羲之后，俗字亦为宓，或复加山。今兖州永昌郡城，旧单父地也，东门有《子贱碑》，汉世所立，乃曰：“济南伏生，即子贱之后。”是知“虙”之与“伏”，古来通字，误以为宓，较可知矣。⑥

① 《隋书·经籍志》：“梁有《汉书孟康音》九卷。”

② 【元注】〈虍〉，音呼。

③ 【元注】〈宀〉，音绵。

④ 《帝王世纪》即皇甫谧所著。

⑤ 【补】单父音善甫。

⑥ 《汉书·儒林传》：“伏生，济南人，故为秦博士。孝文时求能治《尚书》者，时伏生年九十余，老不能行，于是诏太常使掌故晁错往受之，得二十八篇。”

《太史公记》曰：“宁为鸡口，无为牛后。”① 此是删《战国策》耳。② 案：延笃《战国策音义》曰：“尸，鸡中之主。从，牛子。”然则，“口”当为“尸”，“后”当为“从”，俗写误也。③

① 见《苏秦传》。

② 见《韩策》。

③ 《隋书·经籍志》：“《战国策论》一卷，汉京兆尹延笃撰。”【补】案：口、后韵协。秦正以牛后鄙语激发韩王，安得如延笃所言乎？ 且鸡尸之

语,别无他证,奈何信之?

应劭①《风俗通》②云:"《太史公记》:'高渐离变名易姓,为人庸保,匿作于宋子,③久之作苦,闻其家堂上有客击筑,④伎痒,不能无出言。'"案:伎痒者,怀其伎而腹痒也。是以潘岳《射雉赋》亦云:"徒心烦而伎痒。"⑤今《史记》并作"徘徊",⑥或作"彷徨不能无出言",是为俗传写误耳。

  ①〈劭〉,宋本作"邵"。
  ② 同上:"《风俗通义》三十一卷,《录》一卷,应劭撰,梁三十卷。"【案】今止存十卷。
  ③《史记·刺客传·集解》:"徐广曰:'宋子,县名,今属巨鹿。'"
  ④ 宋本作"闻其家堂,客有击策",讹。
  ⑤【补】潘赋本作"伎儴"。徐爰注:"有伎艺而欲逞曰伎儴。音'养'。"李善注引《风俗通》作"伎养,不能毋出言"。"养"与"儴"同,"毋"与"无"同。
  ⑥〈徘徊〉,宋本作"俳佪"。

太史公论英布曰:"祸之兴自爱姬,生于妒媢,以至灭国。"①又《汉书·外戚传》亦云:"成结宠妾妒媢之诛。"②此二"媢"并当作"媚",媚亦妒也,义见《礼记》《三苍》。③且《五宗世家》亦云:"常山宪王后妒媢。"④王充《论衡》云:"妒夫媢妇生,则忿怒斗讼。"⑤益知"媢"是"妒"之别名。原英布之诛,为意贲赫耳,不得言媢。⑥

  ①《史记·黥布传》:"布,六人也,姓英氏。背楚归汉,立为淮南王。

信、越诛，布大恐，阴聚兵候伺旁郡警急。所幸姬疾，请就医。医家与中大夫贲赫对门，赫自以为侍中，乃厚馈遗，从姬饮医家，姬侍王，誉赫长者，具说状，王疑其与乱，欲捕赫，赫诣长安上变。"

②传云："孝成赵皇后、女弟赵昭仪，姊妹专宠十余年，卒皆无子。帝暴崩，皇太后诏大司马莽与御史、丞相、廷尉问发病状，昭仪自杀。哀帝即位，尊皇后为皇太后，司隶解光奏言，赵氏杀后宫所产诸子，请事穷竟。哀帝为太子，亦颇得赵太后力，遂不竟其事。哀帝崩，王莽白太后，诏贬为孝成皇后，又废为庶人，就其园自杀。"【案】所引是议郎耿育疏中语，今本《汉书》仍作"媢"，《史记·黥布传·索隐》引作"媚"。

③【补】《礼记·大学》："媢，疾以恶之。"郑："媢，妬也。"《史记·五宗世家·索隐》：郭璞注《三苍》，云："媢，丈夫妒也。"又云："妒女为媢。"

④《世家》："常山宪王舜，以孝景中五年用皇子为常山王。王有所不爱姬生长男棁，王后脩生太子勃。王内多幸姬，王后希得幸。及宪王病，王后亦以妒媢不常侍病，辄归舍。医进药，太子勃不自尝药，又不宿留侍病，及薨，王后、太子乃至，宪王雅不以棁为人数，太子代立，又不收恤棁，棁怨王后、太子。汉使者视宪王丧，棁自言王病时王后、太子不侍，及薨六日出舍，及勃私奸等事。有司请废王后脩，徙王勃，以家属处房陵，上许之。"

⑤【补】《论死篇》："妒夫媢妻，同室而处，淫乱失行，忿怒斗讼。"

⑥【沈氏考证】《说文》："媢夫妒妇也。"益可明颜氏之说。

《史记·始皇本纪》："二十八年，丞相隗林、丞相王绾等，议于海上。"诸本皆作"山林"之"林"。开皇二年五月，①长安民掘得秦时铁称权，旁有铜涂镂铭二所。其一所曰："廿六年，皇帝尽并兼天下诸侯，黔首大安，立号为皇帝，乃诏丞相状、绾，法度量劓②不壹歉疑者，皆明壹之。"凡四十字。其一所曰："元年，制诏丞相斯、去疾，法度量，尽始皇帝为之,皆有③刻辞焉。今袭号而④刻辞不称始皇帝,其于久远也,⑤如后嗣为之者,不称成功盛德,刻此诏□⑥左,使毋疑。"凡五十八字,一字磨灭,见有五十七字,了了分明。⑦其书兼为古隶。余被敕写读之,与内史令李德林对,见此⑧称权,今在官库。其"丞相状"字,乃为"状貌"之"状",爿旁作犬,则知俗作"隗林",非也,当为"隗状"耳。⑨

① 开皇,隋文帝年号。

② 【元注】〈劓〉,音则。

③ 沈氏空一格。

④ 〈而〉,本作"所",沈氏改。

⑤ 〈也〉,本作"世",沈氏改。

⑥ 沈氏不空。

⑦ 【沈氏考证】蜀有秦权二铭,篆文明具,因备载之,以考颜氏之异。"廿六年,皇帝尽并兼天下诸侯,黔首大安,立号为皇帝,乃诏丞相状、绾,法度量,劓不壹歉疑者,皆明壹之。"凡四十字,颜氏亦言四十字,而今本有四十一字,盖误以廿字为二十字。"明壹之",颜氏误作"壹明之",义未安,当从篆本。劓,古"则"字,谢本音"制",非。壹,古壹字。"元年,制诏丞相斯、去疾,法度量,尽始皇帝为之,皆有刻辞焉。今袭号而刻辞不称始皇帝,其于久远也,如后嗣为之者,不称成功盛德,刻此诏,故刻左,使毋疑。"凡六十字,颜氏称五十八字,一字磨灭,见有五十七字,了了分明。"皆有刻辞焉",颜氏无"有"字。"而刻辞不称",颜氏误以"而"字作"所"字。"其于久远也",颜氏误以"也"字作"世"字。《说文》"乜"注云:"秦刻石。""也"字,权铭正作乜字。"刻此诏,故刻左",颜氏缺"故刻"二字,而云"一字磨灭",字数不同,恐颜氏所见秦权自有异同,故仍从颜氏。若"而"字、"也"字则真误矣,故改焉。【补】案今《家训》亦作"明壹之",当是后人所改正。海盐张燕昌芑堂云:"郑夹漈以石鼓文'殹'字与秦权'殹'

字同,遂疑石鼓文为秦制,则秦权似当作'殹'。"文弨案:颜所见是"亡"字,与"世"形近,故误作"世",必非"殹"字。或郑所见之权又不同。

⑧〈此〉,俗本作"在"。

⑨《隋书·李德林传》:"德林,字公辅,博陵安平人,除中书侍郎。齐主召入文林馆,又令与黄门侍郎颜之推同判文林馆事。高祖受顾命,为丞相府属。登阼之日,授内史令。"

《汉书》云:"中外禔福。"①字当从示。禔,安也,音"匙匕"之"匙",义见《苍雅》《方言》。河北学士皆云如此。而江南书本,多误②从手,属文者对耦,并为提挈之意,恐为误也。

① 见《司马相如传》。

② 下云"恐为误",则此处"误"字衍。

或问:"《汉书》注:'为元后父名禁,故禁中为省中。'何故以'省'代'禁'?"答曰:"案:《周礼·宫正》:'掌王宫之戒令糺①禁。'郑《注》云:'糺,犹割也,察也。'②李登云:'省,察也。'张揖云:'省,今省詧也。'③然则小井、所领二反,并得训察。其处既常有禁卫省察,故以'省'代'禁'。詧,古察字也。"

①〈糺〉,今书作"纠",乃正字,注同。

② 宋本注:一本无"犹割也"三字。【案】本注:元有。

③ 段云:"此盖出《古今字诂》,谓'𥄗'今字作'省'。"

《汉明帝纪》:"为四姓小侯立学。"①按:桓帝加元服,又赐四姓及梁、邓小侯帛，②是知皆外戚也。明帝时，外戚有樊氏、郭氏、阴氏、马氏为四姓。谓之小侯者，或以年小获封，故须立学耳。③或以侍祠猥朝，侯非列侯，故曰小侯，《礼》云："庶方小侯。"则其义也。④

　①"汉"上当有"后"字。【补】在永平九年。

　②【补】《后汉书·桓帝纪》："建和二年春正月甲子，皇帝加元服，赐四姓及梁、邓小侯、诸夫人以下帛各有差。"四姓见下。《皇后纪》："和熹邓皇后，讳绥，太傅禹之孙。父训，护羌校尉。顺烈梁皇后，讳妠，大将军商之女。"

　③同上《樊弘传》："弘字靡卿，南阳湖阳人，世祖之舅。"《皇后纪》："光武郭皇后，讳圣通，真定槀人。父昌，仕郡功曹。光烈阴皇后，讳丽华，南阳新野人，兄识为将。明德马皇后，伏波将军援之小女。"

　④《礼记·曲礼下》："庶方小侯，入天子之国曰'某人'，于外曰'子'，自称曰'孤'。"

《后汉书》云："鹳雀衔三鳝①鱼。"多假借为"鳣鲔"之"鳣"，俗之学士，因谓之为鳝鱼。案：《魏武四时食制》：②"鳣鱼大如五斗奁，长一丈。"郭璞注《尔雅》："鳣长二三丈。"③安有鹳雀能胜一者，④况三乎？鳣又纯灰色，无文章也。鳝鱼长者不过三尺，大者不过三指，黄地黑文，故都讲云："蛇鳝，卿大夫服之象也。"⑤《续汉书》⑥及《搜神记》⑦亦说此事，皆作"鳝"字。孙卿云："鱼鳖鳅鳝。"及《韩非》《说苑》⑧皆曰："鳝似蛇，蚕似蠋。"并作"鳝"字。假"鳣"为"鳝"，其来久矣。

①【元注】〈鱓〉，音善。

②【案】《魏武食制》，唐人类书多引之，而《隋》《唐志》皆不载，《唐志》有《赵武四时食注》一卷，非此书。

③ 郭注："鱣，大鱼，似鱓而短，鼻口在颔下，体有邪行，甲无鳞，肉黄。大者长二三丈，今江东呼为黄鱼。"

④【补】胜，音升。

⑤《后汉书·杨震传》："震字伯起，弘农华阴人，常客居于湖，不答州郡礼命数十年。后有冠雀衔三鱣鱼，飞集讲堂前，都讲取鱼进，曰：蚖鱣者，卿大夫服之象也。数三者，法三台也。先生自此升矣。"注："冠，音贯，即鹳雀也。鱣、鱓字古通，长不过三尺，黄地黑文，故都讲云然。"【案】都讲，高第弟子之称也。

⑥《隋书·经籍志》："《续汉书》八十三卷，晋秘书监司马彪撰。"

⑦ 同上："《搜神记》三十卷，晋干宝撰。"

⑧ 同上："《韩非子》二十卷，韩公子非撰。《说苑》二十卷，汉刘向撰。"【补】《荀子·富国篇》："鼋鼍鱼鳖鳅鱣，以别一而成群。"《韩非·说林下》："鱣似蛇，人见蛇则惊，骇渔者持鱣。"《说苑·说丛篇》："鱓欲类蛇。"今本不作"鱣"。

《后汉书》："酷吏樊晔为天水郡守，①凉州为之歌曰：'宁见乳虎穴，不入冀府寺。'"②而江南书本"穴"皆误作"六"。学士因循，迷而不寤。夫虎豹穴居，事之较者，③所以班超云："不探虎穴，安得虎子？"④宁当论其六七耶？

①《隋书·地理志》："天水郡统县六，有冀城。"【补】案《续汉书·郡国志》："凉州汉阳郡。"刘昭注："武帝置为天水，永平十七年更名。"

②《酷吏传》："樊晔，字仲华，南阳新野人，为天水太守，政严猛。"章怀注："乳，产也。猛兽产乳，护其子，则搏噬过常，故以为喻。"《释名》：

"寺,嗣也。官治事者相嗣续于其内也。"【补】案诸本皆作"晔城寺",讹,今据本传改。其歌曰:"游子常苦贫,力子天所富。宁见乳虎穴,不入冀府寺。大笑期必死,怂怒或见置。嗟我樊府君,安可再遭值。"

③【补】较,音教,明著貌。

④《后汉书·班超传》:"超字仲升,扶风平陵人。使西域,到鄯善,王礼敬甚备,后忽疏懈。召问侍胡曰:'匈奴使来,今安在?'胡具服其状,超乃会其吏士三十六人激怒之,官属皆曰:'今在危亡之地,死生从司马。'超曰:'不入虎穴,不得虎子。因夜以火劫,虏必大震怖,可尽殄也。'"

《后汉书·杨由传》云:"风吹削肺。"①此是削札牍之柿耳②古者,书误则削之,故《左传》云"削而投之"是也。③或即谓札为削,王褒《童约》曰:"书削代牍。"④苏竟书云:"昔以摩研编削之才。"⑤皆其证也。《诗》云:"伐木浒浒。"《毛传》云:"浒浒,柿貌也。"史家假借为肝肺字,俗本因是悉作"脯腊"之"脯",或为"反哺"之"哺"。⑥学士因解云:"削哺,是屏障之名。"既无证据,亦为妄矣!此是风角占候耳。《风角书》曰:"庶人风者,拂地扬尘转削。"若是屏障,何由可转也?⑦

①《方术传》:"杨由,字哀侯,成都人。有风吹削哺,太守以问由,由对曰:'方当有荐木实者,其色黄赤,顷之五官掾献橘数包。'"章怀注:"哺,当作肺。"

②【补】柿,《说文》作"枾",削木札朴也,从木尣声。陈楚谓桱为枾,芳吷切。案:今人皆作柿,《说文》以为赤实果也。

③《左氏·襄廿七年传》:"宋向戌欲弭诸侯之兵以为名,晋、楚皆许之。既盟,请赏,公与之邑六十,以示子罕。子罕曰:'天生五材,民并用

之,圣人以兴,乱人以废,皆兵之由也。而子求去之,不亦诬乎?以诬道蔽诸侯,罪莫大焉,纵无大讨,而又求赏,无厌之甚也。'削而投之,左师辞邑。"

④ 已见前卷。【补】童,宋本作"僮"。【案】《说文》:"童,奴也。僮,幼也。"则俗本作"童"是,从之。

⑤《后汉书·苏竟传》:"竟字伯况,扶风平陵人。建武五年拜侍中,以病免。初,延岑护军邓仲况拥兵据南阳阴县为寇,而刘歆兄子龚为其谋主,竟与龚书,晓之曰:'走昔以摩研编削之才,与国师公从事出入,校定秘书,窃自依依,末由自远。'"云云。

⑥ 宋本有"字"字。

⑦《隋书·经籍志》:"《风角要占》十二卷,余不胜举。"

《三辅决录》云:①"前队大夫范仲公,盐豉蒜果共一箭。""果"当作"魏颗"之"颗"。②北土通呼物一由,③改为一颗,"蒜颗"是俗间常语耳。故陈思王《鹞雀赋》曰:④"头如果蒜,目似擘椒。"⑤又道经云:"合口诵经声璨璨,眼中泪出珠子碟。"⑥其字虽异,其音与义颇同。江南但呼为"蒜符",不知谓为"颗"。学士相承,读为"裹结"之"裹",言盐与蒜共一苞裹,⑦内筒中耳。《正史削繁》⑧音义又音"蒜颗"为苦戈反,皆失也。⑨

① 同上:"《三辅决录》七卷,汉太仆赵岐撰,挚虞注。"

② 魏颗,晋大夫,见宣十五年《左氏传》。

③〈由〉,音块。

④《说文》:"鹞,挚鸟也。"【补】此赋《艺文类聚》载之。

⑤【沈氏考证】诸本皆作《雀鹞赋》。又云"蒜果"者,非。

⑥【补】《玉篇》:“乌火切。”

⑦ 俗本作“共苞一裹”。

⑧《隋书·经籍志》:“《正史削繁》九十四卷,阮孝绪撰。”

⑨【补】今人言颗,俱从苦戈切,又言蒜蒲,疑上“符”字当为“苻”,苻有蒲音,《左传》“萑苻”是也。

有人访吾曰:“《魏志》蒋济上书云‘弊攰之民’,是何字也?”余应之曰:“意为‘攰’即是‘皵倦’之‘皵’耳。[1]张揖、吕忱并云:‘支傍作刀剑之刀,亦是‘剞’字。’不知蒋氏自造支傍作‘筋力’之力,或借‘剞’字,终当音九伪反。”

①【元注】《要用字苑》云:“皵,音九伪反,字亦见《广雅》及《陈思王集》也。”《魏志·蒋济传》:“济字子通,楚国平阿人,为护军将军,加散骑常侍。景初中,外勤征役,内务宫室,而年谷饥俭,济上疏曰:‘今虽有十二州,民数不过汉时一大郡,农桑者少,衣食者多,今其所急,唯当息耗百姓,不至甚弊。弊攰之民,傥有水旱,百万之众,不为国用。’”【补】皵,《集韵》作“攱”。《要用字苑》,即葛洪之书,宋本注内作“攱”。又《广雅》上有“广苍”,无“也”字。

《晋中兴书》:[1]“太山羊曼,常颓纵任侠,饮酒诞节,兖州号为䵣伯。”[2]此字皆[3]无音训。梁孝元帝尝谓吾曰:“由来不识。唯张简宪见教,呼为‘嚃羹’之‘嚃’。[4]自尔便遵承之,亦不知所出。”简宪是湘州刺史张缵谥也,[5]江南号为硕学。案:法盛世代殊近,当时耆老相传;俗间又有‘䵣䵣’语,[6]盖无所不施,[7]无所不容之意也。[8]顾野王《玉篇》[9]误为‘黑傍沓’。顾虽博物,犹出简宪、孝元之下,而二人皆曰重边。吾所见数本，并无作"黑"者。重沓是多饶积厚之意，从"黑"更无义旨。

①《隋书·经籍志》："七十八卷，起东晋，宋湘东太守何法盛撰。"

②《晋书·羊曼传》："曼字祖延，任达颓纵，好饮酒。温峤等同志友善，并为中兴名士。时州里称陈留阮放为宏伯，高平郗鉴为方伯，泰山胡母辅之为达伯，济阴卞壶为裁伯，陈留蔡谟为朗伯，阮孚为诞伯，高平刘绥为委伯，而曼为鴱伯，号兖州八伯，盖拟古之八儁。其后更有四伯：大鸿胪陈留江泉以能食为谷伯，豫章太守史畴以太肥为笨伯，散骑郎高平张嶷以狡妄为猾伯，而曼弟聃字彭祖，以狼戾为琐伯，盖拟古之四凶。"

③〈皆〉，俗本作"更"。

④【补】《礼记·曲礼上》："毋噮羹。"音他合切。

⑤《梁书·张缅传》："缵字伯绪，缅第三弟也，为岳阳王詧所害。元帝承制，侍中，中卫将军，开府仪同三司，谥简宪。"

⑥ 宋本"鴱鴱"之下"语"字之上有"音沓"二大字，今本改作小字，各本无。【补】段云"音沓语，谓音沓语之'沓'也。"【文弨案】段氏之说，古诚有之。颜氏却无此文法。且方辨鴱伯之音，何必于俗间之言先为之作音乎？此本谓俗间有鴱鴱之语耳，宋本不当从。

⑦ 宋本作"见"，非。

⑧【补案】今谓多言者为"佟佟諮諮"。《荀子·正名篇》："愚者之言，芴然而粗，啧然而不类，諮諮然而沸。"与颜氏所解不同。颜氏自谓当时人语意如此，必不误也。今人堆物，亦云"沓沓"，与"无所不容"意颇近之，若无所不施，与《孟子》所言似亦相近也。

⑨《隋书·经籍志》："《玉篇》三十一卷，陈左将军顾野王撰。"《唐书·经籍志》："三十卷"。【案】今本同《唐志》。

《古乐府》歌词，先述三子，次及三妇，妇是对舅姑之称。^①其末章云:"丈人且安坐,调弦未遽央。"^②古者,子妇供事舅姑,且夕在侧,与儿女无异,故有此言。丈人亦长老之目,今世俗犹呼其祖考为先亡丈人。又疑"丈"当作"大",北间风俗,妇呼舅为大人公。"丈"之与"大",易为误耳。近代文士,颇作《三妇诗》,乃为匹嫡并耦己之群妻之意,又加郑、卫之辞,大雅君子,何其谬乎?^③

①【补】〈称〉,尺证切。

②《乐府·清调曲·相逢行》:"相逢狭路间,道隘不容车。不知何年少,夹毂问君家。君家诚易知,易知复难忘。黄金为君门,白玉为君堂。堂上置尊酒,作使邯郸倡。中庭生桂树,华灯何煌煌。兄弟两三人,中子为侍郎。五日一来归,道上自生光。黄金络马头,观者盈道傍。入门时左顾,但见双鸳鸯。鸳鸯七十二,罗列自成行。音声何嚯嚯,鹤鸣东西厢。大妇织绮罗,中妇织流黄。小妇无所为,挟瑟上高堂。丈人且安坐,调丝方未央。"【案】又一首《长安有狭邪行》末云:"丈人且徐徐,谓弦讵未央。"【补】案"讵未央"必本是"未渠央"。"渠"与"遽"音义同,故颜即引作"未遽央"。若"讵"之训为"岂","岂未央"则是已过中矣,不与《诗》意大相左乎?《诗·小雅·庭燎》曰:"夜未央。"《笺》云:"夜未央,犹言夜未渠央也。"《诗》意本此,若"巨"字亦可读为"渠",《汉书·高帝纪》:"项伯告羽曰:'沛公不先破关中,公巨能入乎?'"服虔曰:"巨,音渠,犹未应得入也。"案:服氏之解最妙,言"公遽能入乎",乃颜师古转以服说为非,而读"巨"为"讵",言"公岂能入乎",语索然矣。与改诗为"讵未央"者,其见解正相似耳。

③【补】宋南平王铄始仿乐府之后六句作《三妇艳》诗,犹未甚猥亵也。梁昭明太子、沈约俱有"良人且高卧"之句,王筠、刘孝绰尚称"丈人",吴均则云"佳人",至陈后主乃有十一首之多,如"小妇正横陈,含娇情未吐"等句,正颜氏所谓郑、卫之辞也。张正见亦然,皆大失本指。《梁

元帝纂要》:"楚歌曰艳。"

《古乐府歌·百里奚词》曰:"百里奚,五羊皮。忆别时,烹伏雌,吹扊扅。^①今日富贵忘我为!"^②"吹"当作"炊煮"之"炊"。案:蔡邕《月令章句》^③曰:"键,关牡^④也,所以止扉,^⑤或谓之剡移。"然则当时贫困,并以门牡木作薪炊耳。《声类》作"扊",^⑥又或作"㸑"。^⑦

①【补】余染、余之二切。

②《乐府解题》引《风俗通》:"百里奚为秦相,堂上乐作,所赁澣妇自言知音,呼之,搏髀援琴抚弦,而歌者三问之,乃其故妻,还为夫妇也。"此所举乃其首章。

③《隋书·经籍志》:"《月令章句》十二卷,汉中郎将蔡邕撰。"

④ 宋本又有"牡"字,衍。

⑤ 宋本有"也"字,亦衍。

⑥ 宋本有"扅"字,衍。同上:"《声类》十卷,魏左校令李登撰。"

⑦《玉篇》:"同扊。"

《通俗文》世间题云"河南服虔字子慎造"。虔既是汉人,其《叙》乃引苏林、张揖,苏、张皆是魏人,且郑玄以前,全不解反语,^①《通俗》反音,甚会^②近俗。阮孝绪又云"李虔所造"。河北此书,家藏一本,遂无作李虔者。^③晋《中经簿》^④及《七志》,^⑤并无其目,竟不得知谁制。然其文义允惬,实是高才。殷仲堪《常用字训》,^⑥亦引服虔《俗说》,今复无此书,^⑦未知即是《通俗文》,为当有异?或更有服虔乎?不能明也。

① 【补】反,与"翻"同,下同。

② 俗本作"为",非。

③ 段云:"李密一名虔,见李善《文选注》。"

④ 已见前。

⑤ 《隋书·经籍志》:"王俭又撰《七志》,一曰《经典志》,纪六艺、小学、史记、杂传;二曰《诸子志》,纪今古诸子;三曰《文翰志》,纪诗赋;四曰《军书志》,纪兵书;五曰《阴阳志》,纪阴阳图纬;六曰《术艺志》,纪方技;七曰《图谱志》,纪地域及图书。其道佛附见,合九条。"

⑥ 同上:"梁有《常用字训》一卷,殷仲堪撰,亡。"

⑦ 【补】复,扶又切。

　　或问:"《山海经》,夏禹及益所记,而有长沙、零陵、桂阳、诸暨,如此郡县不少,以为何也?"①答曰:"史之阙文,为日久矣,加复秦人灭学,②董卓焚书,③典籍错乱,非止于此。譬犹《本草》,神农所述,④而有豫章、朱崖、赵国、常山、奉高、真定、临淄、冯翊等郡县名,⑤出诸药物;《尔雅》周公所作,⑥而云'张仲孝友';仲尼修《春秋》,而经书孔丘卒;⑦《世本》左丘明所书,⑧而有燕王喜、汉高祖;《汲冢琐语》,乃载《秦望碑》;⑨《苍颉篇》李斯所造,而云'汉兼天下,海内并厕,豨黥韩覆,畔讨灭残';⑩《列仙传》刘向所造,而赞云七十四人出佛经;⑪《列女传》亦向所造,其子歆又作《颂》,⑫终于赵悼后,⑬而《传》有更始韩夫人、⑭明德马后⑮及梁夫人嫕。⑯皆由后人所羼,非本文也。"⑰

　　①《汉书·地理志》:"长沙国,秦郡。零陵郡,武帝元鼎六年置。桂阳郡,高帝置。会稽郡,秦置,有诸暨县。"

②《史记·秦始皇本纪》："丞相李斯请史官非秦记皆烧之,非博士官所职,天下敢有藏《诗》《书》、百家语者,悉诣守尉杂烧之。有敢偶语《诗》《书》者弃市。令下三十日,不烧,黥为城旦。"

③《后汉书·董卓传》："迁天子西都长安,悉烧宗庙官府居家,二百里内无复孑遗。"

④《隋书·经籍志》："《神农本草》八卷,又四卷,雷公集注。"

⑤《汉书·地理志》："豫章郡,高帝置。合浦郡,武帝元鼎六年开,县五,有朱卢。(《续志》作'朱崖'。)赵国,故秦邯郸郡,高帝四年为赵国。常山郡,高帝置。泰山郡,高帝置,县二十四,有奉高。真定国,武帝元鼎四年置。齐郡,县十二,有临淄,师尚父所封。左冯翊,故秦内史,武帝太初元年更改。"

⑥唐陆德明《经典释文·序录》："《尔雅释诂》一篇,盖周公所作。《释言》以下或言仲尼所增,子夏所足,叔孙通所益,梁文所补,张揖论之详矣。"

⑦《春秋》："哀公十有六年夏四月己丑,孔某卒。"杜注："仲尼既告老去位,犹书卒者,鲁之君臣,宗其圣德,殊而异之。"

⑧【元注】此说出皇甫谧《帝王世纪》。《汉书·艺文志》："《世本》十五篇,古史官记黄帝以来讫春秋时诸侯大夫。"

⑨《晋书·束皙传》："太康二年,汲郡人不准盗发魏襄王墓,或言安釐王冢,得竹书数十车,有《琐语》十一篇,诸国卜梦妖怪相书也。"《史记·秦始皇本纪》："三十七年,上会稽祭大禹,望于南海,而立石刻颂秦德。"

⑩【补】阳湖孙渊如定作"残灭",以颜氏为非。

⑪【补】今所传本七十人,分江妃二女为二,亦止七十一人,赞无出佛经之语。

⑫《隋书·经籍志》："《列女传》十五卷,刘向撰,曹大家注。《列女传颂》一卷,刘歆撰。"

⑬【补】赵悼倡后,赵悼襄王之后也。《史记·赵世家·集解》徐广

引《列女传》曰:"邯郸之倡。"

⑭《后汉书·刘圣公传》:"圣公为更始将军,后即皇帝位,宠姬韩夫人尤嗜酒,每侍饮,见常侍奏事辄怒,曰:'帝方对我饮,正用此时持事来乎?'起抵破书案。"《列女传》所载略同。

⑮ 已见。

⑯《列女传》:"梁夫人嫕者,梁竦之女,樊调之妻,汉孝和皇帝之姨,恭怀皇后之同产姊也。恭怀后生和帝,窦后欲专恣,乃诬陷梁氏。后窦后崩,嫕从民间上书讼焉。"

⑰【沈氏考证】《说文》:"羼,羊相厕也。"一曰"相出前也",初限切。

或问曰:"《东宫旧事》①何以呼鸱尾为祠尾?"答曰:"张敞者,吴人,不甚稽古,随宜记注,逐乡俗讹谬,造作书字耳。吴人呼祠祀为鸱祀,故以祠代鸱字;②呼绀为禁,故以糸傍作禁代绀字;③呼盏为竹简反,故以木傍作展④代盏字;呼镬字为霍字,故以金傍作霍⑤代镬字;又金傍作患为镮字,木傍作鬼为魁字,⑥火傍作庶为炙字,既下作毛为髻字;金花则金傍作华,窗扇则木傍作扇。诸如此类,专辄不少。"

① 《隋书·经籍志》:"《东宫旧事》十卷。"

② 〈字〉,俗本脱,宋本有。

③ 【补】《说文》糸,读若覛,莫狄切。各本作"系",乃"繫"字讹,

④ 各本有"以"字,衍。

⑤ 〈霍〉,宋本作"雀"。

⑥ 俗本"魁"作"槐"。案:《说文》槐,从木,鬼声。则是正体当如此。宋本作"魁"。《说文》:"羹斗也。"今以"槐"为"魁",方是误,故定从宋本。

又问:"东宫旧事'六色罽緿',是何等物? 当作何音?"答曰:"案:《说文》云:'菁,牛藻也,读若威。'《音隐》:'坞瑰反。'①即陆机②所谓'聚藻,叶如蓬'者也。③又郭璞注《三苍》亦云:'蕰,藻之类也,细叶蓬茸生。'然今水中有此物,一节长数寸,细茸如丝,圆绕可爱,长者二三十节,犹呼为菁。④又寸断五色丝,横著线股间绳之,⑤以象菁草,用以饰物,即名为菁;于时当绀六色罽,作此菁以饰绳带,张敞因系造旁畏耳,宜作隈。"⑥

① 【沈氏考证】《说文》:"菁,牛藻也,从艸君声,读若威,渠陨切。"与颜氏所引不同,未详。【补】《隋书·经籍志》:"《说文音隐》四卷。"宋本此书"音隐"下有"疑是隈字"四字,此不知"音隐"是书名,误认为"菁"字作音耳。沈氏考证亦但疑"渠陨"与"坞瑰"有异,则此当又在沈之后校者所加,非出沈氏,今故删去。至"渠陨切"乃徐铉等所加,不可为据。《音隐》所音,正与"读若威"合,当从之。

② 宋本作"玑"。

③《隋书·经籍志》:"《毛诗草木虫鱼疏》二卷,乌程令吴郡陆机撰。"【补】《经典释文·序录》:"陆玑字符恪,吴太子中庶子,乌程令。"【案】诸书多有作"陆机"者,无妨二人同名。颜氏所引,语在《诗·召南》"于以采藻"句下。

④ 【补】今人俱呼为"蕰",与威音亦一声之转。

⑤ 【补】著,侧略切。

⑥ 【补】系,别本讹"丝",宋本作"系",亦讹,今改正。末云"宜作隈","隈"字似当作"菁"。【重校】今案:非也。"隈"下或本有"音"字,脱去耳,以答"其緿是何音"之问也。

柏人城东北有一孤山,古书无载者。①惟阚骃《十三州志》②以为舜纳于大麓,即谓此山,其上今犹有尧祠焉。世俗或呼为宣务山,或呼为虚无山,莫知所出。赵郡士族有李穆叔、季节兄弟,李普济,亦为学问,并不能定乡邑此山。余③尝为赵州佐,④共太原王邵读柏人城西门内碑。碑是汉桓帝时柏人县民为县令徐整所立,铭曰:"山⑤有巏嵍,⑥王乔所仙。"方知此巏嵍山也。⑦巏字遂无所出。嵍字依诸字书,⑧即旄丘之旄也。旄字,《字林》一音亡付反,⑨今依附俗名,当音"权务"耳。入邺,为魏收说之,收大嘉叹。值其为赵州庄严寺碑铭,因云:"权务之精。"即用此也。

①【补】柏人,汉县,晋以前皆属赵国。《隋书·地理志》改为柏乡,属赵郡。

②《隋书·经籍志》:"十卷。"

③ 宋本作"佘",误。

④《通典》:"赵国,后魏为赵郡,明帝兼置殷州,北齐改殷州为赵州。"

⑤【补】旧本并作"土"。今案:当作山。

⑥ 俗本作"务山"二字,宋本无"山"字。段云:"当作'嵍'。"【案】《隋·地理志》作"巏嵍山"。然正字当作"嵍"。

⑦ 嵍,诸本皆作"务",下同,今案文义改。

⑧ 字,俗木讹"子",今从宋本。

⑨【补】《诗·旄丘·释文》:"《字林》作'堥',亡周反,又音毛。"山部又有"嵍"字,亦云:"嵍丘、亡付反,又音旄。"

或问:"一夜何故五更?更何所训?"①答曰:"汉、魏以来，谓为甲夜、乙夜、丙夜、丁夜、戊夜，[2]又云鼓，[3]一鼓、二鼓、三鼓、四鼓、五鼓，亦云一更、二更、三更、四更、五更，皆以五为节。《西都赋》亦云：'卫以严更之署。'[4]所以尔者，假令正月建寅，[5]斗柄夕则指寅，晓则指午矣。自寅至午，凡历五辰。冬夏之月，虽复长短参差，[6]然辰间辽阔，盈不过六，缩不至四，进退常在五者之间。更，历也，经也，故曰五更尔。"

①【补】五更，古衡切。下更，古孟切。除此一字外，下皆古衡切。

②【补】《文选·陆佐公新刻漏铭》："六日无辨，五夜不分。"李善注引卫宏《汉旧仪》曰："昼漏尽，夜漏起，省中用火，中黄门持五夜，甲夜、乙夜、丙夜、丁夜、戊夜也。"

③ 此"鼓"字衍。

④《西都赋》，班固作，薛综注《西京赋》曰："严更督行夜鼓也。"

⑤【补】令，力呈切。

⑥【补】复，扶又切。参差，初金、初宜二切。

《尔雅》云："朹，山蓟也。"郭璞注云："今朹似蓟而生山中。"[1]案：朹叶其体似蓟，近世文士，遂读蓟为"筋肉"之"筋"，以耦地骨用之，恐失其义。[2]

①【补】朹，徒律切。蓟，古帝切。

②【补】筋，居勤切。《本草》："枸杞，一名地骨。"

或问："俗名傀儡子为郭秃，有故实乎?"答曰："《风俗通》云：'诸郭皆讳秃。'[1]当是前代人[2]有姓郭而病秃者，滑稽戏调,③故后人为其象,呼为郭秃,犹文康象庾亮耳。"④

① 此语今逸。

② 〈代人〉,二字宋本作"世"。

③【补】徒吊切,宋本误倒作"调戏",今不从。

④【补】段安节《乐府杂录》:"傀儡子,自昔传云,起于汉祖在平城为冒顿所围,陈平造木偶人舞于陴间,冒顿妻阏氏谓是生人,虑下其城,冒顿必纳妓女,遂退军。后乐家翻为戏,其引歌舞有郭郎者,发正秃,善优笑,间里呼为郭郎,凡戏场必在俳儿之首也。"【沈氏考证】《晋书》亮本传,谥文康。【案】文康亦当时乐曲名。冒顿,音墨突。阏氏,音烟支。宋本连下不分段,今从俗间本。【补注】《通典·乐》六:"礼毕者,本自晋太尉庾亮家。亮卒,其后追思亮,因假为其面,执翳以舞,象其容,取谥以号之,谓《文康乐》。每奏九部乐,歌则陈之,故以《礼毕》为名。"

或问曰:"何故名治狱参军为长流乎?"①答曰:"《帝王世纪》云:'帝少昊崩,其神降于长流之山,②于祀为秋。'③案《周礼·秋官》,司寇主刑罚、长流之职,汉、魏捕贼掾耳。晋、宋以来,始为参军,上属司寇,故取秋帝所居为嘉名焉。"④

①《隋书·百官志》:"后齐制,上上州刺史,有外兵、骑兵、长流、城局、刑狱等参军事。"

②【元注】此事本出《山海经》,"流"作"留"。【补】《西山经》:"长留之山,其神白帝,少昊居之。"

③【元注】此说本于《月令》。

④【补】《晋书·职官志》:县有狱小史、狱门亭长、都亭长、贼捕掾等员。

客有难主人曰：①"今之经典，子皆为非，《说文》所言，于皆云是，然则许慎胜孔子乎？"主人拊掌大笑，应之曰："今之经典，皆孔子手迹耶？"客曰："今之《说文》，皆许慎手迹乎？"答曰："许慎检以六文，贯以部分，②使不得误，误则觉之。孔子存其义而不论其文也。先儒尚得改③文从意，何况书写流传耶？④必如《左传》止戈为武，⑤反正为乏，⑥皿虫为蛊，⑦亥有二首六身之类，⑧后人自不得辄改也，安敢以《说文》校其是非哉？且余亦不专以《说文》为是也，其有援引经传，与今乖者，未之敢从。⑨又相如《封禅书》曰：'导一茎六穗于庖，牺双觡共抵之兽。'⑩此导训择，光武诏云'非徒有豫养导择之劳'是也。⑪而《说文》云：'䅂⑫是禾名。'引《封禅书》为证。无妨自当有禾名䅂，非相如所用也。'禾一茎六穗于庖'，岂成文乎？纵使相如天才鄙拙，强为此语，⑬则下句当云'麟双觡共抵之兽'，不得云'牺'也。吾尝笑许纯儒，不达文章之体，如此之流，不足凭信。⑭大抵服其为书，隐括有条例，剖析穷根源，郑玄注书，往往引以为证。若不信其说，则冥冥不知一点一画，有何意焉？"⑮

①【补】难，乃旦切。

②【补】六文，即六书。分，扶问切。许慎《说文·序录》："《周礼》：八岁入小学，保氏教国子。先以六书，一曰指事，视而可识，察而可见，上下是也；二曰象形，画成其物，随体诘诎，日月是也；三曰形声，以事为名，取譬相成，江河是也；四曰会意，比类合谊，以见指撝，武信是也；五曰转注，建类一首，同意相受，考老是也；六曰假借，本无其字，依声托事，令长是也。"又曰："分别剖居，不相杂厕，凡十四篇，五百四十部，九千三百五

十三文,重一千一百六十三,解说凡十三万三千四百四十一字。其建首也,立一为耑,方以类聚,物以群分,同条牵属,共理相贯,杂而不越,据形系联,引而申之,以究万原。毕终于亥,知化穷冥。"

③〈改〉,俗本作"临",今从宋本。

④【补】郑康成注《易》:苞蒙,"苞"当作"彪";苞荒,"荒"当作"康";"枯杨"之"枯"读为"无姑";"皆甲宅"之"皆"读为倦解。其于《三礼》,或从古文,或从今文。杜子春、二郑于《周礼》亦时以意属读。此所谓改文从意者也。

⑤《左·宣十二年传》:"楚重至于邲,潘党曰:'君盍筑武军而收晋尸以为京观?臣闻克敌必示子孙,以无忘武功。'楚子曰:'非尔所知也。夫文,止戈为武。'"

⑥《左·宣十五年传》:"伯宗曰:'天反时为灾,地反物为妖,民反德为乱,乱则妖灾生。故文,反正为乏。'"

⑦《左·昭元年传》:"晋侯有疾,秦伯使医和视之曰:'是谓近女室,疾如蛊。'赵孟曰:'何谓蛊?'对曰:'淫溺,惑乱之所生也。于文,皿虫为蛊。谷之飞亦为蛊,在《周易》'女惑男,风落山,谓之蛊☰☴'皆同物也。'"

⑧《左·襄卅年传》:"晋悼夫人食舆人之城杞者,绛县人或年长矣,无子,而往与于食。疑年,使之年,曰:'臣生之岁,正月甲子朔,四百有四十五甲子矣,其季于今三之一也。'吏走问诸朝,史赵曰:'亥有二首六身,下二如身,是其日数也.'士文伯曰:'然则二万六千六百有六旬也。'"

⑨ 俗本分段,今从宋本连。

⑩《汉书·司马相如传》:"相如既病免,家居茂陵,天子使所忠往求其书,而相如已死。其妻曰:'长卿未死时,为一卷书,曰:有使来求书奏之。'其书言封禅事。"注:"郑氏曰:导,择也。一茎六穗,谓嘉禾之米,于庖厨以供祭祀。服虔曰:牺,牲也;骼,角也。抵,本也。武帝获白麟,两角共一本,因以为牲也。"【补】案:作"导"者,《汉书》也,《文选》从之,《史记》则作"?"字。骼,古百切。

⑪《后汉·光武纪》:"建武十三年正月诏曰:'往年已敕郡国,异味

不得有所献御,今犹未止,非徒有豫养导择之劳,至乃烦扰道上,疲费过所,其令太官勿复受。'"

⑫ 诸本作"导",讹,下同。

⑬【补】强,其两切。

⑭【补】案:蓻是禾名,亦有择义,凡一字而兼数义者,《说文》多不详备。若如颜氏之说,则其书之窒碍难通者多矣,岂独此乎?

⑮【案】下当分段。

世间小学者,不通古今,必依小篆,是正书记。凡《尔雅》《三苍》《说文》,岂能悉得苍颉本指哉?亦是随代损益,互①有同异。西晋已往字书,何可全非?但令体例成就,不为专辄耳。考校是非,特须消息。至如"仲尼居",三字之中,两字非体,《三苍》"尼"旁益"丘",《说文》"尸"下施"几",②如此之类,何由可从?③古无二字,又多假借,以"中"为"仲",以"说"为"悦",以"召"为"邵",以"閒"为"闲",如此之徒,亦不劳改。自有讹谬,过成鄙俗,"乱"旁为"舌","揖"下无"耳","鼋""鼍"从"龟","奮""奪"从"萑",④"席"中加"带","恶"上安"西","鼓"外设"皮","鑿"头生"毁","离"则配"禹","壑"乃施"豁","巫"混"经"旁,"皋"分"泽"片,⑤"猎"化为"獦",⑥"宠"变成"寵",⑦"业"左益"片",⑧"灵"底著"器";"率"字自有律音,强改为别;"单"字自有善音,辄析成异。如此之类,不可不治。⑨吾昔初看《说文》,蚩薄世字,从正则惧人不识,随俗则意嫌其非,略是不得下笔也。所见渐广,更知通变,救前之执,将欲半焉。若文章著述,犹择微相影响者行之,官曹文书,世间尺牍,幸不违俗也。⑩

① 互同,诸本作"各"。

② 诸本皆作"居下施几",误,今改正。【补】《说文》:"凥,处也。从尸,得几而止。"《孝经》曰"仲尼凥",凥谓闲凥如此。【案】今之"居"字,《说文》以为"蹲踞"字。

③【补】颜氏此言,洵通人之论也。庸俗之人,全不识字,固无论已,有能留意者,率欲依傍小篆,尽改世间传授古书,徒然骇俗,益为不学者所藉口。颜氏所云"特须消息"者,吾甚韪其言,且以汉人碑版流传之字亦多互异,何可使之尽遵《说文》?晋魏已降,鄙俗尤多,若尽改之,凡经昔人所指摘者转成虚语矣。故顷来所梓书,非甚谬者不轻改也。

④【元注】〈虇〉,胡官反。【案】俗本注音"馆",非。

⑤【补】《家语·困誓篇》:"望其圹,睪如也。"《荀子·大略篇》作"皋如也"。如此尚多。

⑥【元注】〈獥〉,音葛,兽名,出《山海经》。【案】宋本音"曷",非。【补】《贾谊书·势卑篇》:"不獥猛兽而獥田彘,所獥得毋小。"是以"獥"为"猎"也。

⑦【元注】竉,音郎动反,孔也,故从穴。【补】从穴者,窟竉字,《五经文字》音"笼",今两音俱有。

⑧〈益片〉,诸本作"益土"。段云:"'土'字误,当本是'片'字。'业',俗作'牒',见《广韵》。"

⑨【补】治,直之切。

⑩【补】今常行文字,如中间从日,緜亘亦从日,茅但从艸,准许从两点去十,橘柿从市之类,亦难违俗也。【案】下当分段。

案:弥亘字从二闲舟,《诗》云:"亘之秬秠"是也。①今之隶书,转舟为日,而何法盛《中兴书》乃以舟在二闲为舟航字,谬也。《春秋说》以人十四心为德,《诗说》以二在天下为西,②《汉书》以货泉为白水真人,③《新论》以金昆为银,④《国志》以天上有口为吴。⑤《晋书》以黄头小儿为恭，⑥《宋书》以召刀为劭，⑦《参同契》以人负告为造。⑧如此之类，盖数术谬语，假借依附，杂以戏笑耳。如犹⑨转贡字为项，以叱为匕，安可用此定文字音读乎？潘、陆诸子《离合诗》《赋》，⑩《拭卜》《破字经》⑪及鲍昭《谜字》，皆取会流俗，⑫不足以形声论之也。⑬

①《大雅·生民》之篇。【补】亙，古邓切，本作"亘"。

②【补】《春秋说》《诗说》皆纬书也，今多不传。德，本作"悳"，乃直心也。酉，本作"丣"，二说所言皆非本谊。

③《后汉书·光武帝纪·论》："王莽篡位，忌恶刘氏，以钱文有金刀，故改为货泉。或以货泉字文为白水真人。"【补】案真字《说文》从匕，乃变化字，从目从乚音偃，八所乘载也。货字下从贝，与真字不同。

④【补】桓谭《新论》今不传。锟，乃锟铻字，本亦作"昆吾"，非银也。

⑤《吴志·薛综传》："综下行酒，劝西使张奉曰：'蜀者何也？有犬为獨，无犬为蜀。横目句身，虫入其腹。'奉曰：'不当复说君吴邪？'综应声曰：'无口为天，有口为吴，君临万邦，天子之都。'"【补】案"吴"字下从矢，阻力切。《说文》："倾头也。"今以为天，谬矣，惜张奉不能举而正之。

⑥《宋书·五行志》："王恭在京口，民间忽云：'黄头小人欲作贼，阿公在城下指缚得。'又云：'黄头小人欲作乱，赖得金刀作蕃扞。'黄字上，恭字头也；小人，恭字下也，寻如谣者言焉。"【补】案"恭"字上从共下从心。"黄"字本作"黊"，《说文》从田从炗，炗，古文光。今以恭为黄头小人，非字义。又案《宋志》，"忽云"当作"忽谣云"，脱一"谣"字。

⑦《宋书·二凶传》："元凶劭，字休远，文帝长子。始兴王濬素佞事劭，与劭并多过失，使女巫严道育为巫蛊，上大怒，搜讨不获，谓劭、濬已当斥遣道育，而犹与往来，惆怅愧骇。欲废劭，赐濬死。濬母潘淑妃以告

濬,濬驰报劭,劭与腹心张超之等数十人及斋阁,拔刃径上,超之手行弑逆,劭即伪位。世祖及南谯王义宣、随王诞、诸方镇并举义兵,劭、濬及其子并枭首暴尸,其余同逆皆伏诛。"《南史》:"文帝谅闇中生劭,初命之曰卲,在文为召刀,后恶焉,改刀为力。"【补】案召旁作刀,只有"剖"字。《广雅》:"断也。"音貂,必不以此命名,盖本是卲字,从卩,子结切,高也。而隶书之卩,文颇近刀,故改从力以易之。应卲、王卲亦本从卩,今多有力旁作者。从卩训高,从力训勉,两字皆《说文》所有,而当时以卩为刀,故颜氏以为谬尔。今《南史》亦皆误。

⑧【补】《参同契》下篇魏伯阳自叙,寓其姓名,末云"柯叶萎黄,失其华荣。吉人乘负,安稳长生"四句,合成造字,今颜氏云"人负告",岂"人负吉"之讹欤?

⑨〈如犹〉,二字疑倒。

⑩ 晋潘岳《离合诗》云:"佃渔始化,人民穴处。意守醇朴,音应律吕。桑梓被源,卉木在野。锡鸾未设,金石弗举。害咎蠲消,吉德流普。溪谷可安,奚作栋宇。嫣然以熹,焉惧外侮。熙神委命,已求多祜。叹彼季末,口出择语。谁能默诚,言丧厥所。垄亩之谚,龙潜岩阻。趴义崇乱,少长失叙。"乃"思杨容姬难堪"六字。陆诗未见。

⑪【沈氏考证】《隋书·经籍志》有《破字要诀》一卷,又有《式经》一卷。《拭卜》《破字经》未详。【段云】"拭"乃"栻"字之讹,是卜者所用之盘,枫天枣地,《汉书·王莽传》内有此字,本亦作"式",《汉书·艺文志》有《羡门式法》,"破"字即今之"坼"字也。

⑫《宋鲍照集·字谜三首》云:"二形一体,四支八头,四八二八,飞泉仰流。"乃"井"字。"头如刀,尾如钩,中央横广,四角六抽。右而负两刃,左边双属牛。"乃"龟"字。"乾之一九,只立无偶。坤之二六,宛然双宿。"乃"土"字。

⑬【重校】宋本无"之"字。

河间邢芳语吾云:①"《贾谊传》云:'日中必熭。'注:'熭,暴也。'曾见人解云：'此是暴疾之意，正言日中不须臾，卒然便戾耳。'此释为当乎？"^②吾谓邢曰："此语本出太公《六韬》，^③案字书，古者暴晒字与暴疾字相似，唯下少异，后人专辄加傍日耳。言日中时，必须暴晒，不尔者，失其时也。晋灼已有详释。"芳笑服而退。

①【补】语，牛倨切。

②【补】卒，与"猝"同。当，丁浪切。

③《汉书注》："臣瓒曰：'太公曰：日中不彗，是谓失时。操刀不割，失利之期。'"此即《六韬》文。彗，音卫。【补注】《文韬·守土篇》："日中必彗，操刀必割。"今本"彗"讹"彗"。

卷第七

音辞第十八

夫九州之人，言语不同，生民已来，固常然矣。自《春秋》标①齐言之传，②《离骚》目《楚辞》之经，③此盖其较明之初也。后有扬雄著《方言》，其言④大备。⑤然皆考名物之同异，不显声读之是非也。⑥逮郑玄注《六经》，⑦高诱解《吕览》《淮南》，⑧许慎造《说文》，刘熹制《释名》，⑨始有譬况假借以证音字耳。⑩而古语与今殊别，其间轻重清浊，犹未可晓；加以内言外言、⑪急言徐言、读若之类，益使人疑。⑫孙叔言创《尔雅音义》，⑬是汉末人独知反语。⑭至于魏世，此事大行。高贵乡公不解反语，以为怪异。⑮自兹厥后，音韵锋出，各有土风，递相非笑，指马之谕，未知孰是。⑯共以帝王都邑，参校方俗，考覈古今，为之折衷。摧⑰而量之，独金陵与洛下耳。⑱南方水土和柔，其音清举而切诣，失在浮浅，其辞多鄙俗。北方山川深厚，其音沉浊而铴钝，得其质直，其辞多古语。⑲然冠冕君子，南方为优；闾里小人，北方为愈。易服而与之谈，南方士庶，数言可辩；隔垣而听其语，北方朝野，终日难分。而南染吴、越，北杂夷虏，皆有深弊，不可具论。其谬失轻微者，则南人以钱为涎，⑳以石为射，㉑以贱为羡，㉒以是为舐；㉓北人以庶为戍，㉔以如为儒，㉕以紫为姊，㉖以洽为狙。㉗如此之例，两失甚多。至邺已来，唯见崔子约、崔瞻叔侄，㉘李祖仁、李蔚兄弟，颇事言词，少为切正。李季节著《音韵决疑》，时有错失；㉙阳休之造《切韵》，殊为疏野。㉚吾家儿女，虽在孩稚，便渐督正之，一言讹替，以为己罪矣。㉛云为品物，未考书记者，不敢辄名，汝曹所知也。㉜

①〈标〉，宋本作"摽"，从手，非。下同。

②《春秋公羊·隐五年传》："公曷为远而观鱼？登来之也。"注："登来，读言'得来'。得来之者，齐人语也。齐人名'求得'为'得来'，其言大而急，由口授也。"又桓六年正月"寔来"传："曷为谓之寔来？慢之也。曷为慢之？化我也。"注："行过无礼谓之化，齐人语也。"详见《困学纪闻》七。

③《史记·屈原传》："忧愁幽思而作《离骚》。离骚者，犹离忧也。"王逸《离骚经序》："经，径也。言已放逐离别，中心愁思，犹依道径以风谏君也。"【案】逸说非是。经字乃后人所加耳，此言离骚，多楚人之语，如羌字些字等是也。

④〈言〉，俗本作书。

⑤《隋书·经籍志》："《扬子方言》十三卷，郭璞注。"

⑥〈也〉，宋本无此字。

⑦《后汉书·郑玄传》："玄字康成，北海高密人。党事禁锢，遂隐修经业，杜门不出。凡玄所注《周易》《尚书》《毛诗》《仪礼》《礼记》《论语》《孝经》《尚书大传》《中候》《乾象历》等，凡百余万言。"

⑧《隋书·经籍志》："《吕氏春秋》二十六卷，《淮南子》二十一卷，并高诱注。"

⑨【补】《隋书·经籍志》："《释名》八卷，刘熙撰。"《册府元龟》："汉刘熙为安南太守，撰《礼谥法》八卷、《释名》八卷。"《直斋书录解题》称汉征士北海刘熙成国撰，此书作刘熹。《文选注》引李登《声类》："熹与熙

同。《世说新语·言语篇》:"王坦之令伏滔、习凿齿论青、楚人物。"注:"滔集载其论略,青土有才德者,后汉时有刘成国。"又《后汉书·文苑传》:"刘珍字秋孙,一名宝,南阳蔡阳人,撰《释名》三十篇。"篇数不同,非此书也。

⑩【补】此不可胜举,聊引一二以见意。郑《注》《易·大有》"明辩遰"读如"明星晢晢",《晋》初爻"摧"如读如"南山崔崔"。《周礼·大宰》"斿"读如"囿游"之"游",《疾医》"祝"读如"注病"之"注"。《仪礼·士冠礼》"缺"读如"有頍者弁"之"頍",《乡饮酒礼》"疑"读为"仡然从于赵盾"之"仡"。《礼记·檀弓》"居"读如"姬姓"之"姬",《中庸》"人"读如"人相偶"之"人"。高诱注《吕览·贵公篇》"觯"读"车笇"之"笇",《功名篇》"茹"读"茹船漏"之"茹"。注《淮南·原道训》"悦"读如"人空头扣"之"扣","屈"读"秋鸡无尾屈"之"屈"。许慎《说文》"辵"读若《春秋公羊传》曰"辵阶而走","叹"读若"铿锵"之"铿"。刘熙《释名》皆以音声相近者为释。熙有《孟子注》七卷,今不传。《文选注》引:"献犹轩,轩在物上之称也。"又:"蜡者,齐俗名之,如酒糟也。"亦是譬况假借。

⑪ 俗本作"外言内言"。

⑫【补】《史记·王子侯表上》:襄嚵侯建。晋灼:音内言嚵说。又"猇节侯起",晋灼云:"猇音内言鸮。"《尔雅·释兽·释文》:貘,晋灼音内言馘,而外言未见。如何休注宣八年《公羊传》云:"言乃者,内而深,言而者,外而浅。"亦可推其意矣。又庄廿八年《公羊传》:"春秋伐者为主,伐者为客。"何休于上句注云:"伐人者为客。读伐长言之。"于下句云:"见伐者为主。读伐短言之。皆齐人语也。"高诱注《吕氏春秋·慎行论》:"閮,鬫也,读近鸿,缓气言之。"又注《淮南·本经训》:"蛩,兖州谓之螣。螣,读近殆,缓气言之。"此所谓徐言也。又注《地形训》:"旄,读近绸缪之缪,急气言乃得之。"余谓如《诗·大雅·文王》"岂不显""岂不时",但言"不显""不时",《公羊·隐元年传》注"不如"即"如"亦是,其比读若之例,《说文》为多,他若郑康成注《易·乾·文言》"慊"读如"群公溓"之"溓"。高诱注《淮南·原道训》"抗"读"担耳之扣",类皆难解。【又】刘熙

《释名》："天,豫、司、兖、冀以舌腹言之。天,显也。青、徐以舌头言之。天,坦也。风,兖、豫、司、冀横口合唇言之。风,泛也。青、徐踧曰开唇,推气言之,风放也。"古人为字作音,类多如此。

⑬《隋书·经籍志》："《尔雅音义》八卷,孙炎撰。"【补注】案《魏志·王肃传》称乐安孙叔然,以名与晋武帝同,故称其字。陆德明《释文》亦云炎字叔然,今此作叔言,亦似取《庄子》"大言炎炎"为义,得无炎本有两字邪？故仍之。

⑭【补】反,音翻,下同。

⑮《魏志·三少帝纪》："高贵乡公讳髦,字彦士,文帝孙,东海定王霖子,在位七年,为贾充所弑。"

⑯《庄子·齐物论》："以指喻指之非指,不若以非指喻指之非指也。以马喻马之非马,不若以非马喻马之非马也。天地,一指也;万物,一马也。"

⑰ 各本作"权",讹,今从宋本。

⑱【补】鞻,侧革切。衷,陟仲切。榷,古岳切,又音确。金陵,今江南江宁府,吴、东晋、宋、齐、梁、陈咸都之。洛下,今之河南（开封）[河南]府,周、汉、魏、晋、后魏咸都之,故其音近正,与乡曲殊也。

⑲【补】《淮南·地形训》："清水音小,浊水音大。"陆法言《切韵序》："吴楚则时伤轻浅,燕赵则多伤重浊。秦陇则去声为入,梁益则平声似去。"锄,五禾切。《说文》："圜也。"

⑳ 段云："钱,昨先切,在一先。涎,夕连切,在二仙,分敛侈。"【补注】钱氏馥云："钱,昨先切。与涎同部,而母各别。钱,从母。涎,邪母。"

㉑ 段云："石,常只切。射,食亦切。同在二十二昔而有别。"

㉒ 段云："贱,才线切。羡,似面切。同在三十三线而音别。"

㉓ 段云："是,承纸切。舐,神纸切。同在四纸而音别。"

㉔ 段云："庶在九御,戍在十遇,二韵音分大小。"

㉕ 段云："如在九鱼,人诸切。儒在十虞,人朱切。"

㉖ 段云："紫,将此切,在四纸。姊,将几切,在五旨。二韵古音大

分别。"

㉗ 段云:"洽,侯夹切,入韵第三十一。狎,胡甲切,入韵第三十二。"

㉘《北齐书·崔悛传》:"子瞻,字彦通,聪朗强学,所与周旋,皆一时名望。叔子约,司空祭酒。"

㉙《隋书·经籍志》:"《修续音韵决疑》十四卷,李概撰。又《音谱》四卷。"

㉚ 同上:"《韵略》一卷,阳休之撰。"

㉛【补】替,《说文》作"暜",云废一偏下也。

㉜【案】下当分段。

古今言语,时俗不同;著述之人,楚、夏各异。《苍颉训诂》,反稗为逋卖,①反娃为于乖;②《战国策》音刿为免;③《穆天子传》音谏为闲;④《说文》音戛为棘,读皿为猛;⑤《字林》音看为口甘反,⑥音伸为辛;⑦《韵集》以成、仍、宏、登合成两韵,为、奇、益、石分作四章;⑧李登《声类》以系音羿,⑨刘昌宗《周官音》读乘若承;⑩此例甚广,必须考校。前世反语,又多不切,徐仙民《毛诗音》反骤为在遘,《左传音》切椽为徒缘,⑪不可依信,亦为众矣。今之学士,语亦不正;古独何人,必应随其讹僻乎?《通俗文》曰:"入室求曰搜。"反为兄侯。然则兄当音所荣反。今北俗通行此音,亦古语之不可用者。⑫璵璠,鲁人宝玉,⑬当音余烦,⑭江南皆音藩屏之藩。岐山当音为奇,江南皆呼为神祇之祇。⑮江陵陷没,此音被于关中,不知二者何所承案。以吾浅学,未之前闻也。⑯

① 段云:"案《广韵》,稗,傍卦切,与'逋''卖'音异。一说曹宪《广雅音》:卖,麦稼切,入祃韵。逋,卖一反,盖亦入祃韵也。"

② 段云："娃，於佳切，在十三佳。以于乖切之，则在十四皆。"

③ 段云："《国策》音当在高诱注内，今缺佚不完，无以取证。"

④《穆天子传》三："道里悠远，山川閒之。"郭注："閒，音谏。"段云："案颜语，知本作'山川谏之'，郭读'谏'为'閒'，用汉人易字之例，而后义可通也。后人援注以改正文，又援正文以改注，而'閒音谏'之云乃成吊诡矣。若《山海经》郭传亦作'山川閒之'，则自用其说也。汉儒多如此。读'谏'为'閒'，于六书则假借之法，于注家则易字之例，不当与上下文一例偶引。"

⑤ 皆见本书。

⑥ 段云："看当为口干反，而作口甘，则入谈韵，非其伦矣。今韵书以邯入寒韵，徐铉所引《唐韵》已如此，其误正同。"

⑦ 段云："此盖因古书信多音申故也。"

⑧ 段云："今《广韵》本于《唐韵》，《唐韵》本于陆法言《切韵》，法言《切韵》，颜之推同撰集，然则颜氏所执略同今《广韵》。今《广韵》'成'在十四清，'仍'在十六蒸，别为二韵。'宏'在十三耕，'登'在十七登，亦别为二韵。而吕静《韵集》'成''仍'为一韵，'宏''登'为一韵，故曰合成两韵。今《广韵》'为''奇'同在五支，'益''石'同在二十二音，而《韵集》'为''奇'别为二韵，'益''石'别为二韵，故曰分作四章，皆与颜说不合。故以为不可依信。今案'宏''登'为一韵，与古音合，此《韵集》之胜于颜陆辈也。"

⑨【补】案《广韵》：系，古诣切。羿，五计切。同在十二霁，而音微有别。

⑩ 段云："《广韵》：乘，食陵切，音同绳。承，署陵切，音同丞。今江浙人语多与刘昌宗音音合。"

⑪《隋书·经籍志》：《毛诗音》二卷，《春秋左传音》三卷，并徐邈撰。段云："骤字今《广韵》在四十九宥，锄祐切。依仙民，在遭反，则当入五十候。与陆、颜不合。《广韵》：'橡，直挛切。'仙民音亦与陆、颜不合，然仙民所音皆与古音合契，而《释文》亦俱不取之。骤但载助救、仕救二反，此

皆非知仙民者也。"

⑫ 段云："搜,所鸠反。兄,许荣反。服虔以兄切搜,则兄当为所荣反,而不谐协。颜时,北俗兄字所荣反,南俗呼许荣反,颜谓所荣虽传自古语,而不可用也。又案:服氏搜反兄侯,则搜字在侯韵,与古音合,而法言诸人改入尤韵,非也。一说此音指见侯也。颜氏讥兄侯之非,而以所鸠为是也。"【补注】钱云:"《方言》'摍,略求也',就室曰'摍'。《通俗文》入室寻求谓之'摍',摍反为兄侯。颜氏盖谓'摍,所鸠反','兄,许荣反',《通俗文》以'兄'切'摍',则兄当音所荣反矣。而兄固许荣反也,则兄侯之反为不正矣。今北俗通行此兄侯反之音,虽是古反语,亦不可用也。若颜时北俗兄字所荣反,则兄字讹而摍字不讹也。颜氏自订兄字可矣,何必引《通俗文》乎?段注似不得颜意。"

⑬《左·定五年传》:"季平子卒,阳虎欲以璵璠敛。"注:"璵璠,美玉,君所佩。"

⑭《释文》同。

⑮【补】《广韵》:"璠,附袁切。藩,甫烦切。奇,渠羁切。祇,巨支切。"岐与同纽,亦巨支切。俗间俱读"岐"为"奇",与颜氏合。

⑯【案】下当分段。

北人之音,多以举、莒为矩。唯李季节云:"齐桓公与管仲于台上谋伐莒,东郭牙望见桓公口开而不闭,故知所言者莒也。然则莒、矩必不同呼。"此为知音矣。①

①《吕氏春秋·重言篇》:"齐桓公与管仲谋伐莒,谋未发而闻于国。桓公怪之,管仲曰:'国必有圣人也。'桓公曰:'嘻!日之役者,有执柘杵而上视者,意者其是耶?'乃令复役,无得相代。少顷,东郭牙至,管子曰:'此必是已。'乃令宾者延之而上,分级而立。管子曰:'子邪?言伐莒者!'对曰:'然。'管子曰:'我不言伐莒,子何故言伐莒?'对曰:'臣闻君子

善谋，小人善意，臣窃意之也。'管仲曰：'子何以意之？'对曰：'臣闻君子
有三色：显然喜乐者，钟鼓之色也；湫然清净者，衰绖之色也；艴然充盈，
手足矜者，兵革之色也。日者臣望君之在台上也，君呿而不吟所言者，莒
也；君举臂而指，所当者，莒也。臣窃以虑诸侯之不服者，其惟莒乎？臣
故言之。'"柘杵，本作"蹠痸"，讹，从《说苑·权谋篇》改。【补】《广韵》：
举、莒，俱居许切，在八语。矩，俱雨切，在九麌。故云不同呼。【案】下当
分段。【补注】《管子·小问篇》作"开而不阖"，《说苑》作"吁而不吟"。注
《吕氏》有"执柘杵而上视者"，《管子》作执"席食以视上者"。

    夫物体自有精粗，精粗谓之好恶；^①人心有所去取，去取
谓之好恶。^②此音见于葛洪、徐邈，而河北学士读《尚书》云
好^③生恶^④杀。是为一论物体，一就人情，殊不通矣。^⑤甫者，
男子之美称，^⑥古书多假借为父子。北人遂无一人呼为甫
者，亦所未喻。唯管仲、范增之号，须依字读耳。^⑦

    ①【补】〈好恶〉，并如字读。
    ②【元注】〈好恶〉，上呼号，下乌故反。
    ③【元注】〈好〉，呼号反。
    ④【元注】〈恶〉，於各反。
    ⑤【补】顾氏炎武《音论》："先儒两声各义之说不尽然。余考恶字，
如《楚辞·离骚》有曰'理弱而媒拙兮，恐导言之不固。时溷浊而嫉贤兮，
好蔽美而称恶。闺中既已邃远兮，哲王又不寤。怀朕情而不发兮，余焉
能忍与终古。'又曰：'何所独无芳草兮，尔何怀乎故宇。时幽昧以眩曜
兮，孰云察余之美恶。'汉赵幽王友歌：'我妃既妒兮，诬我以恶。谗女乱
国兮，上曾不寤。'此皆美恶之恶而读去声。汉刘歆《遂初赋》：'何叔子之
好直兮，为群邪之所恶。赖祁子之一言兮，几不免乎徂落。'魏丁仪《厉志
赋》：'嗟世俗之参差兮，将未审乎好恶。咸随情而与议兮，固真讹以纷

错。'此皆爱恶之恶而读入声。乃知去入之别,不过发言轻重之间,而非有此疆尔界之分也。"【案】顾氏此言极是,但不可施于今耳。

⑥【补】〈称〉,尺证切。

⑦【元注】管仲号仲父,范增号亚父。【补】案太公望号师尚父,乃师之尚之父之,亦当依字读。

案诸字书,焉者鸟名,或云语词,皆音于愆反。自葛洪《要用字苑》分焉字音训:若训何训安,当音于愆反,"于焉逍遥","于焉嘉客",①"焉用佞","焉得仁"②之类是也;若送句及助词,当音矣愆反,"故称龙焉","故称血焉",③"有民人焉","有社稷焉",④"托始焉尔",⑤"晋、郑焉依"⑥之类是也。江南至今行此分别,⑦昭然易晓;而河北混同一音,虽依古读,不可行于今也。⑧

① 见《诗·小雅·白驹》。

② 见《论语》。

③ 见《易·坤》文。

④ 见《论语》。

⑤ 见隐二年《公羊传》。

⑥ 见隐六年《左传》文。

⑦【补】〈别〉,彼列切。

⑧【案】下当分段。

邪者,①未定之词。《左传》曰:"不知天之弃鲁邪?抑鲁君有罪于鬼神邪?"②《庄子》云:"天邪地邪?"③《汉书》云:"是邪非邪?"④之类是也。而北人即呼为也,亦为误矣。⑤难者曰："《系辞》云：'乾坤，《易》之门户邪？'⑥此又为未定辞乎？"答曰："何为不尔！上先标问，下方列德以折之耳。"⑦

① 【元注】〈邪〉，音琊。

② 见《左·昭廿六年传》，第二句不作"邪"，本文是故及此也。也，亦可通"邪"，说在下。

③ 【补】案：当作"父邪母邪"，见《大宗师篇》。

④ 武帝《李夫人歌》，见《外戚传》。

⑤ 【补】案："也"字可通"邪"。如《论语》："子张问：十世可知也。"《荀子·正名篇》："其求物也，养生也，粥寿也。"皆作"邪"字用，当由互读，故得相通。

⑥ 本文乃"乾坤，其《易》之门邪"。

⑦ 【案】下当分段。

江南学士读《左传》，口相传述，自为凡例，军自败曰败，①打破人军曰败。诸记传未见补败反，徐仙民读《左传》，唯一处有此音，又不言自败、败人之别，此为穿凿耳。②

① 【元注】补败反。

② 【补】《左氏·哀元年传》："夫先自败也已，安能败我？"案《释文》无音，知本不异读也。

古人云："膏粱难整。"①以其为骄奢自足，不能克励也。吾见王侯外戚，语多不正，亦由内染贱保傅，外无良②师友故耳。梁世有一侯，尝对元帝饮谑，自陈"痴钝"，乃成"飔段"，元帝答之云："飔异凉风，③段非干木。"④谓"郢州"为"永州",元帝启报简文,简文云:"庚辰吴入,遂成司隶。"⑤如此之类,举口皆然。元帝手教诸子侍读,以此为诫。⑥

①【补】《晋语》七:"悼公曰:'夫膏粱之性,难正也。'故使惇惠者教之,使文敏者道之,使果敢者谂之,使镇靖者修之。"

②〈良〉,俗本作"贤"。

③《说文》:"飀,凉风也。"

④ 段干木,魏文侯时人。《广韵》引《风俗通》以段为氏。

⑤《春秋》:"定四年冬十有一月庚午,蔡侯以吴子及楚人战于柏举,楚师败绩,楚囊瓦出奔郑。庚辰,吴入郢。"《通典》:"荆州,宋分置荆州、司州、郢州、雍州、湘州。"其司州领郡四,永州盖其所隶,非谓汉之司隶也。

⑥【案】下当分段。

河北切攻字为古琮,与工、公、功三字不同,殊为僻也。①比②世有人名遑,自称为纤;③名琨,自称为衮;名洸,自称为汪;名藋,④自称为犸。⑤非唯音韵舛错,亦使其儿孙避讳纷纭纭矣。

①《广韵》:"攻"与"公""工""功"皆同纽。

②〈比〉,俗本作"北",讹。

③【补】《广韵》:"遑"与"纤"皆息廉切,不知颜读何音。

④【元注】〈藋〉,音药。

⑤【元注】〈犸〉,音烁。

杂艺第十九

　　真草书迹，微须留意。①江南谚云："尺牍书疏，千里面目也。"②承晋、宋余俗，相与事之，故无顿狼狈者。③吾幼承门业，加性爱重，所见法书亦多，而玩习功夫颇至，遂不能佳者，良由无分故也。④然而此艺不须过精。夫巧者劳而智者忧，常为人所役使，更觉为累。韦仲将遗戒，深有以也。⑤

　　①【补】真书，即隶书，今谓之楷书。《晋书·卫瓘传》："子恒善草隶书，为《四体书势》，云：隶书者，篆之捷也。上谷王次仲始作楷法。"又云："汉兴而有草书，不知作者姓名。"【案】真草之语，见魏武《选举令》及《蔡琰别传》。

　　②【补】《汉书·游侠传》："陈遵赡于文辞，善书，与人尺牍，主皆藏去以为荣。"师古曰："去，亦藏也，音丘吕反，又音举。"【案】今人多作弆字。疏，所助切。

　　③【补】狼狈，兽名，皆不善于行者，故以喻人造次之中，书迹不能善也。

　　④【补】分，谓天分，扶问切。

　　⑤《世说·巧艺篇》："韦仲将能书，魏明帝起殿，欲安榜，使仲将登梯题之。既下，头鬓皓然，因敕儿孙勿复学书。"刘孝标注："《文章叙录》：'韦诞字仲将，京兆杜陵人，以光禄大夫卒。'"卫恒《四体书势》云："诞善楷书，魏宫观多诞所题，明帝立陵霄观，误先钉榜，乃笼盛诞，辘轳长绠引上，使就题之。去地二十五丈，诞甚危惧，乃戒子孙绝此楷法，著之家令。"【案】下当从诸本别为段。

王逸少风流才士，萧散名人，举世惟知其书，翻以能自蔽也。①萧子云每叹曰："吾著《齐书》，勒成一典，文章弘义，自谓可观；唯以笔迹得名，亦异事也。"②王褒地胄清华，才学优敏，后虽入关，亦被礼遇，犹以书工，崎岖碑碣之间，辛苦笔砚之役，尝悔恨曰："假使吾不知书，可不至今日邪？"③以此观之，慎勿以书自命。虽然，厮猥之人，以能书拔擢者多矣。故道不同不相为谋也。④

①《晋书·王羲之传》："羲之字逸少，幼讷于言，及长辩赡，以骨鲠称。尤善隶书，为古今之冠。论者称其笔势，以为飘若浮云，矫若惊龙。"【案】逸少人品绝高，有远识，此以风流萧散目之，亦浅甚矣。

②【案】《梁书·萧子恪传》："子恪第八弟子显，著《齐书》六十卷。"又云："子云字景乔，子恪第九弟也，善草隶，为世楷法。自云善效钟元常、王逸少而微变字体。高祖论其书曰：'笔力劲骏，心手相应，巧逾杜度，美过崔寔，当与钟元常并驱争先。'其见赏如此。著《晋书》一百十卷。"无著《齐书》事，此盖误记也。

③《周书·王褒传》："褒字子渊，琅邪临沂人。自祖俭至父规，并有重名于江左。褒识量渊通，志怀沉静，傅览史传，尤工属文。梁国子祭酒萧子云，其姑夫也，特善草隶，褒遂相模范，而名亚子云，并见重于世。江陵城陷，元帝出降，褒与王克等数十人俱至长安，太祖谓褒及克曰：'吾即王氏甥也，卿等并吾之舅氏，当以亲戚为情，勿以去乡介意。'俱授车骑大将军，仪同三司，并荷恩眄。世宗笃好文学，褒与庾信才名最高，特加亲待。乘舆行幸，褒常侍从。"

④【案】下当分段。

梁氏①秘阁散逸以来，吾见二王真草多矣，家中尝得十卷；②方知陶隐居、③阮交州、④萧祭酒诸书，⑤莫不得羲之之体，故是书之渊源。萧晚节所变，乃右军年少时法也。⑥

　　①〈氏〉，宋本作"武"，讹。
　　②二王，羲之、献之也。本传："献之，字子敬，七八岁时学书。羲之密从后掣其笔，不得，叹曰：'此儿后当复有大名。'尝书壁为方丈大字，羲之甚以为能，观者数百人。"
　　③已见。
　　④《晋书·阮籍传附》："阮放字思度。时成帝幼冲，庾氏执政，放求为交州，乃除监交州军事、扬威将军、交州刺史。"
　　⑤谓子云也。本传："大同二年，迁员外散骑常侍，国子祭酒。"
　　⑥羲之官右军将军。【案】下当分段。

　　晋、宋以来，多能书者。故其时俗，递相染尚，所有部帙，楷正可观，不无俗字，非为大损。至梁天监之间，斯风未变。大同之末，讹替滋生。萧子云改易字体，邵陵王颇行伪字，①朝野翕然，以为楷式，画虎不成，多所伤败。②至为一字，唯见数点，或妄斟酌，逐③便转移。尔后坟籍，略不可看。北朝丧乱之余，书迹鄙陋，加以专辄造字，猥拙甚于江南。乃以百念为忧，言反为变，不用为罢，追来为归，更生为苏，④先人为老，如此非一，遍满经传。唯有姚元标⑤工于草隶，⑥留心小学，后生师之者众。洎于齐末，秘书缮写，贤于往日多矣。⑦

　　①《梁书·邵陵携王纶传》："纶字世调，高祖第六子，少聪颖博学，善属文，尤工尺牍。"【宋本注】一本注："前上为草，能傍作长之类是也。"

【案】俗本此十二字即作正文。

② 画虎不成,马援语,已见。

③〈逐〉,俗本作"遂",讹。

④【案】此字今犹然。

⑤〈标〉,宋本"摽",非。

⑥【重校】旧本"草"作"楷"。案:此言缮葛坟籍,方以楷正为善,断无兼取于草。草固有逐便转移者,已见排斥于上矣,今改从"楷"字。

⑦【案】下当分段。

江南闾里间有《画书赋》,乃陶隐居弟子杜道士所为。其人未甚识字,轻为轨则,托名贵师,世俗传信,后生①颇为所误也。②

①〈生〉,翻宋本误作"人"。

②【补】案林罕《字源偏傍小说序》云:"俗有《隶书赋》者,假托许慎为名,颇乖经据。《颜氏家训》云:斯实陶先生弟子杜道士所为,大误时俗,吾家子孙不得收写。"【案】此作"画书",林作"隶书",此云贵师,即隐居也。而林以为假托许慎,未知实一书否?

画绘之工,亦为妙矣。自古名士,多或能之。吾尝有梁元帝手画蝉雀白团扇及马图,亦难及也。武烈太子偏能写真,坐上宾客,随宜点染,即成数人,以问童孺,皆知姓名矣。①萧贲、刘孝先、②刘灵,并文学已外,复佳此法。翫阅古今,③特可宝爱。若官未通显,每被公私使令,亦为猥役。④吴县顾士端出身湘东王国侍郎,⑤后为镇南府刑狱参军,有子曰庭,西朝中书舍人,父子并有琴书之艺,尤妙丹青,常被元帝所使，每怀羞恨。彭城刘岳，橐之子也，仕为骠骑府管记、平氏县令，⑥才学快士，而画绝伦。后随武陵王入蜀，下牢之败，遂为陆护军画支江寺壁，与诸工巧杂处。向使三贤都不晓画，直运素业，岂见此耻乎？

① 武烈太子已见。

②《梁书·刘潜传》："第七弟孝先，武陵王纪法曹主簿。王迁益州，随府转安西记室。承圣中，与兄孝胜俱随纪军出峡口，兵败至江陵。世祖以为黄门侍郎，迁侍中，兄弟并善五言诗，见重于世。文集值乱，今不具存。"

③ 宋本作"歃古知今"。

④ 猥，并杂也。

⑤《隋书·百官志》："王国置中尉侍郎，执事中尉。"

⑥《宋书·州郡志》："南义阳太守，领县二，有平氏令，汉旧名，属南阳。"

弧矢之利，以威天下，先王所以观德择贤，亦济身之急务也。①江南谓世之常射，以为兵射，冠冕儒生，多不习此；别有博射，弱弓长箭，施于准的，揖让升降，以行礼焉，防御寇难，了无所益。②乱离之后，此术遂亡。河北文士，率晓兵射，非直葛洪一箭，已解追兵，③三九讌集，常縻荣赐。虽然要轻禽，截狡兽，不愿汝辈为之。④

①《易·系辞下传》："弦木为弧，剡木为矢。弧矢之利，以威天下。盖取诸睽。"《礼记·射义》："射者何也？射以观德也。孔子曰：'射者，何以射？何以听？循声而发，发而不失正鹄者，其唯贤者乎'？"

②【补】难,乃旦切。

③【补】《抱朴子·自叙篇》:"昔在军旅,曾手射追骑,应弦而倒,杀二贼一马,遂以得免死。"

④【补】要,与"邀"同。枚乘《七发》:"逐狡兽,集轻禽。"

　　卜筮者,圣人之业也。但近世无复佳师,多不能中。①古者,卜以决疑,②今人生疑于卜。何者? 守道信谋,欲行一事,卜得恶卦,反令怃怃,③此之谓乎! 且十中六七,以为上手,粗知大意,又不委曲。凡射奇偶,自然半收,何足赖也。④世传云:"解阴阳者,为鬼所嫉,坎壈贫穷,多不称⑤泰。"⑥吾观近古以来,尤精妙者,唯京房、管辂、郭璞耳,皆无官位,多或罹灾,此言令人益信。⑦傥值世网严密,强负此名,便有诖误,亦祸源也。及星文风气,率不劳为之。⑧吾尝学《六壬式》,亦值世间好匠,聚得《龙首》《金匮》《玉𫐐变》《玉历》⑨十许种书,⑩讨求无验,寻亦悔罢。凡阴阳之术,与天地俱生,亦吉凶德刑,不可不信。但去圣既远,世传术书,皆出流俗,言辞鄙浅,验少妄多。如反支不行,竟以遇害;归忌寄宿,不免凶终。拘而多忌,亦无益也。⑪

①【补】复,扶又切。

②《左氏·桓十一年传》:"卜以决疑,不疑何卜?"

③【元注】音敕,惕也。【补】令,郎丁切,下同。

④【补】奇,居宜切。

⑤〈称〉,屠本作"通"。

⑥【补】壈,力敢切。《楚辞·九辩》:"坎壈兮,贫士失职而志不平。"壈,一作"廩"。

⑦《汉书·京房传》："房字君明，东郡顿丘人。治《易》，事梁人焦延寿，延寿常曰：'得我道以亡身者，必京生也。'其说长于灾变，分六十卦，更值日用事，以风雨寒温为候，各有占验，房用之尤精。上意向之，石显、五鹿充宗皆嫉之，出为魏郡太守。去月余，征下狱，与前从房受学者张博皆弃市。"《魏志·管辂传》："辂字公明，平原人。安平赵孔曜荐于冀州刺史裴徽曰：'辂雅性宽大，与世无忌。仰观天文，则妙同甘、石；俯览《周易》，则齐思主季。'徽辟为文学从事，大友善之。正元二年，弟辰谓辂曰：'大将军待君意厚，冀当富贵乎？'辂叹曰：'天与我才明，不与我年寿，恐四十七八间不见女嫁儿娶妇也。'卒年四十八。"《晋书·郭璞传》："璞字景纯，河东闻喜人。妙于阴阳算历，有郭公者，客居河东，精于卜筮，复从之受业。公以青囊中书九卷与之，遂洞五行、天文、卜筮之术，攘灾转祸，通致无方，虽京房、管辂不能过也。王敦谋逆，使璞筮，璞曰：'无成。'曰：'卿更为筮寿几何？'答曰：'思向卦，明公起事，必祸不久。若往武昌，寿不可测。'敦大怒曰：'卿寿几何？'曰：'命尽今日日中。'敦怒，收璞诣南冈斩之。"

⑧【补】强，其两切。诖，古卖切。

⑨宋本注："一本作'玉燮玉历'。"【案】今本皆与一作同。

⑩《隋书·经籍志》："《六壬式经杂占》九卷，《六壬式兆》六卷。"余未见。【补】《道藏目录》：《黄帝龙首经》三卷，注：上经三十六占，下经三十六占，共七十二占法，系六壬占门。又《黄帝金柜玉衡经》一卷，亦六壬占法。

⑪《后汉书·王符传》："明帝时，公车以反支日不受章奏。"章怀注："凡反支日，用月朔为正。戌亥朔，一日反支；申酉朔，二日反支；午未朔，三日反支；辰巳朔，四日反支；寅卯朔，五日反支；子丑朔，六日反支。见《阴阳书》。"又《郭躬传》："桓帝时，汝南有陈伯敬者，行必矩步，坐必端膝。行路闻凶，便解驾留止；还触归忌，则寄宿乡亭。年老寝滞，不过举孝廉。后坐女婿亡吏，太守邵夔怒而杀之。"【补】章怀注："《阴阳书历法》曰：'归忌日，四孟在丑，四仲在寅，四季在子，其日不可远行、归家及徙也。'"

算术亦是六艺要事。^①自古儒士论天道、定律历者,皆学通之。^②然可以兼明,不可以专业。江南此学殊少,唯范阳祖暅^③精之,位至南康太守。^④河北多晓此术。

①【补】《周礼·保氏》:"六艺,六曰九数。"郑司农云:"九数:方田,粟米,差分,少广,商功,均输,方程,赢不足,旁要。今有重差,句股。"疏云:"此皆依《九章算术》而言,今以句股替旁要。"【案】今所传《周髀》,乃周公问于殷高者,即句股之法。

②【补】如张苍、郑康成、蔡邕、张衡诸人皆明此术。

③【元注】音亘。

④【补】《隋书·律历志中》:"梁初,因齐用《元嘉历》。天监三年,下诏定历。员外散骑侍郎祖暅奏称:'史官今所用《何承天历》,稍与天乖,纬绪参差,不可承案。'被诏付灵台,与新历对课疏密,至大同十年,制诏更造新历。"

医方之事,取妙极难,不劝汝曹以自命也。微解药性,小小和合,^①居家得以救急,亦为胜事,皇甫谧、殷仲堪则其人也。^②

①【补】〈合〉,古沓切。

②《晋书·皇甫谧传》:"谧有高尚之志,自号玄晏先生。后得风痹疾,犹手不辍卷。或劝谧修名广交,谧以为居田里之中,亦可以乐尧舜之道,何必崇接世利,事官鞅掌,然后为名乎?作《玄守论》以答之。初服寒食散,而性与之忤,每委顿不伦。"《隋书·经籍志》:"皇甫谧《曹歙论寒食散方》二卷,亡。"又《殷仲堪传》:"仲堪,陈郡人,父病积年,衣不解带,躬学医术,究其精妙,执药挥泪,遂眇一目。居丧哀毁,以孝闻。"

《礼》曰：“君子无故不彻琴瑟。”①古来名士，多所爱好。②洎于梁初，衣冠子孙，不知琴者，号有所阙；③大同以来，斯风顿尽。然而此乐愔愔雅致，有深味哉！④今世曲解，虽变于古，犹足以畅神情也。唯不可令有称誉，⑤见役勋贵，处之下坐，以取残杯冷炙之辱。戴安道犹遭之，况尔曹乎！⑥

①【补】《礼记·曲礼下》：“大夫无故不彻县，士无故不彻琴瑟。”

②【补】呼号切。

③【补】洎，其冀切。

④《文选·嵇叔夜〈琴赋〉》：“愔愔琴德不可测兮。”李善注：“《韩诗》曰：‘愔愔，和悦貌。’”

⑤【补】令，郎丁切。

⑥《晋书·隐逸传》：“戴逵，字安道，谯国人，少博学，善属文，能鼓琴。武陵王晞使人召之，逵对使者破琴曰：‘戴安道不为王门伶人’。”

《家语》曰：“君子不博，为其兼行恶道故也。”①《论语》云：“不有博弈者乎？为之，犹贤乎已。”②然则圣人不用博弈为教，但以学者不可常精，有时疲倦，则傥为之，犹胜饱食昏睡，兀然端坐耳。至如吴太子以为无益，命韦昭论之；③王肃、葛洪、陶侃之徒，不许目观手执，此并勤笃之志也。④能尔为佳。古为大博则六箸，小博则二茕，今无晓者。比世所行，一茕十二棋，数术浅短，不足可翫。⑤围棋有手谈、坐隐之目，颇为雅戏，⑥但令人耽愦，废丧实多，不可常也。⑦

①【补】《家语·五仪解》：“哀公问于孔子曰：‘吾闻君子不博，有之乎？’孔子曰：‘有之。’公曰：‘何为？’对曰：‘为其有二乘。’公曰：‘有二乘

则何为不博?'子曰:'为其兼行恶道也。'"

②《说文》:"博,局戏,六箸十二棋也。古者乌曹作博。"《方言》五:"围棋谓之弈。"

③《吴志·韦曜传》:"曜字弘嗣,吴郡云阳人。为太子中庶子。时蔡颖亦在东宫,性好博弈,太子和以为无益,命曜论之。"注:"曜本名昭,史为晋讳改之。"

④《晋书·葛洪传》:"洪性寡欲,无所爱玩,不知棋局几道、樗蒱齿名。"《晋中兴书》:"陶侃为荆州,见佐吏博弈戏具,投之于江曰:'围棋,尧舜以教愚子;博,殷纣所造。诸君并国器,何以此为?'"

⑤鲍宏《博经》:"博局之戏,各设六箸,行六棋,故云六博。用十二棋,六白六黑。所掷骰谓之琼,琼有五采,刻为一画者谓之塞,两画者谓之白,三画者谓之黑,一边不刻者,在五塞之间,谓之五塞。"【补】《广雅》:"博箸谓之箭。"《楚辞·招魂》:"菎蔽象棋有六簙。"王逸注:"蔽簙,箸也。"【案】簙,渠营切,即琼也。温庭筠诗用"双琼",即"二簙"也。

⑥《世说新语·巧艺篇》:"王中郎以围棋,是坐隐支公以围棋为手谈。"

⑦【补】令,郎丁切。愍,胡对切,心乱也。

投壶之礼,近世愈精。古者,实以小豆,为其矢之跃也。①今则唯欲其骁,益多益喜,②乃有倚竿、带剑、狼壶、豹尾、龙首之名。其尤妙者,有莲花骁。汝南周璝,弘正之子,会稽贺徽,贺革之子,③并能一箭四十余骁。贺又尝为小障,置壶其外,隔障投之,无所失也。至邺以来,亦见广宁、兰陵诸王,有此校具,举国遂无投得一骁者。④弹棋亦近世雅戏,⑤消愁释愤,时可为之。

①【补】《礼记·投壶》:"壶颈修七寸,腹修五寸,口径二寸,半容斗

五升。壶中实小豆焉，为其矢之跃而出也。壶去席二矢半，矢以柘若棘，毋去其皮。"为，于伪切。

②《西京杂记》下："武帝时，郭舍人善投壶，以竹为矢，不用棘也。古之投壶，取中而不求还。郭舍人则激矢令还，一矢百余反，谓之为骁，言如博之擎枭于掌中为骁杰也。每为武帝投壶，辄赐金帛。"

③【补】《陈书·周弘正传》："子瑜，官至吏部郎。"《梁书·儒林传》："贺玚子革，字文明，少通《三礼》。及长，遍治《孝经》《论语》《毛诗》《左传》。"其子未见。

④《北齐·文襄六王传》："广宁王孝珩，文襄第二子。爱赏人物，学涉经史，好缀文，有技艺。兰陵武王长恭，一名孝瓘，文襄第四子，面柔心壮，音容兼美。为将躬勤细事，每得甘美，虽一瓜数果，必与将士共之。"

⑤《艺经》："弹棋，二人对局，黑白棋各六枚。先列棋相当，下呼上击之。"《世说·巧艺篇》："弹棋始自魏宫内，用妆奁戏。文帝于此戏特妙，用手巾角拂之，无不中者。有客自云能，帝使为之，客著葛巾角，低头拂棋，妙逾于帝。"注："傅玄《弹棋赋叙》曰：'汉成帝好蹴鞠，刘向谓劳人体、竭人力，非至尊所宜御。乃因其体作弹棋，则此戏其来久矣。'"

终制第二十

死者，人之常分，^①不可免也。吾年十九，值梁家丧乱，其间与白刃为伍者，亦常数辈，幸承余福，得至于今。古人云："五十不为夭。"^②吾已六十余，故心坦然，不以残年为念。先有风气之疾，常疑奄然，聊书素怀，以为汝诫。先君先夫人皆未还建邺旧山，^③旅葬江陵东郭。承圣末，已启求扬都，欲营迁厝。蒙诏赐银百两，已于扬州小郊北地烧砖，便值本朝沦没，流离如此，数十年间，绝于还望。今虽混一，^④家道罄穷，何由办此奉营资费？且扬都污毁，无复孑遗，还被下湿，未为得计。自咎自责，贯心刻髓。计吾兄弟，不当仕进，但以门衰，骨肉单弱，五服之内，傍无一人，播越他乡，无复资荫，^⑤使汝等沈沦厮役，以为先世之耻。^⑥故觍冒人间，不敢坠失。^⑦兼以北方政教严切，全无隐退者故也。今年老疾侵，傥然奄忽，岂求备礼乎？一日放臂，沐浴而已，不劳复魄，^⑧敛以常衣。先夫人弃背之时，^⑨属世荒馑，家涂空迫，^⑩兄弟幼弱，棺器率薄，藏内无砖。^⑪吾当松棺二寸，衣帽已外，一不得自随，床上唯施七星板；至如蜡弩牙、玉豚、锡人之属，并须停省，^⑫粮罂明器，故不得营；^⑬碑志旒旐，弥在言外。^⑭载以鳖甲车，^⑮衬土而下，平地无坟。若惧拜扫不知兆域，当筑一堵低墙于左右前后，随为私记耳。^⑯灵筵勿设枕几，朔望祥禫，^⑰唯下白粥、清水、干枣，不得有酒肉饼果之祭。亲友来馈酹者，一皆拒之。^⑱汝曹若违吾心，有加先妣，则陷父不孝，在汝安乎？其内典功德，随力所至，勿刳竭生资，使冻馁也。四时祭祀，周、孔所教，欲人勿死其亲，不忘孝道也。求诸内典，则无益焉。杀生为之，翻增罪累。若报冈极之德，霜露之悲，有时斋供，^⑲及七月半盂兰盆，望于汝也。^⑳孔子之葬亲也，云："古者，墓而不坟。丘，东西南北之人也，不可以弗识也。"于是封之崇四尺。^㉑然则君子应世行道，亦有不守坟墓之时，况为事际所逼也！吾今羁旅，身若浮云，竟未知何乡是吾葬地，唯当气绝便埋之耳。汝曹宜以传业扬名为务，不可顾恋朽壤，以取埋没也。

①【补】分，扶问切。

②《蜀志·先主传》注："《诸葛亮集》载先主遗诏，敕后主曰：'人五十不称夭，年已六十有余，何所复恨，不复自伤，但以卿兄弟为念。'"

③【补】之推九世祖含，随晋元帝东度，故建邺乃其故土也。本传《观我生赋》："经长干以掩抑，展白下以流连。"自注："靖侯以下七世坟茔皆在白下。"

④《通鉴》："隋文帝开皇七年灭梁，废其主萧琮为莒公。八年冬十月，以晋王广为淮南行省尚书令，行军元帅，帅师伐陈。九年正月，获其主叔宝，陈国平。"

⑤【补】复，扶又切。

⑥【补】沈，直深切。何休注《公羊·宣十二年传》："艾草为防者曰厮，汲水浆者曰役。"

⑦【补】靦，土典切，面丑也。

⑧《仪礼·士丧礼》："复者一人。"注："复者，有司招魂，复魄也。"

⑨【补】背，蒲昧切。

⑩【补】属，之欲切。

⑪【补】藏，切浪切。

⑫【补】〈省〉，所景切。

⑬【补】《礼记·杂记上》："载粻，有子曰：'非礼也。'"注："粻，来粮也。言死者不食粮也。"又曰："瓮甒筲衡，实见间而后折入。"注："此谓葬时藏物也。衡当为桁，所以庋瓮甒之属。"《檀弓上》："孔子曰：'竹不成用，瓦不成味，木不成斲，琴瑟张而不平，竽笙备而不和。有钟磬而无簨虡，其曰明器，神明之也。"又下篇："孔子谓为明器者，知丧道矣，备物而不可用也。涂车刍灵，自古有之，孔子谓为刍灵者善，谓为俑者不仁。"

⑭【补】《释名》："裨，被也。此本葬时所设，施其辁輤，以绳被其上，以引棺也。臣子追述君父之功美以书其上，后人因焉。无故建于道陌之头，显见之处，名其文，就谓之碑也。"【案】志墓起于后世，盖纳于圹中，使后人误发掘者从而掩之耳。然能如此者百不一二，今金石文字中所载诸志铭甚多，未闻有复掩于故土者，则亦无益之举而已。旒旐，古之明旌也。旐，则旐之垂者。《世说·排调篇》："桓南郡与殷荆州共作了语，桓曰：'白布缠棺，竖旒旐。'"又案：《释名》"无故"之言，犹云"物故"耳。

⑮【补】《周礼·遂师》："共丘笼及蜃车之役。"注："四轮迫地而行，有似于蜃，因取名焉。"《礼记·杂记上》："其辅有袆。"注："辅，载柩将殡之车节也。袆，谓鳖甲边，乃缁布裳帷，围棺者也。"又云："载以輲车。"注："輲读为辁，或作樿。《周礼》有蜃车，蜃、辁声相近，其制同乎辁。崇盖半乘车之轮。"《正义》："以其蜃类盖，迫地而行，其轮宜卑。"

⑯〈耳〉，宋本有，别本无。

⑰【补】案《礼记·祭义》有朔月月半之文，即后世所云"朔望"也。又《间传》："期而小祥，又期而大祥，中月而禫。"

⑱【补】馂，陟卫切。祭，酹也。酹，郎外切，以酒祭地也。

⑲【补】〈供〉，居用切。

⑳【补】宋本注：一本无"七月半盂兰盆"六字，却作"及尽忠信，不辱其亲所望于汝也"。【案】颜笃信佛理，固宜有此言，今诸本删去六字，必

后人以其言太陋，而因易以他语耳。然文义殊不贯。【补】《盂兰盆经》："目连见其亡母生饿鬼中，即钵盛饭往饷其母。食未入口，化成火炭，遂不得食，目连大叫，驰还白佛，佛言：'汝母罪重，非汝一人所奈何，当须十方众僧威神之力。至七月十五日，当为七代父母厄难中者，具百味五果以著盆中，供养十方大德。'佛敕众僧，皆为施主，祝愿七代父母，行禅定意，然后受食。是时，目连母得脱一切饿鬼之苦。目连白佛：'未来世佛弟子行孝顺者，亦应奉盂兰盆供养。'佛言：'大善。'"故后人因此广为华饰，乃至刻木割竹，饴蜡剪彩，摸花叶之形，极工妙之巧。

㉑【补】《礼记·檀弓上》文。识，音志。

附录一

北齐书·文苑传
旧史官卢文弨注释

　　颜之推，字介，琅邪临沂人也。九世祖含，从晋元东度，官至侍中右光禄西平侯。^①父勰，梁湘东王绎镇西府咨议参军。^②世善《周官》《左氏》学。

　　①《晋书·孝友传》："颜含，字弘都，琅邪莘人也。祖钦，给事中。父默，汝阴太守。含少有操行，以孝闻。元帝过江，以为上虞令，历散骑常侍、大司农，豫讨苏峻功，封西平县侯，拜侍中，迁光禄勋，以年老逊位。成帝美其素行，就加右光禄大夫。年九十三，卒。谥曰靖。三子：髦，谦，约，并有声誉。"

　　②《梁书·文学传下》曰："颜协，字子和。七代祖含。父见远，博学有志行，齐和帝即位于江陵，以为治书侍御史兼中丞。高祖受禅，见远乃不食，发愤数日而卒。协幼孤，养于舅氏，少以器局见称，博涉群书，工于草隶。释褐，湘东王国常侍，又兼府记室。世祖出镇荆州，转正记室。感家门事义，恒辞征辟，游于蕃府而已。卒年四十二。二子：之仪，之推。"案：《梁书》以含为协七世祖，则是之推之八世祖也。史家所纪世数，往往不同，有从本身数者，亦有离本身数者。今考《颜氏家庙碑》：含子髦，字君道；髦子綝，字文和；綝子靖之，字茂宗；靖之之子腾之，字弘道；腾之之子炳之，字叔豹；炳之之子见远，字见远；见远子协。则《梁书》离本身数，《北齐书》连本身数，是以不同。"勰"之与"协"，义相近，家庙碑作"协'"，与

241

《梁书》同。【今案】北齐书：原作"晋书"，今据王利器《颜氏家训集解》（以下简称"《集解》本"）改。

之推早传家业。年十二，值绎自讲《庄》《老》，便预门徒；虚谈非其所好，还习《礼传》。博览群书，无不该洽；词情典丽，甚为西府所称。绎以为其国左常侍，加镇西墨曹参军。好饮酒，多任纵，不修边幅，①时论以此少之。

① 谓无容仪也。此之推自言云尔，见《序致》篇。

绎遣世子方诸出镇郢州，以之推掌管记。值侯景陷郢州，频欲杀之，赖其行台郎中王则以获免，囚送建邺。景平，还江陵。时绎已自立，以之推为散骑侍郎，奏舍人事。后为周军所破，大将军李穆①重之，荐往弘农，令掌其兄阳平公远书翰。②值河水暴长，具船将妻子来奔，经砥柱之险，时人称其勇决。

①【今案】李穆：原作"李显"，今据《集解》本改。
②【今案】此句原作"令掌其兄平阳王庆远书干"，今据《集解》本改。

显祖见而悦之，即除奉朝请，引于内馆中；侍从左右，颇被顾眄。天保末，从至天池，以为中书舍人，令中书郎段孝信将敕书出示之推；之推营外饮酒。孝信还，以状言，显祖乃曰："且停。"由是遂寝。河清末，被举为赵州功曹参军，寻待诏文林馆，除司徒录事参军。之推聪颖机悟，博识有才辩，工尺牍，应对闲明，大为祖珽所重。令掌知馆事，判署文书，寻迁通直散骑常侍，俄领中书舍人。帝时有取索，恒令中使传旨。之推禀承宣告，馆中皆受进止。所进文章，皆是其封署，于进贤门奏之，待报方出。兼善于文字，监校缮写，处事勤敏，号为称职。帝甚加恩接，顾遇逾厚，为勋要者所嫉，常欲害之。崔季舒等将谏也，之推取急还宅，故不连署；及召集谏人，之推亦被唤入，勘无其名，方得免祸。[①]寻除黄门侍郎。及周兵陷晋阳，帝轻骑还邺，窘急，计无所从。之推因宦者侍中邓长颙进奔陈之策，仍劝募吴士千余人，以为左右，取青、徐路，共投陈国。帝甚纳之，以告丞相高阿那肱等。阿那肱不愿入陈，[②]乃云：“吴士难信，不须募之。”劝帝送珍宝累重向青州，且守三齐之地，若不可保，徐浮海南度。虽不从之推计策，犹以为平原太守，令守河津。

①《北齐书·崔季舒传》：“祖珽受委，奏季舒总监内作，韩长鸾欲出之，属车驾将适晋阳，季舒与张雕议，以为寿春被围，大军出拒，信使往还，须禀节度，兼道路小人或相惊恐，云大驾向并，畏避南寇，若不启谏，必动人情。遂与从驾文官连名进谏，赵彦深、唐邕、段孝言等初亦同心，临时疑贰，季舒与争，未决，长鸾遂奏云：‘汉儿文官连名总署，声云谏止向并，其实未必不反，宜加诛戮。’帝即召已署官人集含章殿，以季舒、张雕、刘逖、封孝琰、裴泽、郭遵等为首，斩之殿庭。”

② 阿那肱召周军约生致齐主故也，见《幼主纪》。【今案】此句“阿那肱”三字原无，今据《集解》本补。

齐亡，入周，大象末，为御史上士。隋开皇中，太子召为学士，甚见礼重。寻以疾终。有文三十卷、《家训》二十篇，并行于世。曾撰《观我生赋》，文致清远，①其词曰：

①【案】诸本多删此赋不录，今以颜氏一生涉履，备见此中，故依史文全录之，且为之注。

仰浮清之藐藐，俯沉奥之茫茫。①已生民而立教，乃司牧以分疆。内诸夏而外夷、狄，骤五帝而驰三王。②大道寝而日隐，小雅摧以云亡。③哀赵武之作孽，怪汉灵之不祥。④旄头玩其金鼎，典午失其珠囊。⑤澶、涧鞠成沙漠，神华泯为龙荒。⑥吾王所以东运，我祖于是南翔。⑦去琅邪之迁越，宅金陵之旧章。⑧作羽仪于新邑，树杞梓于水乡。⑨传清白而勿替，守法度而不忘。⑩逮微躬之九叶，颓世济之声芳。⑪问我辰之安在，钟厌恶于有梁。⑫养傅翼之飞兽，⑬子贪心之野狼。⑭初召祸于绝域，重发衅于萧墙。⑮虽万里而作限，聊一苇而可航。指金阙以长铩，向王路而蹶张。⑯勤王逾于十万，曾不解其搤吭。⑰嗟将相之骨髓，皆屈体于犬羊。⑱武皇忽以厌世，白日黯而无光。既飨国而五十，何克终之弗康？嗣君听于巨猾，每凛然而负芒。⑲自东晋之违难，寓礼乐于江、湘。迄此几于《三百》，左衽浃于四方。咏苦胡而永叹，吟微管而增伤。世祖赫其斯怒，奋大义于沮、漳。⑳授犀函与鹤膝，建飞云及艅艎。㉑北征兵于汉曲，南发軷于衡阳。㉒

①《淮南子·天文训》："清阳者薄靡而为天，重浊者凝滞而为地。"《诗·大雅·瞻卬》："藐藐昊天，无不克巩。"传："藐藐，大貌。"《左氏·襄四年传》："虞人之箴曰：芒芒禹迹，画为九州。"

② 《公羊·成十五年传》:"《春秋》内其国而外诸夏,内诸夏而外夷、狄。"《白虎通·号篇》:"钧命决曰:'三皇步,五帝趋。三王驰,五霸骛。'"

③ 班孟坚《两都赋序》:"昔成、康没而颂声寝,王泽竭而诗不作。"《孟子·离娄上》:"王者之迹熄而诗亡。"《毛诗序》:"《小雅》尽废,则四夷交侵,中国微矣。"

④ 赵武谓赵武灵王也。武灵王胡服骑射,事见《战国·赵策》。《续汉书·五行志》曰:"灵帝好胡服、胡帐、胡床、胡坐、胡饭、胡箜篌、胡笛、胡舞,京都贵戚皆竞为之,此服妖也。其后董卓多拥胡兵,填塞街衢,虏掠宫掖,发掘园陵。"

⑤ 《史记·天官书》:"昴曰旄头,胡星也。"一本作"髦头"。《左氏·宣三年传》:"楚子伐陆浑之戎,遂至于雒,观兵于周疆。定王使王孙满劳楚子,楚子问鼎之大小轻重焉。对曰:'在德不在鼎。昔夏之方有德也,远方图物,贡金九牧,铸鼎象物,使民知神奸。桀有昏德,鼎迁于商;载祀六百,商纣暴虐,鼎迁于周。'"《蜀志·谯周传》:"典午忽兮,月西没兮。"典午者,谓司马也。案:代魏者晋,姓司马氏。珠囊,当出纬书。孔颖达《周易正义》序:"秦亡金镜,未坠斯文。汉理珠囊,重兴儒雅。"《初学记》引《尚书考灵曜》云:"河图子提期地留,赤用藏,龙吐珠。"康成注:"河图子刘氏而提起也;藏,秘也;珠,宝物,喻道也;赤汉当用天之秘道,故河龙吐之。"

⑥ 《尚书·禹贡》:"荆、河惟豫州,伊、洛、瀍、涧,既入于河。"《汉书·地理志》:"瀍水出河南谷城赟亭北。涧水出弘农新安县。"《通典·州郡》七:"荆、河之州,永嘉之乱,没于刘、石。"《诗·小雅·小弁》:"踧踧周道,鞠为茂草。"《汉书·苏建传》:"李陵歌曰:'径万里兮度沙幕。'"古沙漠作"幕"字。神华,中华也。《史记·孟子荀卿列传》:"驺衍以为儒者所谓中国者,于天下乃八十一分居其一分耳。中国名曰赤县神州。"《汉书·匈奴传》:"五月,大会龙城,祭其先、天地、鬼神。"又《叙传》:"龙荒幕朔,莫不来庭。"

⑦ 【自注】晋中宗以琅邪王南渡,之推琅邪人,故称吾王。

⑧ 金陵本吴地，后越灭吴，其地遂为越有，故称越也。说金陵者各不同，惟张敦颐《六朝事迹》序为明析，言楚威王因山立号，置金陵邑。或云，以此有王气，故埋金以镇之。或云，地接金坛之陵，故谓之金陵。秦时望气者云："五百年后，有天子气。'"始皇东巡，乃凿钟阜，断金陵长陇以通流，改其地为秣陵县。《诗·大雅·卷阿》："尔土宇昄章。"

⑨ 《易·渐·上九》："鸿渐于陆，其羽可用为仪，吉。"《尚书·召诰》："周公朝至于洛，则达观于新邑营。"《左氏·襄二十六年传》："如杞梓皮革，自楚往也。"《洛阳伽蓝记》三："萧衍子西丰侯萧正德曰：'下官虽生于水乡，而立身以来，未遭阳侯之难。'"

⑩ 《后汉书·杨震传》："转涿郡太守，子孙常蔬食步行，故旧长者或欲令为开产业，震不肯，曰：'使后世称为清白吏子孙，以此遗之，不亦厚乎！'"《左氏·昭二十九年传》："仲尼曰：'夫晋国将守唐叔之所受法度。'"

⑪ 《左氏·文十八年传》："世济其美，不陨其名。"

⑫ 我辰安在，《诗·小雅·小弁》文，本作"我良"者讹。

⑬ 【自注】梁武帝纳亡人侯景，授其命，遂为反叛之基。【加注】卢傅读曰"附"。飞兽，飞虎也，史臣避唐讳改。《周书·窬傲解》："无虎傅翼，将飞入邑，择人而食。"

⑭ 【自注】武帝初养临川王子正德为嗣，生昭明后，正德还本，特封临贺王，犹怀怨恨，径叛入北而还，积财养士，每有异志也。【加注】《史记·项羽纪》："猛如虎，很如羊，贪如狼。"《左氏·宣四年传》："谚曰：'狼子野心。'"

⑮ 【自注】正德求征侯景，至新林叛，投景，景立为主，以攻台城。

⑯ 《贾谊书·过秦上》："鉏櫌棘矜，不敌于钩戟长铩。"《汉书·申屠嘉传》："以材官蹶张。"如淳曰："材官之多力能脚踏强弩张之。律有蹶张士。"师古曰："今之弩，以手张者曰擘张，以足踏者曰蹶张。"

⑰ 《左氏·僖二十五年传》："求诸侯莫如勤王。"《史记·刘敬传》："夫与人斗，不搤其肮，拊其背，未能全其胜也。"《集解》："张晏曰：'肮，喉

咙也。'"《索隐》:"嗌,音厄。肮,音胡浪反,一音胡刚反。苏林以为颈大脉,俗所谓胡脉者也。"【案】肮与"吭"同,《汉书》作"亢"。

⑱【自注】台城陷,援军并问讯二宫,致敬于侯景也。《史记·专诸传》:"方今吴国外困于楚而内空,无骨鲠之臣,是无如我何。"

⑲陶潜《读〈山海经〉诗》:"巨猾肆威暴,钦𬸦违帝旨。"《汉书·霍光传》:"宣帝谒见高庙,大将军光从骖乘,上内严惮之,若有芒刺在背。"

⑳【自注】孝元时为荆州刺史。【加注】《左氏·哀六年传》:"江、汉、沮、漳,楚之望也。"

㉑犀函,犀甲也。《周礼·考工记》:"燕无函。"注:"函,铠也。"《孟子》曰:"矢人岂不仁于函人哉。"又:"函人为甲,犀甲七属,兕甲六属;犀甲寿百年,兕甲寿二百年。"《方言》九:"矛骹如雁胫者谓之鹤膝。"《初学记》引《晋令》曰:"水战有飞云船、苍隼船、先登船、飞鸟船。"郭璞《江赋》:"漂飞云,建艅艎。"艅艎,即《左氏传》之余皇。

㉒【自注】湘州刺史河东王誉、雍州刺史岳阳王詧,并隶荆州都督府。【加注】《说文》:"餫,野馈也。"

　　昔承华之宾帝,寔兄亡而弟及。①逮皇孙之失宠,叹扶车之不立。②间王道之多难,各私求于京邑。襄阳阻其铜符,长沙闭其玉粒。③遽自战于其地,岂大勋之暇集。子既损而侄攻,昆亦围而叔袭。褚乘城而宵下,杜倒戈而夜入。④行路弯弓而含笑,骨肉相诛而涕泣。周旦其犹病诸,孝武悔而焉及。⑤

　　①【自注】昭明太子薨,乃立晋安王为太子。【加注】《文选·陆士衡〈皇太子宴玄圃诗〉》:"弛厥负檐,振缨承华。"李善注引《洛阳记》曰:"太子宫在大宫东,中有承华门。"《周书·太子晋解》:"王子曰:'吾后三年,将上宾于帝所。'"《史记·鲁周公世家》:"叔牙曰:'一继一及,鲁之常

也。'"《集解》："何休曰：'父死子继，兄终弟及。'"【今案】昭明太子，"昭明"二字原脱，据《集解》本补。

②【自注】嫡皇孙驩出封豫章王而薨。【钱注】"娇"当作"嫡"。《梁书》"驩"作"欢"。【加注】"扶车"疑是"绿车"。《独断》："绿车名曰皇孙车，天子有孙乘之。"【钱注】"扶车"疑是"扶苏"之讹，盖以秦太子扶苏比昭明太子也。

③【自注】河东、岳阳皆昭明子。【加注】《史记·孝文本纪》："二年，初与郡国守相为铜虎符、竹使符。"《集解》："应劭曰：'铜虎符第一至第五，国家当发兵，遣使者至郡合符，符合乃听受之。'"《索隐》："《古今注》云：'铜虎符，银错书之。'"张晏云："铜，取其同心也。"《梁书·河东王誉传》："台城没，誉还湘镇，世祖遣周弘直督其粮，前后使三反，誉并不从。"

④【自注】孝元以河东不供船舻，乃遣世子方等为刺史，大军掩至，河东不暇遣拒；世子信用群小，贪其子女玉帛，遂欲攻之，故河东急而逆战，世子为乱兵所害。孝元发怒，又使鲍泉围河东，而岳阳宣言大猎，即拥众袭荆州，求解湘州之围。时襄阳杜岸兄弟怨其见劫，不以实告，又不义此行，率兵八千夜降，岳阳于是遁走，河东府褚显族据投岳阳，所以湘州见陷也。

⑤《汉书·武五子传》："戾太子据因江充陷以巫蛊自经。上怜太子无辜，乃作思子宫，为归来、望思之台于湖，天下闻而悲之。"

方幕府之事殷，谬见择于人群。未成冠而登仕，财解履以从军。①非社稷之能卫，②□□□□□□。仅书记于陛闼，罕羽翼于风云。

①【自注】时年十九，释褐，湘东国右常侍，以军功，加镇西墨曹参军。

②《礼记·檀弓》："能执干戈以卫社稷。"【钱注】监本、殿本具有小

字注"童汪琦"三字,疑非本注。

及荆王之定霸,始雠耻而图雪。舟师次乎武昌,抚军镇于夏汭。^①滥充选于多士,在参戎之盛列。惭四白之调护,厕六友之谈说。^②虽形就而心和,匪余怀之所说。^③

①【自注】时遣徐州刺史徐文盛领二万人,屯武昌芦州,拒侯景将任约。又第二子绥宁度方诸为世子,拜中抚军将军郢州刺史,以盛声势。【加注】注中"绥宁度"三字疑讹。《左氏·闵二年传》:"大子曰冢子,君行则守,有守则从;从曰抚军,守曰监国。"【钱注】"度"当作"侯",下文"阳侯"字亦讹为"度",可证也。梁世诸王之子,例封县侯。

②【自注】时迁中抚军外兵参军,掌管记,与文圭、刘民英等与世子游处。【加注】四白,四皓也。《史记·留侯世家》:"上欲废太子,留侯画计曰:'上有所不能致者,天下有四人,迎此四人来从太子。'年皆八十有余,须眉皓白,衣冠甚伟。上怪之,问曰:'彼何为者?'四人前对,各言名姓,曰:东园公,甪里先生,绮里季,夏黄公。上乃大惊,曰:'烦公幸卒调护太子。'"《初学记》引《晋公卿礼秩》曰:"潜、怀立东宫,乃置六傅,省尚书事,始置詹事丞,文书关由六傅,时号太子六友。"

③ 说,音悦。

縶深宫之生贵,矧垂堂与倚衡。^①欲推心以厉物,树幼齿以先声。^②忾敷求之不器,乃画地而取名。^③仗御武于文吏,^④委军政于儒生。^⑤值白波之猝骇,逢赤舌之烧城。^⑥王凝坐而对寇,白诩拱以临兵。^⑦莫不变媛而化鹄,皆自取首以破脑。^⑧将睥睨于渚宫,先凭陵于地道。^⑨懿永宁之龙蟠,^⑩奇护军之电扫。^⑪奔虏快其余毒,缧囚膏乎野草。^⑫幸先主之无劝,赖滕公之我保。^⑬剟鬼录于岱宗,招归魂于苍昊。^⑭荷性命之重赐,衔若人以终老。

①《汉书·袁盎传》:"臣闻千金之子不垂堂,百金之子不骑衡。"如淳曰:"骑,倚也;衡,楼殿边栏楯也。"【案】颜用倚衡,正与如淳说合。颜师古乃云:"骑谓跨之。"非古义也。

②【自注】中抚军时年十五。《后汉书·光武帝纪》:"降者更相谓曰:'萧王推赤心置人腹中,安得不投死乎!'"厉,摩厉也。《汉书·梅福传》:"爵禄束帛者,天下之底石,高祖所以厉世磨钝也。"树,立也。齿,年也。《汉书·韩信传》:"广武君曰:'兵固有先声而后实者。'"

③《诗·曹风·下泉》:"忾我寤叹。"《笺》云:"忾,叹息之意。"《释文》:"苦爱反。"《书·伊训》:"敷求哲人,俾辅于尔后嗣。"不器,言不器使也。《汉书·张汤传》:"霍光问千秋战斗方略、山川形势,千秋口对兵事,画地成图,无所忘失。千秋,汤子安世长子也。"

④【自注】以虞预为郢州司马,领城防事。

⑤【自注】以鲍泉为郢州行事,总摄州府也。

⑥《后汉书·献帝纪》:"白波贼寇河东。"章怀注:"薛莹书曰:'黄巾郭泰等起于西河白波谷,时谓之白波贼。'"《太玄经·干》次八曰:"赤舌烧城,吞水于瓶。"

⑦【自注】任约为文盛所困,侯景自上救之,舟舰弊漏,军饥卒疲,数战失利,乃令宋子仙、任约步道偷郢州,城预无备,故陷贼。【加注】《梁书·鲍泉传》:"郢州平,元帝以长子方诸为刺史,泉为长史,行府州事,不恤军政,唯蒲酒自乐。贼骑至,百姓奔告方诸,与泉方双陆,不信。既而传告者众,始令阖门。贼纵火焚之,城陷,执方诸及泉,送之景所。景后杀之。"白当指鲍泉,犹言白面书生也。诩拱,或是"翊拱"之误。

⑧《抱朴子·释滞篇》:"周穆王南征,久而不归,一军尽化:君子为猿为鹤,小人为沙为虫。""鹄"与"鹤"同。

⑨【自注】景欲攻荆州,路由巴陵。【加注】《汉书·田蚡传》:"辟睨

两宫间。"师古曰:"辟睨,旁视也。"【案】辟睨,即睥睨也。《左氏·文十年传》:"子西沿汉溯江,将入郢,王在渚宫下见之。"【案】渚宫,在荆州。《正义》云:"当郢都之南。"《左氏·襄廿五年传》:"今陈介恃楚众,以冯陵我敝邑。"

⑩【自注】永宁公王僧辩据巴陵城,善于守御,景不能进。【今案】据,原作"救",据《集解》本改。【加注】此龙蟠以喻莫之敢撄耳。

⑪【自注】护军将军陆法和破任约于赤亭湖,景退走,大溃。【加注】《后汉书·皇甫嵩传》:"阎忠说嵩曰:'将军兵动若神,谋不再计,摧强易于折枯,消坚甚于汤雪,旬月之间,神兵电扫。'"

⑫《左氏·成三年传》:"两释累囚,以成其好。"杜注:"累,系也。"案:与"缧"同。孔安国《论语注》:"缧,黑索。"《文选·司马长卿〈谕巴蜀檄〉》:"肝脑涂中原,膏液润野草。"李善注引《春秋考异邮》曰:"枯骸收胲,血膏润草。"

⑬【自注】之推执在景军,例当见杀,景行台郎中王则,初无旧识,再三救护,获免,因以还都。【加注】先主,谓蜀先主也,旧本作"先生",讹。《魏志·吕布传》:"布既降,生缚之,布请曰:'明公将步,布将骑,则天下不足定也。'太祖有疑色。刘备进曰:'明公不见布之事丁建阳及董太师乎?'太祖颔之,于是缢杀布。"《史记·淮阴侯列传》:"韩信亡楚归汉,为连敖,坐法当斩,其辈十三人已斩,次至信,信仰视,适见滕公,曰:'上不欲就天下乎?何为斩壮士?'滕公奇其言,乃释而不斩,与语,大说之,言于上。上拜以为治粟都尉。"滕公乃夏侯婴也。

⑭【自注】时解衣讫而获全。【加注】剟,削也。魏文帝《与吴质书》:"徐、陈、应、刘,一时俱逝,顷撰其遗文,都为一集,观其姓名,已为鬼录。"《博物志》:"《援神契》曰:'太山,天帝孙也,主召人魂。东方,万物始,故主人生命之长短。'"《古乐府·怨诗行》:"人间乐未央,忽然归东岳。"魏应璩《百一诗》:"年命在桑榆,东岳与我期。"《楚辞》有《招魂》。《尔雅·释天》:"春曰苍天,夏曰昊天。"

贼弃甲而来复,肆猜距之雕鸢。^①积假履而弑帝,凭衣雾以上天。用速灾于四月,奚闻道之十年。^②就狄俘于旧坏,陷戎俗于来旋。慨《黍离》于清庙,怆《麦秀》于空廛。鼖鼓卧而不考,景钟毁而莫悬。^③野萧条以横骨,邑阒寂而无烟。畴百家之或在,^④覆五宗而翦焉。^⑤独昭君之哀奏,唯翁主之悲弦。^⑥经长干以掩抑,^⑦展白下以流连。^⑧深燕雀之余思,感桑梓之遗虔。^⑨得此心于尼甫,信兹言乎仲宣。^⑩

①《左氏·宣二年传》:"宋城,华元为植巡功,城者讴曰:'睅其目,皤其腹,弃甲而复;于思于思,弃甲复来。'"杜注:"弃甲谓亡师。"张茂先《鹪鹩赋》:"雕鹗介其爪距。"《诗·小雅·四月》传:"雕鸢,贪残之鸟也。"

②【自注】台城陷后,梁武曾独坐,叹曰:"侯景于文为小人百日天子。"及景以大宝二年十二月十九日僭位,至明年三月十九日弃城逃窜,是一百二十日,艻天道,继大数,故文为百日,言与公孙述俱禀十二而旬岁不同。【加注】《左氏·僖四年传》:"赐我先君履。"杜注:"履,所践履之界。"刘勰《新论·均任篇》:"夫龙蛇有翻腾之质,故能乘云依雾。"注中"艻"字疑。

③《诗·王·黍离》序:"闵宗庙也。周大夫行役至于宗周,过故宗庙,宫室尽为禾黍,闵周室之颠覆,彷徨不忍去而作是诗也。"《史记·宋微子世家》:"箕子朝周,过故殷虚,感宫室毁坏,生禾黍,箕子伤之,欲哭则不可,欲泣,为其近妇人,乃作《麦秀》之诗以歌咏之。"《周礼·地官·鼓人》:"以鼖鼓鼓军事。"《毛诗传》:"考,击也。"《晋语》七:"魏颗以其身却退秦师于辅氏,亲止杜回,其勋铭于景钟。"韦注:"景钟,景公钟。"

④【自注】中原冠带,随晋渡江者百家,故江东有百谱。至是,在都者覆灭略尽。

⑤《史记·五宗世家》:"孝景皇帝子凡十三人为王,而母五人,同母者为宗亲。"《书·五子之歌》:"覆宗灭祀。"杜注成二年《左传》:"翦,

尽也。”

⑥【自注】公主子女，见辱见雠。【加注】石崇《王明君辞序》：“王明君者，本是王昭君，以触文帝讳改之。匈奴盛，请婚于汉，元帝以后宫良家子昭君配焉。昔公主嫁乌孙，令琵琶马上作乐，以慰其道路之思；其送明君，亦必尔也。”《史记·大宛传》：“乌孙以马千匹聘汉女，汉遣宗室女江都翁主往妻乌孙，乌孙王昆莫以为右夫人。”《汉书·西域传》：“公主悲愁，自为作歌，曰：‘吾家嫁我兮天一方，远托异国兮乌孙王。穹庐为室兮旃为墙，以肉为食兮酪为浆。居常土思兮心内伤，愿为黄鹄兮归故乡。’”

⑦【自注】长干，旧颜家巷。【加注】刘渊林注《吴都赋》：“建业南五里有山冈，其间平地，吏民杂居，东长干中有大长干、小长干，皆相连。大长干在越城东，小长干在越城西，地有长短，故号大、小长干。”掩抑，意不舒也。

⑧【自注】靖侯以下七世坟茔，皆在白下。【加注】白下，一名白下门，今江宁县地。流连，不能去也。【今案】王利器《集解》案语云：《颜鲁公大宗碑》：“生之推，字介，北齐中书舍人，给事黄门郎，平原太守，尝著《观我生赋》云：‘展白下以流连。’以靖侯已下七叶坟茔皆在故也。”

⑨《礼记·三年问》：“今是大鸟兽，则丧其群匹，越月逾时焉，则必反巡，过其故乡，翔回焉，鸣号焉，蹢躅焉，踟蹰焉，然后乃能去之。”《诗·小雅·小弁》：“维桑与梓，必恭敬止。”

⑩王仲宣《登楼赋》：“悲旧乡之壅隔兮，涕横坠而弗禁。昔尼父之在陈兮，有归欤之叹音。钟仪幽而楚奏兮，庄舄显而越吟。人情同于怀土兮，岂穷达而异心。”

遏西土之有众，资方叔以薄伐。①抚鸣剑而雷咤，振雄旗而云窣。②千里追其飞走，三载穷于巢窟。屠蚩尤于东郡，挂郅支于北阙。③吊幽魂之冤枉，扫园陵之芜没。殷道是以再兴，夏祀于焉不忽。但遗恨于炎昆，火延宫而累月。④

①【自注】永宁公以司徒为大都督。【加注】《书·牧誓》:"逖矣西土之人。"遏,与"逖"同。又《泰誓》中:"西土有众,咸听朕言。"《诗·小雅·采芑》:"方叔涖止,其车三千。"又《六月》:"薄伐玁狁,至于太原。"

② 卢文弨曰:咤,与"吒"同,陟嫁切。叱,怒也。崒,当作"崒",仓没切,危高也。

③【自注】既斩侯景,烹尸于建业市,百姓食之,至于肉尽龁骨。传首荆州,悬于都街。【加注】《史记·五帝本纪》:"蚩尤作乱,不用帝命。于是黄帝乃征师诸侯,与蚩尤战于涿鹿之野,遂禽杀蚩尤。"《续汉书·郡国志》:"东平国寿张,故属东郡。"刘昭注:"《皇览》曰:'蚩尤冢在县阚乡城中,高七丈。'"《汉书·陈汤传》:"郅支单于杀汉使者,汤矫制发城郭诸国兵薄城下,单于被创死,军候假丞杜勋斩单于首,于是上疏,宜县头槀街蛮、夷邸间,以示万里。"

④【自注】侯景既平,我师采稆失火,烧宫殿荡尽也。《书·胤征》:"火炎昆冈,玉石俱焚。"

指余棹于两东,①侍升坛之五让。②钦汉官之复睹,赴楚民之有望。③摄缘衣以奏言,忝黄散于官谤。④或校石渠之文,⑤时参柏梁之唱。⑥顾瓹瓯之不算,濯波涛而无量。⑦属潇、湘之负罪,⑧兼岷、峨之自王。⑨仁既定以鸣鸾,修东都之大壮。⑩惊北风之复起,惨南歌之不畅。⑪守金城之汤池,转绛宫之玉帐。⑫徒有道而师直,翻无名之不抗。⑬民百万而囚虏,书千两而烟炀。溥天之下,斯文尽丧。⑭怜婴孺之何辜,矜老疾之无状。⑮夺诸怀而弃草,踣于涂而受掠。⑯冤乘舆之残酷,轸人神之无状。⑰载下车以黜丧,掩桐棺之藁葬。⑱云无心以容与,风怀愤而慅恨。井伯饮牛于秦中,子卿牧羊于海上。⑲留钏之妻,人衔其断绝。击磬之子,家缠其悲怆。⑳

① 两东,未详,或为湘东之讹。

②《魏志·文帝纪》:"乃为坛于繁阳,王升坛即阼。"《汉书·袁盎传》:"陛下至代邸,西乡让天子者三,南乡让天子者再。夫许由一让,陛下五以天下让,过许由四矣。"【案】元帝屡让王僧辩等劝进表,至大宝三年冬,始即位于江陵,故云。

③《后汉书·光武帝纪》:"时三辅吏士东迎更始,见诸将皆冠帻而服妇人衣,诸于绣镼,莫不笑之,或有畏而走者。及见司隶僚属,皆欢喜不自胜,老吏或垂涕曰:'不图今日复见汉官威仪。'由是识者皆属心焉。"

④【自注】时为散骑侍郎,奏舍人事也。【加注】舍人是兼职,故曰摄。绛衣当是舍人所服。《晋书·陈寿传》:"杜预荐寿于帝,宜补黄散。"《职官志》:"散骑常侍、侍郎与侍中、黄门侍郎,共平尚书奏事。"《左氏·庄廿二年传》:"敢辱高位,以速官谤。"

⑤【自注】王司徒表送秘阁旧事八万卷。乃诏:"比校部分,为正御、副御、重杂三本。左民尚书周弘正、黄门侍郎彭僧郎、直省学士王圭、戴陵校经部,左仆射王褒、吏部尚书宗怀正、员外郎颜之推、直学士刘仁英校史部、廷尉卿殷不害、御史中丞王孝纯、中书郎邓荩、金部郎中徐报校子部,右卫将军庾信、中书郎王固、晋安王文学宗菩善、直省学士周确校集部也。"【加注】班固《两都赋》:"又有天禄、石渠,典籍之府,命夫惇诲故老,名儒师傅,讲论乎六艺,稽合乎同异,启发篇章,校理秘文。"《后汉书·蔡邕传》:"昔孝宣会诸儒于石渠。"【案】石渠议奏载《汉书·艺文志》。

⑥《古文苑》:"汉武帝元封三年,作柏梁台,诏群臣二千石,有能为七言诗,乃得上座。帝诗云:'日月星辰和四时。'和者自梁孝王而下至东方朔,凡二十四人。"

⑦ 自言器小而膺大遇也。《方言》五:"瓯瓵,陈、魏、宋、楚之间谓之题,自关而西谓之瓵,其大者谓之瓯。"

⑧【自注】陆纳。【加注】潇、湘,二水名,在荆南。《梁书·元帝纪》:"大宝三年冬,执湘州刺史王琳于殿内,琳副将殷宴下狱死。林州长史陆

纳及其将潘乌累等举兵反,袭陷湘州。"

⑨【自注】武陵王。岷、峨,蜀二山名。武陵王纪为益州刺史,蜀地也。《纪传》:"侯景乱,纪不赴援。高祖崩后,纪乃僭号于蜀,将图荆、陕。时陆纳未平,蜀军复逼,世祖忧焉。既而纳平,樊猛获纪,杀之于硖口。"

⑩【自注】诏司农卿黄文超营殿。【加注】《元帝纪》:"承圣二年七月,诏曰:'今八表乂清,四郊无垒,宜从青盖之兴,言归白水之乡。'"盖有意仍都建邺也。《周礼·春官·巾车》疏引《韩诗》:"升车则马动,马动则鸾鸣,鸾鸣则和应。"班固《西都赋》:"大辂鸣銮,容与徘徊。""銮"与"鸾"同。《诗小序》:"《车攻》,宣王复古也,复会诸侯于东都,因田猎而选车徒焉。"《易·系辞下》:"圣人易之以宫室,上栋下宇,以待风雨,盖取诸大壮。"

⑪【自注】秦兵继来。《元帝纪》:"承圣三年,秦州刺史严超达自秦郡围泾州,魏复遣将步六汗萨率众救泾州。九月,魏遣其柱国万纽于谨率大众来寇。"《左氏·襄十八年传》:"师旷曰:'吾骤歌北风,又歌南风,南风不竞,多死声。'"

⑫【自注】孝元自晓阴阳兵法,初闻贼来,颇为厌胜,被围之后,每叹息,知必败。【加注】《汉书·食货志》:"神农之教曰:'有石城十仞,汤池百步,带甲百万而无粟,弗能守也。'"《秦州记》:"凡城皆称金,言其固也,故墨子称金城汤池。"案:今《墨子》此语亡。考绎宫玉帐,盖遁甲、六壬之书,元帝明于占候,见《金楼子》自序。《广雅·释言》:"厌,镇也。"亦作"压",谓为镇压之术,制之以取胜也。

⑬【自注】孝元与宇文丞相断金结和,无何见灭,是师出无名。【加注】《左氏·僖廿八年传》:"子犯曰:'师直为壮,曲为老。'"《礼记·檀弓下》:"吴侵陈,问陈太宰嚭曰:'师必有名,人之称斯师也者其谓之何?'"又曰:"嚭曰:'君王讨敝邑之罪,又矜而赦之,师与有无名乎?'"【案】宇文丞相谓宇文觉也。《周书·于谨传》:"梁元帝密与齐氏通使,将谋侵轶,其兄子岳阳王詧以元帝杀其兄誉,据襄阳来附,仍请王师。乃令谨率众出讨,旬有六日,城陷,梁主降,寻杀之。"

⑭【自注】北于坟籍,少于江东三分之一。梁氏剥乱,散逸湮亡,唯孝元鸠合,通重十余万,史籍以来未之有也,兵败,悉焚之,海内无复书府。【加注】车一乘曰"两"。《后汉书・吴祐传》:"祐父恢为南海太守,欲杀青以写经书。祐谏曰:'此书若成则载之两。'"

⑮《汉书・项籍传》:"异时诸侯吏卒繇役屯戍过秦中,秦中遇之多无状。"

⑯"弃草"句谓婴孺。"受掠"句谓老疾。踣,仆也。掠,笞也。

⑰ 此两字误,"状"或是"仗"。

⑱《左氏・襄廿五年传》:"崔氏侧庄公于北郭。丁亥,葬诸士孙之里,四翣不跸,下车七乘,不以兵甲。"《左氏・哀二年传》:"桐棺三寸,不设属辟,素车朴马,无入于兆,下乡之罚也。"

⑲《左氏・僖五年传》:"晋袭虞,灭之,执虞公,及其大夫井伯以媵秦穆姬。"此云"井伯饮牛",盖以人之诬百里奚者加之,以井伯、百里奚为一人也。《史记・苏建传》:"建中子武,字子卿,以父任,稍迁至栘中厩监。使匈奴,单于欲降之,徙武北海上无人处,使牧羝,羝乳乃得归。既至海上,廪食不至,掘野鼠,去草实而食之。"

⑳ 留钏,留以为别也,事未详。"击磬之子"谓儒生。

　　小臣耻其独死,实有愧于胡颜。①牵痫疲而就路,②策驽蹇以入关。③下无景而属蹈,上有寻而亟搴。嗟飞蓬之日永,怅流梗之无还。④

　　① 曹子建《上责躬应诏诗表》:"忍垢苟全,则犯诗人胡颜之讥。"李善注:"即'胡不遄死'之义也。"

　　②【自注】时患脚气。【加注】痫,与"疴"同。《玉篇》:"病也。"《说文》:"疚,殴伤也。"

　　③【自注】官给疲驴瘦马。

④ 曹植诗："转蓬离本根,飘飖随长风。何意回飙举,吹我入云中。"《战国·齐策》："苏代谓孟尝君曰:'土偶人与桃梗相与语,土偶曰:子东国之桃梗也,刻削子以为人,淄水至,流子而去,则漂漂者将如何耳?'"

若乃五牛之旌,九龙之路,土圭测影,璿玑审度。或先圣之规模,乍前王之典故。与神鼎而偕没,切仙弓之永慕。① 尔其十六国之风教,七十代之州壤,②接耳目而不通,咏图书而可想。何黎氓之匪昔,徒山川之犹曩;每结思于江湖,将取弊于罗网。③聆代竹之哀怨,听出塞之嘹朗;对皓月以增愁,临芳樽而无赏。④

①《周书·于谨传》:"收梁府库珍宝,得宋浑天仪,梁日晷、铜表、魏相风铜蟠螭,大玉径四尺、围七尺,及诸羺辇法物以献,军无私焉。"《周礼·地官·大司徒》:"以土圭之法测土深,正日景,以求地中。"《书·舜典》:"在璿玑玉衡,以齐七政。"《孔传》:"璿玑,王者正天文之器,可运转者。"《史记·封禅书》:"秦灭周,周之九鼎入于秦。或曰:宋太丘社亡而鼎没于泗水彭城下。"【今案】五牛,原作"玄牛",据《集解》本改。

② 十六国当以《诗》有十五国风,并鲁数之为十六也。或者,身已入关,举崔鸿所纪载之十六国为言,亦未可定。管仲言:"古封禅之君七十二家。"今言七十代,举成数也。《淮南·缪称训》:"泰山之上有七十坛焉。"

③ 此即《终制》篇所云:"计吾兄弟,不当仕进。所以腼冒人间,亦以北方政教严切,全无隐遁者故也。"

④ 所谓异方之乐,只令人悲。

日太清之内衅,彼天齐而外侵。始蹙国于淮浒,遂压境

258

于江浔。①获仁厚之麟角，克俊秀之南金。爰众旅而纳主，车五百以复临。②返季子之观乐，释钟仪之鼓琴。③窃闻风而清耳，倾见日之归心。试拂蓍以贞筮，遇交泰之吉林。④譬欲秦而更楚，假南路于东寻。⑤乘龙门之一曲，历砥柱之双岑。⑥冰夷风薄而雷响，阳侯山载而谷沉。⑦伻掣龟以凭浚，类斩蛟而赴深。⑧昏扬舲于分陕，曙结缆于河阴。⑨追风飙之逸气，从忠信以行吟。⑩

①【自注】侯景之乱，齐氏深斥梁家土宇，江北淮北，唯余庐江、晋熙、高唐、新蔡、西阳、齐昌数郡，至孝元之败，于是尽矣，以江为界也。【加注】《史记·封禅书》："齐所以为齐，以天齐也。"《集解》："苏林曰：'当天中央齐。'"

②【自注】齐遣上党王涣率兵数万，纳梁贞阳侯明为主。【加注】《诗·周南·麟之趾·序》："虽衰世之公子，皆信厚如麟趾之时也。""麟之角，振振公族。"《晋书·薛兼传》："兼少与纪瞻、闵鸿、顾荣、贺循齐名，号为五俊。初入洛，司空张华见而奇之，曰：'皆南金也。'"

③【自注】梁武聘使谢挺、徐陵，始得还南。凡厥梁臣，皆以礼遣。【加注】《左氏·襄廿九年传》："吴公子札来聘，请观于周乐。"又《成九年传》："晋侯观于军府，见钟仪，问之曰：'南冠而絷者谁也？'有司对曰：'郑人所献楚囚也。'问其族，对曰：'泠人也。'使与之琴，操南音。公重为之礼，使归求成。"

④【自注】之推闻梁人返国，故有奔齐之心，以丙子岁旦，筮东行吉不，遇泰之坎，乃喜，曰："天地交泰，而更习坎，重险行而不失其信，此吉卦也。"但恨小往大来耳，后遂吉也。《易·师·彖》："师贞，丈人吉。"【案】郑《注》《礼记·缁衣》《周礼·天府·太卜》皆以"贞"为"问"，此贞筮亦谓问于筮也。汉焦赣、崔篆皆著《周易林》。

⑤《吕氏春秋·首时篇》："墨者有田鸠，欲见秦惠王，留秦三年而弗

得见。客有言之于楚王者,往见楚王,楚王说之,与将军之节以如秦。至,因见惠王,告人曰:'之秦之道乃之楚乎?'固有近之而远,远之而近者。"

⑥《尚书·禹贡》:"导河积石,至于龙门,南行至于华阴,东至于底柱。"《水经注》四:"《魏土地记》曰:'梁山北有龙门山,大禹所凿。'"注又云:"砥柱,山名也。昔禹治洪水,山陵当水者凿之,故破山以通河,河水分流,包山而过,山见水中若柱然,故曰砥柱,亦谓之三门山。在虢城东北,太阳城东也。"《公羊·文十二年传》:"河形千里而一曲。"【案】河从积石北行,又东,乃南行,至于龙门,此所以云一曲也。

⑦《海内北经》:"从极之渊,深三百仞,维冰夷恒都焉。"郭璞注:"冰夷,即冯夷也。《淮南》云:'冯夷得道,以潜大渊。'即河伯也。"薄,迫各切。《易·系辞上传》:"雷风相薄。"响,许后切,嗥也。郭璞《江赋》:"溢流雷响而电激。"阳度,疑"阳侯"之讹,《初学记》引《博物志》:"大波之神曰阳侯。""山载"疑言"戴山",古"载""戴"字通。

⑧挈龟事未详,唯毛宝事略相近,见《续搜神记》,云:"晋咸康中,豫州刺史毛宝戍邾城,买一白龟子,放之。后邾城遭石勒败,众人越江,莫不沉溺。宝一同自投,既入水,觉如随一石上,中流视之,乃是先所养白龟。既送至东岸,出头视此人,徐游而去。"《尔雅》:"浚,深也。"斩蛟,《博物志》载澹台灭明、次非、菑丘欣三事。《晋书·周处传》:"处投水搏蛟,蛟或沉或浮,行数十里,而处与之俱,经三日三夜,果杀蛟而返。"

⑨【自注】水路七百里,一夜而至。【加注】王逸注《楚辞·九章》云:"舲,船有窗牖者。"陕,失冉切。缆,维船索也。

⑩《列子·说符》:"孔子自卫反鲁,息驾乎河梁而观焉。有悬水三十仞,圜流九十里,鱼鳖弗能游,鼋鼍弗能居。有丈夫厉之而出。孔子问之曰:'巧乎?有道术乎?'丈夫对曰:'始吾之入也,先以忠信;及吾之出也,又从以忠信。错吾躯于波流,而吾不敢用私,所以能入而复出也。'"《说苑·杂言篇》《家语·致思篇》并载此事。

遭厄命而事旋，旧国从于采芑。先废君而诛相，讫变朝而易市。①遂留滞于漳滨，私自怜其何已。谢黄鹄之回集，恶翠凤之高峙。②曾微令思之对，空窃彦先之仕。③篆书盛化之旁，待诏崇文之里。④珥貂蝉而就列，执麾盖以入齿。⑤款一相之故人，⑥贺万乘之知己。祇夜语之见忌，宁怀尗之足恃。⑦谏谮言之矛戟，惕险情之山水。由重裘以胜寒，用去薪而沸止。⑧

① 【自注】至邺，便值陈兴而梁灭，故不得还南。【加注】梁敬帝禅位于陈霸先。所诛之相谓王僧辩。

② 漳滨谓邺，即北齐所都也。怜，俗憐字。《西京杂记》："始元元年，黄鹄下太液池，上为歌曰：'自顾薄德，愧尔嘉祥。'"之推自言其至止也，视黄鹄之下、凤皇之仪，为有愧也。

③ 令思，华谭字。彦先，顾荣字。《晋书·谭传》："广陵人，刺史嵇绍举谭秀才，武帝亲策之，时九州秀孝策，无逮谭者。博士王济于众中嘲之曰：'君，吴、楚之人，亡国之余，有何秀异，而应斯举？'答曰：'秀异同产于方外，不出于中域也。是以明珠文贝，生于江、郁之滨；夜光之璧，出乎荆、蓝之下。故以人求之，文王生于东夷，大禹生于西羌。子弗闻乎？'济又曰：'夫危而不持，颠而不扶，至于君臣失位，国亡无主，凡在冠带，将何所取哉？'答曰：'吁！存亡有运，兴衰有期。天之所废，人不能支。谅否泰有时，岂人事之所能哉！'济甚礼之。"《晋书·荣传》："吴兴人也，弱冠仕吴，吴平，入洛，例拜为郎。齐王同召为大司马主簿。同擅权骄恣，荣惧及祸，终日昏酣，不综府事。同诛，长沙王乂以为长史。乂败，转成都王颖丞相从事中郎。以世乱还吴，属广陵相陈敏反，假荣右将军、丹阳内史。荣数践危亡之际，恒以恭逊自免。后与甘卓、纪瞻潜谋起兵攻敏，事平还吴。元帝镇江东，以荣为军司，朝野甚推敬之。"

④ 【自注】齐武平中，署文林馆，待诏者仆射阳休之、祖孝徵以下三

十余人，之推专掌，其撰《修文殿御览》《续文章流别》等，皆诣进贤门奏之。【加注】《唐六典》："魏文帝招文儒之士，始置崇文馆，王肃以散骑常侍领崇文馆祭酒。"

⑤【自注】时以通直散骑常侍迁黄门郎也。【今案】时，原误作"将"，今据《集解》本改。【加注】《独断》："武官太尉以下及侍中、常侍，皆冠惠文冠，侍中、常侍加貂蝉。"

⑥【自注】故人祖仆射掌机密，吐纳帝令也。

⑦《韩非子·内储说下》："靖郭君相齐，与故人久语，则故人富；怀左右赅，则左右重。久语、怀赅小资也，犹以成富，况于吏势乎！"此"夜语"疑亦"久语"之讹。

⑧【自注】时武职疾文人，之推蒙礼遇，每构创痬，故侍中崔季舒等六人以获诛，之推尔日邻祸而免。侪流或有毁之推于祖仆射者，仆射察之无实，所知如旧不忘。【加注】"谏"旧作"谏"，误。"谏"与"刺"通。《荀子·荣辱篇》："与人善言，暖于布帛；伤人之言，深于矛戟。"《庄子·列御寇》："孔子曰：'凡人心险于山川，难于知天。'"《三国·魏志·王昶传》："谚曰：'救寒莫如重裘，止谤莫如自修。'"《后汉书·董卓传》："臣闻扬沸止汤，莫若去薪。"

予武成之燕翼，遵春坊而原始。唯骄奢之是修，亦佞臣之云使。①惜染丝之良质，惰琢玉之遗祉。用夷吾而治臻，昵狄牙而乱起。②

①【自注】武成奢侈，后宫御者数百人，食于水陆，贡献珍异，至乃厌饱，弃于厕中。襌衣悉罗织锦绣珍玉，织成五百一段，尔后宫披遂为旧事。后主之在宫，乃使骆提婆母陆氏为之，又胡人何洪珍等为左右，后皆预政乱国焉。【今案】织，原误"缬"，今据《集解》本改。【加注】《诗·大雅·文王有声》："诒厥孙谋，以燕翼子。"《传》云："燕，安也；翼，敬也。"

《笺》云：“传其所以顺天下之谋，以安其敬事之子孙，谓使行之也。”【案】春坊之名，《隋书·百官志》不载，《唐六典》注云：“北齐有门下坊、典书坊。龙朔二年，改门下坊为左春坊，典书坊为右春坊。”据此，则唐已前尚未以春坊为官名，以其东宫所在，故以春名之，是时俗所呼，后来即以为署名。

②【自注】祖孝徵用事，则朝野翕然，政刑有纲纪矣。骆提婆等苦孝徵以法绳己，谮而出之，于是教令昏僻，至于灭亡。【加注】《墨子·所染篇》：“墨子见染丝者，叹曰：‘染于苍则苍，染于黄则黄，五入则为五色，故染不可不慎也。’”“惰”当作“堕”，坏也。《礼记·学记》：“玉不琢，不成器。”夷吾，管敬仲名；狄牙，即易牙。谓齐桓公用管仲则霸，用狄牙等则乱起也。

　　诚怠荒于度政，恍驱除之神速，①肇平阳之烂鱼，次太原之破竹，②寔未改于弦望，遂□□□□□。及都□而升降，怀坟墓之沦覆。迷识主而状人，竞已栖而择木。③六马纷其颠沛，千官散于奔逐。无寒瓜以疗饥，靡秋萤而照宿。④雠敌起于舟中，胡、越生于辇毂。⑤壮安德之一战，邀文、武之余福。尸狼籍其如莽，血玄黄以成谷。⑥天命纵不可再来，犹贤死庙而恸哭。⑦

　　① 度政，疑是“庶政”。《史记·秦楚之际月表》：“王迹之兴，起于闾巷；合从讨伐，轶于三代。乡秦之禁，适足以资贤者，为驱除难耳。”
　　②【自注】晋州小失利，便弃军还并，又不守并州，奔走向邺。【加注】平阳，晋州；太原，并州。《公羊·僖十九年传》：“梁亡，自亡也。其自亡奈何？鱼烂而亡也。”何休注：“鱼烂从内发，故云尔。”《晋书·杜预传》：“今兵威已振，譬如破竹，数节之后，迎刃而解。”
　　③《左氏·哀十一年传》：“鸟则择木，木岂能择鸟。”

④【自注】时在季冬，故无此物。【加注】《吴越春秋》三："越王复伐吴，吴王率其群臣遁去，昼驰夜走，至胥山西坂中，得生瓜，吴王掇而食之。"《后汉书·灵帝纪》："张让、段圭劫少帝陈留王协，走小平津，帝与陈留王夜步，逐萤光行数里，得民家露车共乘之。"茨，与"萤"同。

⑤《说苑·贵德篇》："吴起对魏武侯曰：'在德不在险。若君不修德，船中之人尽敌国也。'"《汉书·司马相如传》："尝从至长杨猎，因上疏谏曰：'今陛下好陵险阻，射猛兽，卒然遇逸材之兽，舆不及还辕，人不暇施巧，是胡、越起于毂下，而羌、夷接轸也，岂不殆哉？'"

⑥【自注】后主奔后，安德王延宗收合余烬，于并州夜战，杀数千人，周主欲退，齐将之降周者，告以虚实，故留至明，而安德败也。【加注】《左氏·哀元年传》："吴日敝于兵，暴骨如莽。"血玄黄，见《易·坤·文言》。

⑦《三国·蜀志·后主传》注："《汉晋春秋》曰：'后主将从谯周之策，北地王谌怒曰："若理穷力竭，祸败必及，便当父子君臣，背城一战，同死社稷，以见先帝可也。"后主不纳。是日，谌哭于昭烈之庙，先杀妻子，而后自杀。'"

乃诏余以典郡，据要路而问津。①斯呼航而济水，郊乡导于善邻。②不羞寄公之礼，愿为式微之宾。③忽成言而中悔，矫阴疏而阳亲。④信谄谋于公主，竟受陷于奸臣。⑤曩九围以制命，今八尺而由人。⑥四七之期必尽，百六之数溢屯。⑦

①【自注】除之推为平原郡，据河津，以为奔陈之计。

②【自注】约以邺下一战，不克，当与之推入陈。【加注】《淮南子·道应训》："公孙龙在赵之时，谓弟子曰：'人而无能者，龙不与之游。'有客衣褐带素而见曰：'臣能呼。'公孙龙顾谓弟子曰：'门下故有能呼者乎？'对曰：'无有。'公孙龙曰：'与之弟子之籍。'数日，往说王，至于河上，而航在北，使客呼之，一呼而航来。"

③《仪礼·丧服传》："寄公者何也？失地之君也。何以为所寓服齐衰三月也？言与民同也。'"《诗小序》："《式微》，黎侯寓于卫，其臣劝以归也。"

④《离骚》："初既与余成言兮，后悔遁而有他。"

⑤【自注】丞相高阿那肱等不愿入南，又惧失齐主，则得罪于周朝，故疏间之推。所以齐主留之推守平原城，而索船度济向青州。阿那肱求自镇济州，乃启报应齐主云："无贼，勿匆匆。"遂道周军追齐主而及之。

⑥九围，见《诗·商颂》。人身中制七尺，今曰八尺，言其长也。

⑦【自注】赵郡李穆叔调，妙占天文算术，齐初践阼，计止于二十八年。至是，如期而灭。【加注】卢文弨曰：《汉书·律志》："《易》九厄，曰：'初入元，百六，阳九。'"孟康曰："初入元百六岁有厄者，则前元之余气也。"又《谷永传》："遭无妄之卦运，直百六之灾厄。"《说文》："溢，奄忽也。"

予一生而三化，备荼苦而蓼辛。①鸟焚林而铩翮，鱼夺水而暴鳞。②嗟宇宙之辽旷，愧无所而容身。夫有过而自讼，始发蒙于天真。远绝圣而弃智，妄锁义以羁仁。③举世溺而欲拯，王道郁以求申。既衔石以填海，终荷戟以入秦。④亡寿陵之故步，临大行以逡巡。⑤向使潜于草茅之下，甘为畎亩之人，无读书而学剑，莫抵掌以膏身，⑥委明珠而乐贱，辞白璧以安贫，尧、舜不能荣其素朴，桀、纣无以污其清尘，此穷何由而至，兹辱安所自臻？而今而后，不敢怨天而泣麟也。⑦

①【自注】在扬都，值侯景杀简文而篡位；于江陵，逢孝元覆灭。至此而三为亡国之人。

②《礼记·仲尼燕居》："三子者既得闻此言也于夫子，昭然若发

蒙矣。"

③《老子·道经》："绝圣弃智，民利百倍。绝仁弃义，民复孝慈。"此言锁鞻，犹言束缚。

④《北山经》："发鸠之山，有鸟名曰精卫，是炎帝之少女，游于东海，溺而不返，常衔西山之木石以湮东海。"

⑤《庄子·秋水篇》："寿陵余子学行于邯郸，未得国能，又失其故行矣。"大行，山名。

⑥《汉书·东方朔传》："朔初来，上书曰：'臣朔年十二学书，十五学击剑，十六学《诗》《书》，诵二十二万言，十九学孙吴兵法，亦诵二十二万言。'"《战国·秦策》："苏秦见说赵王于华屋之下，抵掌而谈，赵王大说。"膏身，犹言润身。

⑦《公羊·哀十四年传》："西狩获麟，孔子曰：'孰为来哉！孰为来哉！'反袂拭面，涕沾袍。"

之推在齐有二子：长曰思鲁，次曰愍楚，不忘本也。之推集在，思鲁自为序录。

附录二

沈揆跋

颜黄门学殊精博，此书虽辞质议直，然皆本之孝弟，推以事君上，处朋友乡党之间，其归要不悖《六经》，而旁贯百氏。至辨析援证，咸有根据，自当启悟来世，不但可训思鲁、愍楚辈而已。揆家有闽本，尝苦篇中字讹难读，顾无善本可雠。比去年春来守天台郡，得故参知政事谢公家藏旧蜀本，行间朱墨细字，多所窜定，则其子景思手校也。乃与郡丞楼大防取两家本读之，大氐闽本尤谬误："五皓"实"五白"；盖"博"名而误作"傅"；"元叹"本顾雍字，而误作"凯"；《丧服经》自一书，而误作"经"；马牝曰"騳"，牡曰"骘"，而误作"骡骆"。至以"吴趋"为"吴越""桓山"为"恒山""僮约"为"童幼"，则蜀、闽本实同。惟谢氏所校颇精善，自题以五代宫傅和凝本参定而侧注旁出，类非取一家书，然不正"童幼"之误。又秦权铭文"劓"实古"则"字，而谢音"制"，亦实有此疏舛，雠书之难如此。于是稍加刊正，多采谢氏书，定著为可传。又别列《考证》二十有三条为一卷附于左。若其转写甚讹与音训辞义所未通者，皆存之以俟洽闻君子。

淳熙七年春二月嘉兴沈揆题。

附录三

赵曦明跋

北齐黄门侍郎颜公，以坚正之士，生秽浊之朝，播迁南北，他不暇念，唯绳祖诒孙之是切。爰运贯穿古今之识，发为不拨菽粟之文，著《家训》二十篇，虽其中不无疵累，然指陈原委，恺切丁宁，苟非大愚不灵，未有读之而不知兴起者。谓当家置一编，奉为楷式。而是书先有姚江卢檠斋先生之分章辨句，金坛段懋堂先生之正误订讹，区区短才，遂不揣鄙陋，取而注释之。年当耄耋，前脱后忘，必多缺略，第今俭于腹笥者，不至迷于援据，退然自阻，则亦不为无益。至于补厥挂漏，俾臻完善，不能无望于将伯之助云。

乾隆五十一年，岁次丙午，冬十月十日，瞰江山人赵曦明书于容膝居，是年八十有二。

瞰江山人家传

卢文弨

　　瞰江山人者,常之江阴人也。邑有瞰江山,距山人家二里而近,故以为号焉。父死三月,山人乃生。母刘孺人辛勤鞠养,衅起家庭间,几有破卵毁室之患。母内藏其明而外以柔道行之,故屡濒于危而卒获免。山人始就外傅,便知好古学。少长,就老儒车质斋学,其家多藏书,纵山人博览,习举子业者群相与非笑之。语闻于母,母召而诘之,则以"如筑室者必厚其基"为对。母曰:"诚然,任汝为之。"山人益得沉酣其中,抵腊犹恋恋不肯归,一生学殖之厚,实基于此。补郡诸生,其伯兄先入县庠,有文名。常谓曰:"吾异日终不如弟,弟之文有根源故也。"山人素守母教,律身以正,待人以诚。值窘乏,益刻苦自厉,虽通晓世事,绝不肯为人居间排难,唯忍饥闭户读书。曰:"吾惧此处一移足,便终身落坑窆也。"同门友贡息甫令建平,邀之往,邑多地讼,岁久不决,一案之牍,高几盈尺。山人不惮烦,为之一一爬梳。要领既得,先以曲直之大判明示之,而期日与质,两造往往各自输服,请无对簿,而愿寝息者过半矣。诸欲为奸鬻狱者,咸不便山人所为,谗言繁兴而终不得间。于是建平之政声为群有司最，经再期辞归。

先是，山人以故明殉难典史阎、陈二公请于县立专祠，后令刘君复捐俸为之新庙，貌赎祭田，有年数矣。无赖子乘山人之出，逐守祠者，夺其田而有之。山人归，告于县，乞复其旧。时凶焰张甚，县官颇右之，山人以一身揸拄其间，几为所窘，赖同里杨主事苍毓、邢秀才象三咸相与维持之，事乃得直，还祠田，召道士守之。又邑之名宦乡贤，故有专祠，教谕某私以其地界学胥，而迁其主于大成门左右更衣之所。山人与教谕争数四，县置若不闻，终身以为恨事。

山人性刚直，其所不可者，终身不能强颜与之欢，亦不乐与显达交。曩文弨之主讲暨阳书院也，山人居邑中，不自表襮，故名莫得闻。逾年，邢君袖其所作诗古文辞，并要与俱来，余一见倾倒，遂为莫逆交。余官罢，主江宁之钟山讲席，身自请山人佐余所不逮，山人欣然许之。余有所述作，必取正于山人，能贡直言，无所隐。凡余所蓄书数千卷，山人校雠几遍，有求文并质疑者，欢然应之，无少靳。余门下士咸知敬爱山人，间有以私干者，率峻拒之。先后共朝夕凡九年，供给至菲薄，而山人不嫌也。

山人诗文集外，著有《读书一得》六十卷，其体例与黄东发《日抄》相近。注《陶征士集》，凡数易稿。又注徐、庚、温、李、罗昭谏等集，并近代陆拒石四六各若干卷，著《桑梓见闻录》八卷。八十外，复注《颜氏家训》，甫脱稿而疾作，始辞余归里中。余今年寓书，求其副本，欲为传之，山人欣然许诺而力已不能自钞矣。以乾隆五十二年八月二日考终于家，年八十有三。

山人初名大润,后易名肃,字敬夫,意欲自警其颓堕也。晚复更名曦明。考雨若处士,妣刘孺人,余尝为著家传矣。娶于吴,生子二:贵中,庠生;守中,出为从兄后。妻与子并前卒,孙一人同华,庠生。

赞曰:先生有用才也,虽不得位,一施其利济之具,然已为众人之母,多士之师有余矣。成人之美而不尸其功,实浮乎名,究有不可得而掩者。先生之嫉恶若过于严,然孔子称恶不仁者之为仁,不使不仁者加乎其身,身既洁矣,宁肯受物之汶汶乎?所为诗若文,冲瀜演迤,不为震荡险怪之音,此又其养之足征者。顾今而后,谁相知定吾文乎?我有不可,谁余规乎?分首无何,顿失良友,此所以涕泗涟洏不能已于质亡之叹也。

《国学典藏》丛书已出书目

周易 [明]来知德 集注

诗经 [宋]朱熹 集传

尚书 曾运乾 注

仪礼 [汉]郑玄注 [清]张尔岐 句读

礼记 [元]陈澔 注

论语·大学·中庸 [宋]朱熹 集注

孟子 [宋]朱熹 集注

左传 [战国]左丘明 著 [晋]杜预 注

孝经 [唐]李隆基 注 [宋]邢昺 疏

尔雅 [晋]郭璞 注

战国策 [汉]刘向 辑录
　　　　[宋]鲍彪 注 [元]吴师道 校注

国语 [战国]左丘明 著
　　　[三国吴]韦昭 注

徐霞客游记 [明]徐弘祖 著

荀子 [战国]荀况 著 [唐]杨倞 注

近思录 [宋]朱熹 吕祖谦 编
　　　　[宋]叶采 [清]茅星来 等注

老子 [汉]河上公 注 [汉]严遵 指归
　　　[三国魏]王弼 注

庄子 [清]王先谦 集解

列子 [晋]张湛 注 [唐]卢重玄 解
　　　[唐]殷敬顺 [宋]陈景元 释文

孙子 [春秋]孙武 著 [汉]曹操 等注

墨子 [清]毕沅 校注

韩非子 [清]王先慎 集解

吕氏春秋 [汉]高诱 注 [清]毕沅 校

管子 [唐]房玄龄 注 [明]刘绩 补注

淮南子 [汉]刘安 著 [汉]许慎 注

坛经 [唐]惠能著 丁福保 笺注

楞伽经 [南朝宋]求那跋陀罗 译
　　　　[宋]释正受 集注

世说新语 [南朝宋]刘义庆 著
　　　　　[南朝梁]刘孝标 注

山海经 [晋]郭璞 注 [清]郝懿行 笺疏

颜氏家训 [北齐]颜之推 著
　　　　　[清]赵曦明 注 [清]卢文弨补注

梦溪笔谈 [宋]沈括 著

容斋随笔 [宋]洪迈 著

困学纪闻 [宋]王应麟 著
　　　　　[清]阎若璩 等注

楚辞 [汉]刘向 辑
　　　[汉]王逸 注 [宋]洪兴祖 补注

玉台新咏 [南朝陈]徐陵 编
　　　　　[清]吴兆宜 注 [清]程琰 删补

乐府诗集 [宋]郭茂倩 编撰

唐诗三百首 [清]蘅塘退士 编选
　　　　　　[清]陈婉俊 补注

宋词三百首 [清]朱祖谋 编选

词综 [清]朱彝尊 汪森 编

陶渊明全集 [晋]陶渊明 著 [清]陶澍 集注

王维诗集 [唐]王维 著 [清]赵殿成 笺注

孟浩然诗集 [唐]孟浩然 著 [宋]刘辰翁 评

李商隐诗集 [唐]李商隐 著 [清]朱鹤龄 笺注

杜牧诗集 [唐]杜牧 著 [清]冯集梧 注

李贺诗集 [唐]李贺 著
　　　　　[宋]吴正子 注 [宋]刘辰翁 评

李煜词集（附李璟词集、冯延巳词集）
　　　　　[南唐]李煜 著

柳永词集 [宋]柳永 著

晏殊词集·晏幾道词集
　　　　　[宋]晏殊 晏幾道 著

苏轼词集 [宋]苏轼 著 [宋]傅幹 注

黄庭坚词集·秦观词集
　　　　　　[宋] 黄庭坚 著 [宋] 秦观 著
李清照诗词集 [宋] 李清照 著
辛弃疾词集 [宋] 辛弃疾 著
纳兰性德词集 [清] 纳兰性德 著
西厢记 [元] 王实甫 著
　　　　　　[清] 金圣叹 评点
牡丹亭 [明] 汤显祖 著
　　　　　　[清] 陈同 谈则 钱宜 合评
长生殿 [清] 洪昇 著 [清] 吴人 评点

桃花扇 [清] 孔尚任 著
　　　　　　[清] 云亭山人 评点
古文辞类纂 [清] 姚鼐 纂集
古文观止 [清] 吴楚材 吴调侯 选注
文心雕龙 [南朝梁] 刘勰 著
　　　　　　[清] 黄叔琳 注 纪昀 评
　　　李详 补注 刘咸炘 阐说
诗品 [南朝梁] 钟嵘 著 古直 笺
人间词话·王国维词集 王国维 著

部分将出书目
（敬请关注）

周礼	三国志	金刚经
公羊传	水经注	文选
穀梁传	史通	曹植全集
说文解字	孔子家语	李白全集
史记	日知录	杜甫全集
汉书	文史通义	白居易诗集
后汉书	传习录	花间集

上海古籍出版社
官方微信

《国学典藏》丛书
官方公众号